中国海上气田时移地震实践

谢玉洪　陈志宏　周家雄　编著

石油工业出版社

内容提要

本书详细介绍了时移地震技术的野外数据采集、地震数据处理、地震资料解释三方面内容，并针对海上气田时移地震实践，总结了一套时移地震的实施方案。

本书可供油气开发地震技术研究的技术人员参考。

图书在版编目（CIP）数据

中国海上气田时移地震实践 / 谢玉洪，陈志宏，周家雄编著 .
北京：石油工业出版社，2011.12
ISBN 978-7-5021-8387-5

Ⅰ. 中…
Ⅱ. ①谢… ②陈… ③周…
Ⅲ. 海上油气田 – 油气勘探：地震勘探 – 研究 – 中国
Ⅳ. P618.130.8

中国版本图书馆 CIP 数据核字（2011）第 066913 号

出版发行：石油工业出版社
（北京安定门外安华里 2 区 1 号 100011）
网　址：www.petropub.com.cn
编辑部：（010）64523533　发行部：（010）64523620
经　销：全国新华书店
印　刷：北京晨旭印刷厂

2011 年 12 月第 1 版　2011 年 12 月第 1 次印刷
787×1092 毫米　开本：1/16　印张：11.5　插页：2
字数：300 千字

定价：58.00 元
（如出现印装质量问题，我社发行部负责调换）
版权所有，翻印必究

序

时移地震（Time Lapse Seismic）是近年来迅速发展起来的一项现代油气藏管理技术，已在全球不同地区的许多油气田得到了成功应用。它既为油藏工程师提供了更丰富的油藏空间信息，也为地震勘探技术开辟了新的应用领域。

时移地震技术是利用油气田在不同开发阶段采集的地震资料属性之间的差异来研究由于油气田开发导致的流体场、压力场等的变化， 实施油气田动态监测的地震技术。该技术主要用于完成油气田评估和完善油气藏的开发方案。时移地震研究的目标不再仅仅限于储层，它是在识别有效储层的基础上，通过研究由于注采等油气开发活动引起的油气藏储、盖层的岩石运动学和动力学特性的变化来推断储层流体场和压力场的变化，如油气水界面、注水波及面、有效孔隙压力、孔隙体积、储量动用范围等变化，并根据这些变化来完善油气田的开采方案，优化油藏管理策略，达到提高油气开采速度和最终采收率的目的。

时移地震技术的理论基础是岩石物理学和地震波动力学，关键问题是如何解决好从地震资料的属性信息到岩石物性和地质属性之间的有效转换。引起油气储层的岩石动力学特性变化的因素十分复杂，并不仅仅局限于油气开发活动，这种变化可以分为与油藏变化相关和与油藏变化无关两大类。因此，在时移地震技术的应用中需要明确岩石物性变化的起因，不但要识别出与油藏变化无关（如地震数据采集差异等）因素的影响，还要考虑储盖层的压实、流动屏障、流体通道和流体本身等多方面的影响。

作为对油气藏进行管理的一套极有潜在价值的工具，时移地震技术正在逐步走向成熟，但它在实际运用中还需要克服多方面条件的限制。

时移地震技术要解决的首要问题是降低重复地震数据采集过程中造成的差异，如震源激发类型和沉放深度、偏移距大小、接收装置类型和空间位置、记录仪器类型和记录档位因素等采集参数，以及环境因素（潮汐、潮流、环境噪声、海水温度等）的一致性等问题。

其次，时移地震资料处理也存在许多需要完善的地方，主要表现在：(1) 重复地震数据采集获得的岩石地球物理信息差异量级难以满足时移地震所需的要求。这是因为开采和流体驱替引起的岩石地球物理特性变化比较微弱，低于岩石物理实验的背景噪声，造成时移信号识别困难。(2) 注入或采出的流体由于储层非均质的影响，冲刷效果不够理想，引起的孔隙压力增加或减少没能在冲刷带引起足够的岩石地球物理特性变化。

本书主要内容为时移地震理论基础，时移地震的数据采集、数据处理和数据解释，以及时移地震实践等。该书从实际应用出发，通过大量的实例分析，论述了适用于气田开发早期储层仅压力场变化而流体场不变、开发中后期储层压力场和流体场均发生变化不同阶段的主要技术问题和解决方案。同时，该书还从气田的生产动态分析角度研究了时移地震的影响因素，这对时移地震技术本身也是一个很好的补充。

本书适用于从事石油天然气开发地震技术研究和工程应用的技术人员阅读，其中对从事海上油气开发地震的技术人员尤其适用，也可作为石油院校相关专业的教学和科研，或行业培训的参考用书。

2011 年 12 月

前　言

时移地震是利用不同时间采集的地震资料之间的差异来检测由于油气田开发而导致的地下流体场、压力场和储层物性的变化；并利用这种变化来指导油气田的管理和开发调整，以达到提高油气田采收率和开发效益的一项技术。它可以为油藏工程师提供更多的空间信息，目前已经成为油藏管理的有效工具，同时也为地球物理学开辟了新的应用领域。

时移地震是目前油气田开发中应用效果较好的一种地震方法。壳牌 (Shell) 和英国石油公司 (BP) 的专家们认为时移地震技术的应用有可能会使得油气田的采收率提高 15% 左右，油气田技术服务公司和石油公司在此方面投入了相当大的力量，因而近年来得到了迅速发展。由于时移地震技术是在已开发的油藏中应用，所以相对其他地球物理技术而言，在石油公司和油田技术服务公司之间呈现更为开放和合作的状态。自 20 世纪 80 年代初期提出以来，时移地震技术的发展起伏跌宕。80 年代初期的时移地震技术比较强调检波器几何位置的绝对重复，造成地震采集成本大幅增加，从而在地球物理界对这种技术的接受提出了严重的挑战，使得此技术在相当长时间内处于停滞不前的状态。进入 20 世纪 90 年代，三维地震技术得到广泛应用，而且在相当多的地区，重复采集了不同时间的三维地震资料。进入 21 世纪后，工业界提出了 E-Field 的概念，即在开发初期，就在油气藏相应的地表和井中安置检波器，随着油气藏的开发，根据需要在油气藏对应的位置进行地震数据采集，这样就获得真正的四维地震数据。如果对油气藏进行全开发过程的监测，从成本和效益的角度而言，这种做法是最佳的。时移地震技术的关键首先是数据的一致性，即获得油气藏变化的响应，同时使得非油气藏因素的地震信号一致，其中包括采集一致性技术、处理一致性技术和互均衡技术；其次是获得可靠的差异，利用岩石地球物理和油气藏生产动态资料来解释这些差异，获得油藏开发过程中储层特性、流体性质变化的信息。

海上气田具有独特的地质地理环境与地球物理特点，因此海上时移地震技术的应用研究是一个具有挑战性的课题。笔者以东方 1-1 气田为主要研究目标，开展了长达 4 年的海上气田的时移地震技术应用研究。

本书以东方 1-1 气田时移地震技术应用为主，详细介绍分析了时移地震技术的理论基础、数据采集的方案设计及实施、数据处理和基于生产动态分析的时移地震研究等关键技术。

目　录

1 时移地震技术概述

1.1 时移地震的基本概念

时移地震是近年来发展起来的前沿性地球物理探测技术，它是指在同一地区不同时间段内根据需求进行的重复地震探测工作，以期能够监测出地下油气藏由于开发而引起的油气水饱和度变化的地震响应，从而准确确定剩余油的分布和变化，为及时调整注采方案，优化油田开发方案提供科学依据，最大限度地降低采油成本和提高采收率。在时移地震勘探中，油田投产前所采集的地震资料称为基础数据，开采后重复采集的地震数据称为监测数据。解释人员通过解释对比两次地震在相位、反射振幅、地震速度和属性上的差异并结合油田生产开发动态资料，判断油藏开采过程中的流体动态特征，进而预测剩余油的分布范围，指导油田开发方案调整。

时移地震按观测方式可分为以下四类：

(1) 时移三维地震，常称四维地震。这是目前较常应用的时移地震技术，它的成本最高，效果也最好。

(2) 时移二维地震。其特点是成本低，易实现，效果也较好。

(3) 时移 VSP。研究井史及井旁油藏特征变化规律的好方法。目前已有三分量及九分量时移 VSP。

(4) 井间时移地震。利用井间重复地震的方法来实现油藏动态管理。

1.2 时移地震技术的应用现状

从国内外的应用情况来看，时移地震在海上油气田中应用较多，而且主要集中在北海和墨西哥湾，陆上应用较少。这主要是由于海上地震资料的信噪比高、数据采集可重复性较高、易实现。国内于 20 世纪 80 年代开始开展有关时移地震的方法技术及应用研究。1988 年胜利油田首次在国内开展了时移地震试验，在单家寺地区进行蒸汽吞吐与蒸汽驱稠油热采地震监测；1993 年至 1995 年，新疆石油管理局开展了时移地震监测稠油开采的先导性试验，根据监测地震资料改变了注采方式，收到了较明显的效果；辽河油田对 Q12 块 Q64-54 井区进行了蒸汽驱稠油热采的时移地震监测，由于分辨率不满足成像要求，两次采集差异无法反映储层信息的变化而没有取得预期效果。中国石油勘探开发研究院从 1999 年开始一直从事时移地震研究，他们以渤海湾高孔、中高渗油藏的岩石物理数据为基础，结合冀东时移地震采集资料，从可行性论证、地震资料叠前和叠后互均化处理，以及动态油藏描述等方面对水驱时移地震技术进行了系统的研究，取得了许多重要成果，初步形成了配套技术，并在高 29 断块、高 104 -5 和柳 102 油藏进行了试验应用，初步达到了工业生产的能力。

与此同时，许多专家学者对时移地震的理论方法进行了不同程度的研究，在众多油田进行了先导试验。中国石油大学 (北京) 在时移地震可行性方面进行了深入探讨，与大庆物探研究所合作，开展了薄互层注水开采条件下时移地震应用可行性研究，针对大庆油田薄互层油气藏注水开发的具体地质条件，从理论上对注水开发时移地震监测的可行性做了深入的研究，并对历史的地震资料进行了处理分析；中国地质大学 (北京) 在时移地震处理和解释方面进行了重点研究。"八五"期间，国家自然科学基金重大研究项目 "陆相薄互层油储地球物理理论与方法" 设置了"储层条件下油储岩石物性测量和规律"课题，对岩心物性进行了地层条件下的实验测量和规律分析，用于时移地震先导性试验，取得了一定的应用成果。

我国海上油田的时移地震技术的应用研究则始于本世纪初。2005 年开展了国家高技术研究发展计划 (863 计划) 项目——"海上时移地震油藏监测技术"研究，在渤海湾开展了水驱稠油油藏的时移地震监测试验，通过地震岩石物理学实验研究表明，因油藏开采造成的原油脱气 (即储层内出现游离气) 引起的地震波速度变化和地震异常，要比单纯流体替换引起的速度变化和地震异常大很多。

中国海洋石油总公司湛江分公司针对海上气田的开发与气藏监测开展了长期的时移地震技术攻关研究，其中，比较有代表性的工作是承担了"东方 1−1 气田时移地震技术研究及应用"生产性科研综合项目，从岩石物理、可重复性地震数据采集、地震均衡处理技术，以及特殊解释技术，等方面开展了系统研究，取得了良好的地质效果和宝贵的经验。

1.3 海上气田时移地震技术的基本方法

时移地震技术用于油气藏生产过程监测，可以有效地对地下油气资源进行管理，并最大限度地提高采收率和盈利水平。生产过程中油气藏含油饱和度、地层孔隙压力和流体温度的变化将导致油气藏岩石动力学性质发生改变，从而使得地震波场响应发生变化。因此，利用时移地震数据就可以对油气藏进行监测，并预测油气藏中流体的运移方式，确定剩余油气的分布位置，调整相关生产井的产出量，避免过早生产见水或出现水淹；此外，优化加密井定位，可实现油气资源最优化开采的目的。

时移地震技术对生产中的油气田监测的关键就是多次观测数据之间的差异。一个油气藏的静态图像可能不会显示出任何明显与生产相关的响应，但是不同生产阶段采集数据间的差异就有可能演绎出油气藏性质的变化，甚至是很细微的变化。油气田开发初期采集的地震资料是建立油气藏数据库的基础，表现为静态图像，而在油气田生产各个阶段的监测数据是动态资料，描述的是动态图像。静态图像与各个动态图像的差异，就演绎出油气田生产的历史。这些动静态数据或图像的差异构成了时移地震数据差异体，它与油气藏生产动态和油藏数值模拟相结合，就可以准确地追踪生产井之间或油田内流体性质的动态特征。

时移地震技术用于油藏监测并非简单地使用两次观测的原始地震资料，必须经过一系列特定的数据处理之后才能反映油藏的变化。油气藏的监测是一个多学科综合应用的系统工程，时移地震是该项工程中的一个关键技术环节，这个环节能否成功地达到预期的效果，实现油藏监测目标，需要完成一系列研究工作。

海上（气田）时移地震研究的内容主要包括：岩石地球物理实验、地震探测精度可行性研究、地震可重复性采集及评价、时移地震资料处理与解释方法研究、时移地震剩余油气分布预测研究，以及时移地震经济可行性评价等内容。

可行性研究包括技术可行性与经济可行性。技术可行性研究是指油气开采过程中油气藏变化引起的地震响应变化的可观测性，它包括岩石地球物理实验、地震资料的精度、采集环境因素等，也就是回答什么样的油气藏可以利用时移地震进行监测。岩石地球物理实验重点研究在生产（开采）过程中油气藏储盖层在地震资料上的响应。这种响应主要来源于油气藏岩石骨架弹性特征、孔隙流体压缩系数差异、采油方式和油藏参数四个方面。地震资料的精度主要包括地震资料主频、频带宽度、信噪比、成像质量、可重复性、流体界面可视性等，对于海上时移地震技术而言，由于移动定位、拖缆羽角等采集因素的弱可控制性，地震数据的可重复性采集评估与计算更为苛刻，通过对以上各个因素进行定量评分给出油气藏时移地震技术综合风险评价表。

经济可行性的目的是要回答什么样的油气藏值得使用时移地震。一般而言，时移地震投资收益率要达到油公司内部收益的预期。

时移地震资料处理首先是克服地震采集所造成的“脚印”问题，同时尽可能使与有关油藏动态变化所造成的地震响应进行最佳成像，强调互均化处理。

时移地震资料解释是突出有关油气藏动态变化所造成的地震相关特性变化，强调真实性与可视化，与油气藏数值模拟以及动态生产资料的结合效果更佳。时移地震研究内容主要有地震多属性分析与模式判别、地震反演、AVO 分析等。

2 岩石物理基础

油气藏的岩石物理模型和物理性质的研究是时移地震技术应用的基础，因为时移地震的差异实质上来源于岩石物理性质的变化。为此，我们对东方 1-1 气田的主要目标区岩石物理进行了较为系统的研究，包括储层条件下岩心样品的原位岩石物理参数测量、储层条件下流体性质评估、地层压力变化对地层波速、密度和孔隙度影响效应的实验研究、流体替换实验研究和地震正演模拟研究等。这些研究结果为最终的时移监测数据的综合分析和应用提供了理论基础。

2.1 多相介质模型及描述

2.1.1 多相介质

根据 Biot 理论，若多孔介质的孔隙单元相互连通，则地震波在含流体的多孔介质中传播时，由于流体和固体的振动相互作用与相互耦合，会使孔隙中的流体在孔隙空间流动（比如从一个孔隙向周围较大的孔隙空间流动），从而引起流体和固体颗粒的相对运动，导致波的振幅衰减。其振幅衰减项 $\tilde{A}$ 可表示成如下公式，即

$$\tilde{A}=\frac{\eta\phi^2}{K}\left(\frac{\partial U}{\partial t}-\frac{\partial u}{\partial t}\right) \tag{2.1}$$

式中，ϕ 为介质孔隙度；K 为介质渗透率；η 为流体黏滞系数；u 为介质固体位移；U 为介质液体位移。

从（2.1）式可以看出：(1) 在多相介质中，地震波振幅衰减与介质的衰减系数 $\frac{\eta\phi^2}{K}$ 及流体与固体的相对运动速度 $\left(\frac{\partial U}{\partial t}-\frac{\partial u}{\partial t}\right)$ 成正比；(2) 流体和固体颗粒相对运动速度很小时，也就是流体被骨架“锁住”，地震波衰减最小而振幅最大，这种现象就是所谓的“共振”，它只存在地震波的某一低频率上；(3) 流体和固体的相对运动随着频率增加，由于惯性作用，流体和固体之间的相对运动速度增大，在某一频率处，地震波衰减最大，而振幅最小，这种现象就是所谓高频衰减；(4) 在有限带宽内，从低频向高频方向移动时，存在低频衰减最小值和高频衰减最大值，这是双相介质和单相介质的最大区别；(5) 由于石油和天然气黏滞系数

远比水大，因而油气储层中地震波振幅衰减是相当明显的。根据公式 (2.1) 模拟计算和实验室测试数据，在多相介质和单相介质中地震波振幅衰减与频率有如图 2.1 所示关系。

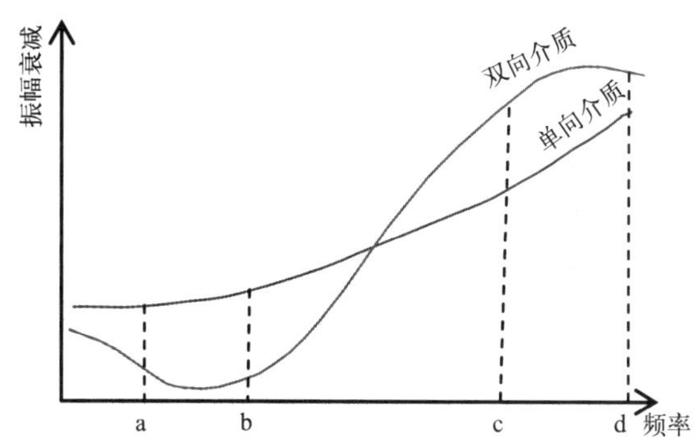

图 2.1　多相介质与单相介质中地震波振幅衰减与频率之间关系

在低频端 ab 段，含流体的多相介质的衰减要比不含流体的单相介质的衰减小得多；而在高频端 cd 段的衰减则要大得多，整体的衰减变化情况要比单相介质复杂得多

2.1.2　双相介质

孔隙流体介质是地震波传播理论与应用研究的主流发展方向之一。Biot 于 1956 年提出了饱和多孔隙固体（即双相介质）的弹性波传播理论，这使得与孔隙流体相关的双相和多相理论与应用研究成为现实。

许多沉积岩由充满水的多孔骨架组成。骨架可以由颗粒组成，它们受上覆层的重力压力和一定程度的胶结连在一起；骨架可以是包含着相互连通的溶解通道和孔洞的连续脉岩，或者骨架可以是破碎的岩块，其孔隙度是由错位的岩块间的裂缝决定的。当孔隙中含有流体时，介质变为双相介质。

双相介质大致有三种理论：

第一种是有效介质理论，认为岩石总体的物性参数是由各成分的物性参数综合而成的，称为有效物性参数，如 Wyllie 的时间平均方程。

第二种是自适应理论，是对波动方程做了自适应假设后导出的，如 Gassmann 方程。这个方程假设岩石是均匀各向同性的，孔隙是全部连通的，孔隙中充满无摩擦的流体，固体—流体系统是封闭的，波动时流体与固体的相对运动可以忽略不计，波动频率是低频。Biot 理论对其进行了发展，可涵盖全频段。Biot-Gassmann 理论被广泛用于孔隙介质中弹性波的传播问题和孔隙流体对岩石弹性性质影响的研究。

第三种是接触理论，是研究颗粒物质的有效弹性的，它适用于非固结储层，用于估计孔隙度和深度对速度的影响。如 Hertz 理论、Mindlin 理论、Digby 模型、Wslton 模型及 Brandt 模型等。

综合分析这三种理论，Gassmann 理论是比较合理、简单易行的。

2.1.3　多相孔隙流体性质

对应混合流体的性质应用有个混合法则进行处理，下面给出理论的计算公式。

多相孔隙流体密度ρ_f计算公式为

$$\rho_f = S_{gas} \times \rho_{gas} + S_{water} \times \rho_{water} \tag{2.2}$$

式中，S表示饱和度；下标 gas 和 water 分别指气体和水相。

多相孔隙流体的体积模量计算方法比较复杂，下面简单评论：

假定声波通过时，两种不互溶的流体之间没有质量的交换，流体压力在这两种流体中始终相等，那么声波诱导的压力变化引起的流体总体积的变化应为每种流体体积变化之和。即混合流体的有效体积模量K_{Reu}可用串联法则描述（又称为 Reuss 平均），即

$$\frac{1}{K_{Reu}} = \frac{S_A}{K_A} + \frac{S_B}{K_B} \tag{2.3}$$

式中，S_A、S_B分别代表 A、B 流体的饱和度；K_A、K_B分别为 A、B 流体的体积模量。这种形式又称为 Wood（1955）方程。

在处理岩石部分饱和问题时，能够使用孔隙流体串联混合法则的前提是：岩石孔隙比较大、连通性较好；声波频率足够低，以至声波诱发的孔隙流体压力变化能迅速在整个岩石的孔隙空间平衡。在这种情况下，气—液混合流体可用如上的串联法则建立一种等效的流体作为输入参数来评估流体对岩石声波的效应。

此外，当岩石饱和度在空间分布不均匀时，流体的分布使岩石形成一系列“斑块”。当声波通过岩石时，尽管在斑块范围内孔隙流体压力是平衡的，但不同斑块之间压力是不相等的。此时，孔隙流体的效应不能简单地在整个岩石范围中按上述的串联法则处理，而只能在斑块内部使用这种串联法则。这种由于孔隙流体在岩石空间不均匀分布所形成的斑块对岩石声学性质的影响将在后面的斑块模型中加以讨论。但是作为一种估计，孔隙流体形成斑块后造成的影响应以孔隙流体的并联模型结果作为上限。并联混合法则的流体的有效模量K_V（又称 Voigt 平均，或 Movko 近似）表达为

$$K_V = S_A K_A + S_B K_B \tag{2.4}$$

而孔隙流体的影响下限将是前述按串联法则求出的体积模量K_{Reu}。

实际流体体积模量将介于K_V和K_{Reu}之间。Brie 等 (1995) 在应用 Gassmann 模型来解释油气储层岩石的部分饱和问题时，建议采用如下的气—液混合法则（Brie 关系）来描述处于K_V和K_{Reu}之间的流体体积模量K_B，即

$$K_B = \left(K_l - K_g\right) S_l^e + K_g \tag{2.5}$$

式中，K_l为液相体积模量；K_g为气体体积模量；S_l为液相的饱和度；e为经验性指数因子；e值在 2 ～ 4 之间。当e值为 3 时，比较满足 Brie 的数据。

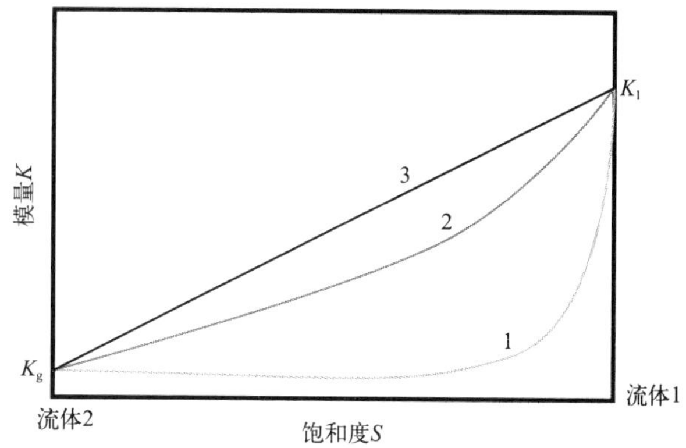

图 2.2　三个按不同法则构造的有效流体体积模量

图 2.2 比较了这三个按不同法则构造的有效流体体积模量。从图中可以看出，对于体积模量 K_{Reu}（曲线 1），由于气体模量较小，故在较大的饱和度范围 K_{Reu} 都较小，仅在大的饱和度下才迅速变大。与 K_{Reu} 不同，体积模量 K_V（曲线 3）随饱和度 S_l 线性增加；体积模量 K_B $(e=3)$（曲线 2）随饱和度的变化居于 $K_V \sim K_{Reu}$ 之间，在小的饱和度下变化较小，在过半的饱和度下即明显增大。

气—液混合流体作为岩石的孔隙流体所导致的问题是比较复杂的，在实际应用中，要依据实际情况合理地确定混合流体的有效体积模量。

对于流体分布不均匀的问题，也存在另一种理论（Patchy model）。

$$M_{sat} = \left(\frac{S}{K_{Sat\text{-}fl1} + \frac{4}{3}\mu} + \frac{1-S}{K_{Sat\text{-}fl2} + \frac{4}{3}\mu} \right)^{-1} \tag{2.6}$$

公式（2.6）中 M_{sat} 为 P 波模量，即 $M_{sat} = \rho v_P^2$。

总之，要根据实际情况，具体取相应的模型进行操作。

2.2　地震波传播及属性参数

2.2.1　地震波速度

地震波在均匀各向同性弹性介质中的传播速度定义为

$$v_P = \left(\frac{K + \frac{4\mu}{3}}{\rho} \right)^{1/2} = \left(\frac{\lambda + 2\mu}{\rho} \right)^{1/2}; \quad v_S = \left(\frac{\mu}{\rho} \right)^{1/2}; \quad v_E = \left(\frac{E}{\rho} \right)^{1/2} \tag{2.7}$$

式中，v_P 是纵波速度；v_S 是横波速度；v_E 是细棒中的张性波速度；ρ 是密度，K 是体积模量；

μ 是剪切模量；λ 是拉梅常数；E 是杨氏模量。

2.2.2 影响波传播速度的因素

2.2.2.1 岩石的弹性特性与速度关系

式（2.8）给出了地震波纵波速度 v_P 和横波速度 v_S 与介质弹性参数之间的关系，即

$$
\begin{aligned}
v_P &= \left[\frac{\lambda+2\mu}{\rho}\right]^{1/2} = \left[\frac{E(1-\sigma)}{\rho(1+\sigma)(1-2\sigma)}\right]^{1/2} \\
v_S &= \left[\frac{\mu}{\rho}\right]^{1/2} = \left[\frac{E}{2\rho(1+\sigma)}\right]^{1/2} \\
\frac{v_P}{v_S} &= \left[\frac{2(1-\sigma)}{1-2\sigma}\right]^{1/2}
\end{aligned}
\tag{2.8}
$$

式中，σ 为泊松比。不同的岩石，其弹性特性不同，波的速度也不同。

2.2.2.2 岩性与速度的关系

岩性是影响岩石声速的一个重要因素。对于不同的岩性，其速度值可能相同。因此，利用地震波的速度值不能区分岩性。尽管如此，地震波的速度与岩性还是有一定的关系的。例如，对于沉积岩，速度高可能意味着目的层是碳酸盐岩，而速度低一般代表砂岩或泥岩。对于位于中间的速度值，可能同时对应着碳酸盐岩和砂泥岩。另外，对于泥岩，其速度值在很大的范围内变化。这是由于位于不同地点的泥岩在颗粒大小和胶结程度上具有很大的不同。各种岩石中地震波速度的变化范围如表 2.1 所示。表 2.2 中给出了地震波在一些常见岩性中传播速度的变化范围。

表 2.1 各种岩石中地震波速度的变化范围

岩石类型	波的速度（m/s）
沉积岩	1500~6000
变质岩	3500~6500
花岗岩	4500~6500
玄武岩	4500~8000

表 2.2 常见岩性中地震波速度的变化范围

岩性	波的速度（m/s）	岩性	波的速度（m/s）
砾岩、干砂	800~4000	泥质页岩	2700~4100
砂质黏土	300~500	石灰岩	2500~6100
湿砂	600~800	致密白云岩	2500~6100
黏土	1200~2500	石膏无水石膏	3500~4500
疏松岩石	1500~2500	泥灰岩	2000~3500
致密岩石	1800~4000	岩盐	4200~5500
白垩土	1800~3500	砂岩	800~5200

2.2.2.3 速度与岩石孔隙度的关系

（1）Wylie 时间平均方程，即

$$① \quad \frac{1}{v}=\frac{\phi}{v_f}+\frac{1-\phi}{v_m} \tag{2.9}$$

式中，ϕ 为孔隙度；v_m 为岩石骨架速度；v_f为孔隙中流体速度。

$$② \quad \frac{1}{v}=\frac{C\phi}{v_f}+\frac{1-C\phi}{v_m} \tag{2.10}$$

式中，C 为压实系数。

（2.9）式是孔隙内流体压力与岩石骨架压力相等或饱含盐水情况。（2.10）式是孔隙内流体压力与岩石骨架压力不相等情况。

（2）Korvin 修正方程，即

$$\frac{1}{v}=\frac{\dfrac{0.22\phi}{v_f}+\dfrac{1-\phi}{v_m}+\dfrac{b(v_f/v_m)}{v_f}}{1-0.78\phi+b(v_f/v_m)} \tag{2.11}$$

式中，b 为系数，当 ϕ=5% ~ 40% 之间时，$\bar{b}$= 0.4（平均值）。

（3）Gassman—white 方程，即

$$v_P=\left\{\frac{1}{\rho}\left[K_\alpha+\frac{4}{3}\mu_d+\frac{(1-K_d/K_m)^2}{\phi/K_f+(1-\phi)/K_m+K_d/K_m^2}\right]\right\}^{1/2} \tag{2.12}$$

$$\rho=\phi\rho_f+(1-\phi)\rho_m \tag{2.13}$$

式中，ρ_f 为孔隙内流体密度；ρ_m 为岩石骨架密度；K_d 为干岩石的体积模量；K_f 为孔隙流体的体积模量；K_m 为岩石骨架的体积模量；ϕ 为孔隙度。

2.2.2.4 孔隙内流体性质与速度关系

（1）饱和盐水波的速度较高；

（2）同样的孔隙度内含石油时，波的速度较低；

（3）同样的孔隙度内含天然气时，波的速度最低。

2.2.2.5 速度与岩石密度的关系

速度与岩石密度成正比关系。

2.2.2.6 速度与地层埋藏深度的关系

一般情况下，波的速度随地层深度增加而加大。

Gassman 经验公式为

$$v=\left[v_0^2+\frac{0.44\times10^8\sqrt[3]{z}}{2.7-1.7\phi}\right]^{1/2} \tag{2.14}$$

式中，v_0 为 z=0 时波的初始速度；z 为深度；ϕ 为孔隙度。

2.2.2.7 速度与地质年代的关系

一般的规律是：地层年代越老，波的速度越高；地质年代越新，则波的速度越低。

2.2.3 地震波的吸收与衰减

地震波的吸收是指地震波在传播过程中部分能量不可逆地转换为热能的过程。

2.2.3.1 吸收系数表示地层的吸收特性

以平面简谐波为例讨论地层吸收机制，为不失一般性，考虑远离震源的情况，此波满足齐次波动方程。

$$\varphi(z,t)=\varphi_0 \mathrm{e}^{\mathrm{i}(wt-kz)} \tag{2.15}$$

将波函数代入纵波的齐次波动方程，经整理后得

$$K=\left[\frac{\rho^2\omega^4}{(\lambda+2\mu)^2+(\frac{4}{3}\eta\omega)^2}\right]^{1/4}\left(\cos\frac{\beta}{2}-\mathrm{i}\sin\frac{\beta}{2}\right)$$
$$=k-\mathrm{i}\alpha$$

则

$$k=\left[\frac{\rho^2\omega^4}{(\lambda+2\mu)^2+(\frac{4}{3}\eta\omega)^2}\right]^{1/4}\cos\left(\frac{1}{2}\mathrm{arctg}\frac{\frac{4}{3}\eta\omega}{\lambda+2\mu}\right) \tag{2.16}$$

$$\alpha=\left[\frac{\rho^2\omega^4}{(\lambda+2\mu)^2+(\frac{4}{3}\eta\omega)^2}\right]^{1/4}\sin\left(\frac{1}{2}\mathrm{arctg}\frac{\frac{4}{3}\eta\omega}{\lambda+2\mu}\right) \tag{2.17}$$

其物理结论为：

（1）地震波在岩层中传播时，其振幅呈指数规律衰减，振幅衰减快慢，能量衰减大小，与吸收系数α和传播距离z有关；同样的传播距离，α值越大，能量（或振幅）衰减越快，α值越小，能量（或振幅）衰减越慢；同样介质下，传播距离越远，能量（振幅）衰减越严重。

（2）吸收系数α值与波的频率有关，与介质性质有关，频率越高，α值越大，则波的能量衰减越快。相对而言，低频成分衰减慢，所以地震波在岩层中传播高频成分迅速衰减。大地呈现低通滤波作用。

（3）地震波在岩层中传播，波速$v=\dfrac{\omega}{k}$，波速也与频率有关，存在波散现象，频率越高，则越明显。

2.2.3.2 用品质因数 Q 值表示地层吸收特性

Q值源于电路理论，它与能量的表达式为

$$\frac{2\pi}{Q}=\frac{\Delta E}{E} \tag{2.18}$$

式中，Q 值是描述无线电路中能量损耗的参数。地震学中的 Q 表示地震波在传播过程中在一个周期内（或一个波长距离内），能量损耗程度，进而表明介质的吸收特性。Q 值与吸收系数 α 之间关系为

$$\frac{1}{Q}=\frac{\alpha\lambda}{\pi}=\frac{\alpha\upsilon}{\pi f} \tag{2.19}$$

Q 值越大，α 值越小，介质对波的能量的吸收作用越弱；Q 值越小，α 值越大，介质对波的能量的吸收越强，在实际工作中通常用 Q 值描述岩石的吸收衰减。

2.2.4 地震属性

地震属性指的是那些由叠前或叠后地震数据，经过数学变换而导出的有关地震波的几何形态、运动学特征和统计特征，主要包含时间、振幅、频率和衰减等。根据提取方法的不同，又可分为瞬时属性、单道和多道分时窗属性、面属性、体属性等。

2.2.4.1 振幅属性

（1）总振幅 (Total Amplitude)：每一道的总振幅是在层内对采样点求取总的振幅值；识别振幅异常或层序特征，有效识别岩性或含气砂岩的变化，区分整合沉积物、丘状沉积物、杂乱的沉积物等。

（2）总绝对振幅（Total Absolute Amplitude）：总绝对值振幅是计算确定时窗内的所有道的绝对值振幅值；能够识别振幅异常或层序特征，有效识别岩性或含气砂岩的变化，区分整合沉积物、丘状沉积物、杂乱的沉积物等。

（3）最大波峰（谷）振幅 [Maximum Peak（Trough）Amplitude]：最大波峰（谷）振幅是指定分析时窗内的最大正（负）振幅；能够识别岩性或含气砂岩的变化振幅异常，特别是层附近，是层序内或沿指定反射进行振幅异常成图的最佳属性之一。

（4）最大绝对振幅（Maximum Absolute Amplitude）：最大绝对值振幅每道的求取是在分析时窗内计算出波峰和波谷的值，得出最大的波峰或波谷值，然后画一抛物线，恰好通过最大波峰或波谷振幅值和它两边的两个采样点，沿着该曲线内插可得到最大绝对值振幅值；能够识别岩性或含气砂岩的变化振幅异常，特别是层附近，是层序内或沿指定反射进行振幅异常成图的最佳属性之一。

（5）平均振幅 (Mean Amplitude)：每一道平均振幅是指分析时窗内的振幅值相加的总数除以非零采样点数；识别振幅异常或层序特征，有效识别岩性或含气砂岩的变化；区分整合沉积物、丘状沉积物、杂乱的沉积物等。

（6）平均绝对振幅（Average Absolute Amplitude），即

$$\bar{A}=\frac{\sum_{i=1}^{N}|A_i|}{N}, i=1,2,3,\cdots,N$$

式中，N 为时窗内采样点的个数；$|A|$ 为瞬时振幅绝对值。能够识别振幅异常或层序特征，有效识别岩性或含气砂岩的变化，区分整合沉积物、丘状沉积物、杂乱的沉积物等。该属性是描述层序内振幅特征的有利工具。

(7) 平均波峰（谷）振幅（Average Peak（Trough）Amplitude）：平均波峰（谷）振幅是对每一道在分析时窗里的所有正（负）振幅值相加的总数除以时窗里的正（负）振幅值采样数得到的；能够用于识别岩性变化、含气砂岩或地层，可以有效地区分整合沉积物、丘状沉积物、杂乱的沉积物等。

(8) 均方根振幅（RMS Amplitude）：均方根振幅是将振幅平方的平均值再开平方；能够识别振幅异常或描述层序，追踪地层地震异常，区分整合沉积物、丘状沉积物、杂乱的沉积物等。

(9) 振幅的平方差（Variance in Amplitude）：振幅的平方差每一道的求取是对分析时窗内的每个振幅值减去平均值累加总数除以非零采样点数得到的；振幅偏差和离散程度，用于研究振幅值的细微变化，用于研究小断层 / 裂缝和地震微相的变化。适合地层稳定、振幅变化不大的地区。

(10) 振幅的立方差（Skew in Amplitude）：振幅立方差每一道的求取方法是对分析时窗内的所有采样点求取平均值，然后减去每道的平均值，计算差值的立方，求出这些值的总和，除以采样点数就可得到；比平方差振幅更夸大振幅值的变化和偏差及离散程度，用于研究振幅值的细微变化，用于研究小断层 / 裂缝和地震微相的变化，适合地层稳定、振幅变化不大的地区。

(11) 振幅的峰态（Kurtosis in Amplitude）：振幅峰态每一道的求取是对分析时窗内的所有采样点求取平均值，然后减去每道的平均值，计算差值的四次方，求出这些值的总和，除以采样点数就可得到；能够识别振幅异常或描述层序，追踪地层地震异常，区分整合沉积物、丘状沉积物、杂乱的沉积物等。

2.2.4.2 能量属性

(1) 总能量（Total Energy）：总能量每一道的求取是对分析时窗内的振幅值平方相加求和得到；能够识别振幅异常或层序特征，有效识别岩性或含气砂岩的变化，区分整合沉积物、丘状沉积物、杂乱的沉积物等。

(2) 平均能量（Average Energy）：平均能量每一道的求取是对分析时窗内的振幅值平方相加，对总数除以时窗内的采样数求得；能够识别振幅异常或层序特征，有效识别岩性或含气砂岩的变化，区分整合沉积物、丘状沉积物、杂乱的沉积物等。

2.2.4.3 频率属性

(1) 平均瞬时频率（Average Instantaneous Frequency）：平均瞬时频率每一道的求取是先计算瞬时频率，然后将分析计算时窗内的所有瞬时频率的平均值；检测振幅吸收异常，追踪由于含气饱和度、断裂、岩性或地层变化引起的相关的频率吸收特征的变化，低值常常对应于亮点（高 RMS 振幅）指示含气砂岩。

(2) 瞬时频率的斜率（Slope of Instantaneous Frequency）：瞬时频率的斜率是指瞬时频率在分析时窗内用最小二乘法回归来做拟合频率值的曲线；能够侦测层间频率吸收的变化情况，对储层流体成分的变化和断裂系统的变化比较敏感，通常用于预测天然气的聚集与分布。

2.2.4.4 反射强度属性

(1) 平均反射强度（Average Reflection Strength）：反射强度可认为是与相位无关的振幅值，它是地震数据的包络。对于每一个时间采样点，反射强度由下式计算：反射强度 = [(实

地震道)²+(虚地震道)²]^{1/2}，因而与实地震道同一数量级；能够识别振幅异常，追踪三角洲、河道、含气砂岩等引起的地震振幅异常，指示主要的岩性变化、不整合、天然气或流体的聚集。

（2）反射强度的斜率（Slope Reflection Strength）：反射强度的斜率指反射强度随时间的变化率；用来表示垂直地层层序和储层中流体成分的垂直变化，及相关的响应效应、尖灭、不整合的预测。

2.2.4.5 相位属性

平均瞬时相位（Average Instantaneous Phase）：平均瞬时相位指一个地震时间间隔内的总的相位特征的一个平均值；平均瞬时相位反映地震反射层的相位特性，确定地层的尖灭点，帮助对比解释超覆、尖灭等不整合界面，还可以根据相位特征进行地震相的划分。

2.2.5 储层流体地震属性参数分析

储层流体地震属性指地层中的油、气和水的弹性性质（密度、纵波速度和体积模量）。

2.2.5.1 气体的地震属性参数

对于天然气，密度和波速主要基于 B-W 模型进行计算（Batzle & Wang，1992）。该模型是主要基于热力学方程得到的。模型的基本公式为

$$
\begin{aligned}
&P_r=\frac{p}{4.892-0.4048G},\quad T_r=\frac{T+273.15}{94.72+170.75G}\\
&Z=\left(0.03+0.00527\left(3.5-T_r\right)^3\right)P_r+0.642T_r-0.007T_r^{\,4}-0.52\\
&\quad+0.109\left(3.85-T_r\right)^2\exp\left\{-\left[0.45+8\left(0.56-\frac{1}{T_r}\right)^2\right]\frac{P_r^{1.2}}{T_r}\right\}\\
&\rho_g\approx\frac{28.8GP}{ZR\left(T+273.15\right)}\\
&\gamma=0.85+\frac{5.6}{P_r+2}+\frac{27.1}{\left(P_r+3.5\right)^2}-8.7\mathrm{e}^{-0.65\left(P_r+1\right)}\\
&F=0.109\left(3.85-T_r\right)^2\exp\left\{-\left[0.45+8\left(0.56-\frac{1}{T_r}\right)^2\right]\frac{P_r^{1.2}}{T_r}\right\}\\
&\quad\times1.2\left\{-\left[0.45+8\left(0.56-\frac{1}{T_r}\right)^2\right]\frac{P_r^{0.2}}{T_r}\right\}+0.03+0.00527\left(3.5-T_r\right)^3\\
&K_g\approx\frac{P\gamma}{1-\frac{P_r}{Z}F}\\
&v_{pg}=\sqrt{\frac{K_g}{\rho_g}}
\end{aligned}
\tag{2.20}
$$

上述模型中，输入参数 3 个：P 为压力（MPa），T 为温度（℃），G 为气体重度（比重）。其中：R 是气体常数，为 8.31441(J/(mole·K))。输出参数为：ρ_g 为气体密度（g/cm³），v_{pg} 为气体波速（m/s）。

用该模型，对研究区的气体进行分析。根据气田生产提供的资料，分析的条件定为：压力范围：4 ~ 15MPa，温度范围：60 ~ 90℃，气体重度（比重）范围：0.56 ~ 0.78。其中甲烷的重度为 0.56。

首先对甲烷性质进行分析：从图 2.3 至图 2.5 可以看出：

（1）甲烷气体的速度随压力增加而增加，随温度增加而增加。数值大致在 500 ~ 600m/s 范围。

（2）甲烷气体的密度随压力增加而增加，随温度增加而变小。数值大致在 0.07 ~ 0.09g/cm³ 范围。

（3）甲烷气体的体积模量随压力增加而明显增加，随温度变化不明显。数值大致在 0.01 ~ 0.03GPa 范围。

总之，在研究的范围内，气体的性质参数取值比较小（相对水而言），变化不大，因此可以取近似固定值进行表征。

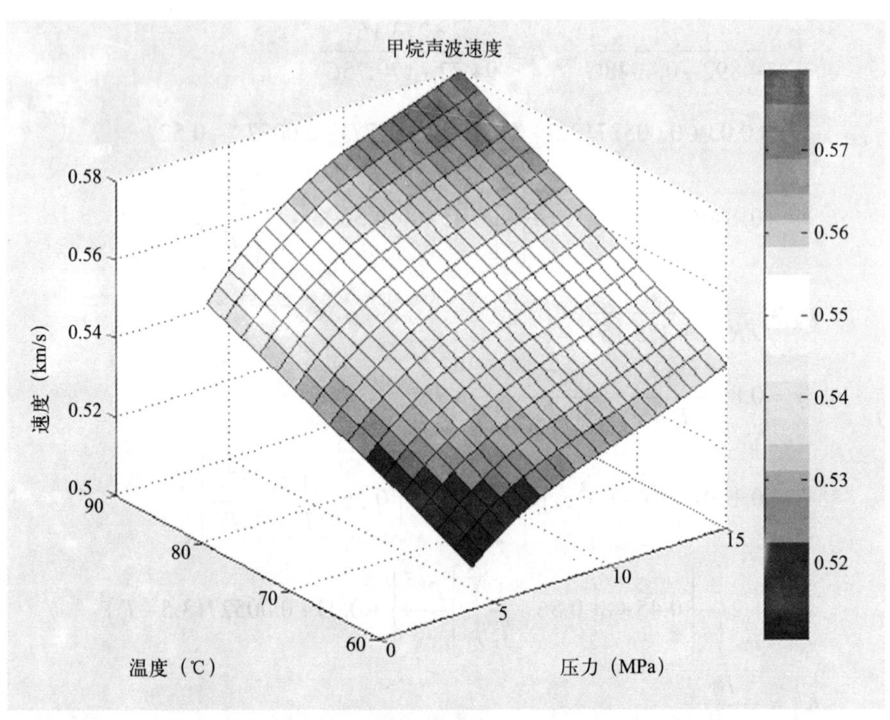

图 2.3　甲烷速度随温度、压力变化

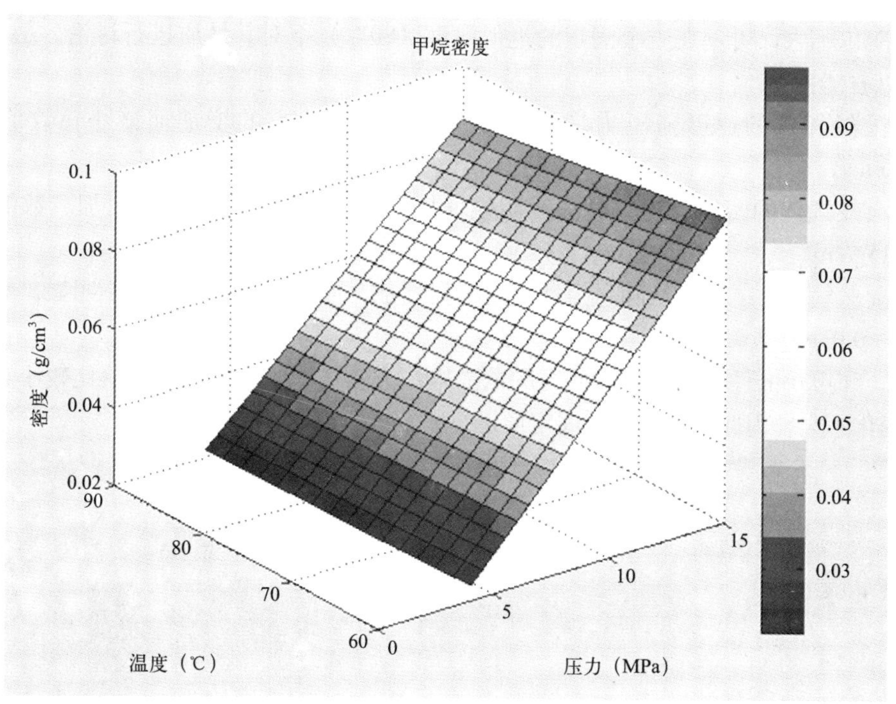

图 2.4　甲烷密度随温度、压力变化

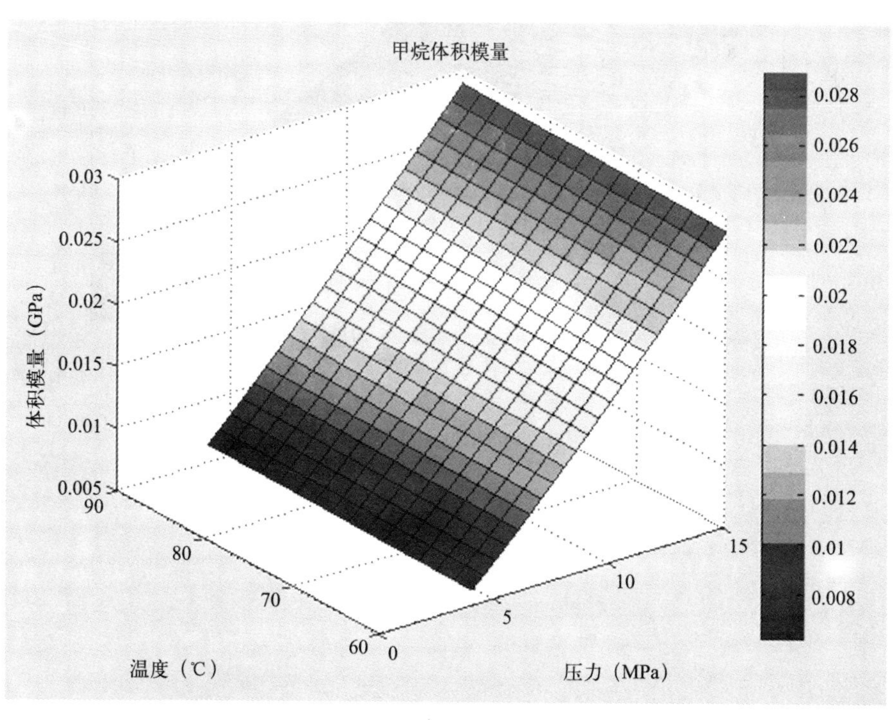

图 2.5　甲烷体积模量随温度、压力变化

而对于以甲烷为主含其他成分的天然气体，采用比重来表征不同成分气体的贡献。由于储层温度变化不大，可以在一个固定的近似温度（80℃）下对其性质进行讨论。从图 2.6 至图 2.8 可以看出：

（1）天然气体的速度随压力增加而增加，随气体比重的增加而减小。数值范围在 400 ~ 600m/s。

（2）天然气体的密度随压力增加而明显增加，随气体比重的增加而增加。数值范围在 0.05 ~ 0.15g/cm³。

（3）天然气体的体积模量随压力增加而明显增加，而随气体比重变化不明显。数值范围在 0.005 ~ 0.03g/cm³。

总之，和甲烷的性质类似，在研究的范围内，天然气体的性质参数取值比较小（相对水而言），变化不大，因此可以取近似固定值进行表征。

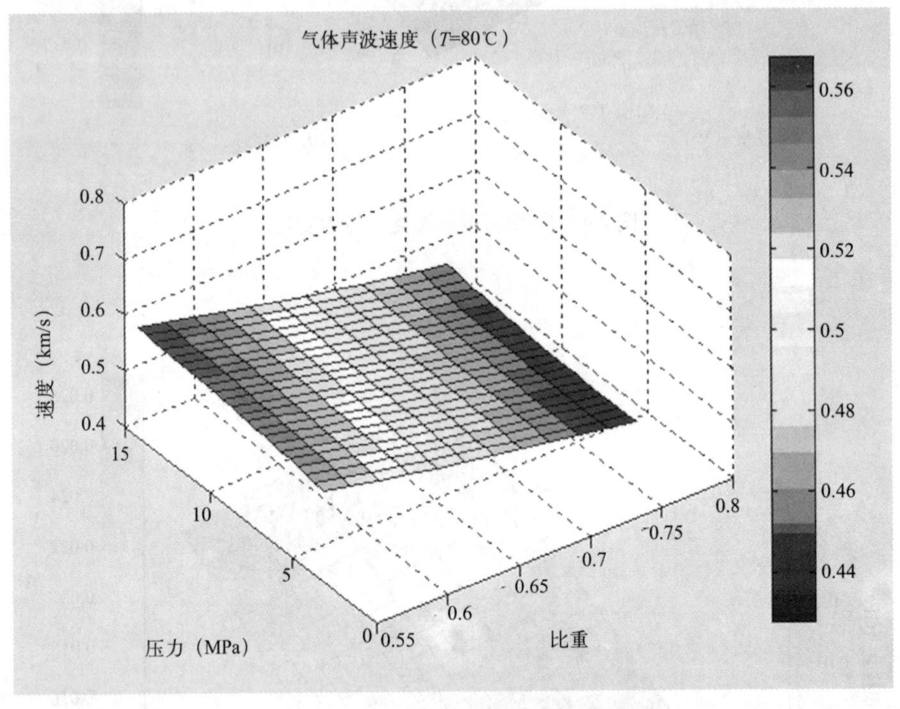

图 2.6　天然气速度随温度、压力变化

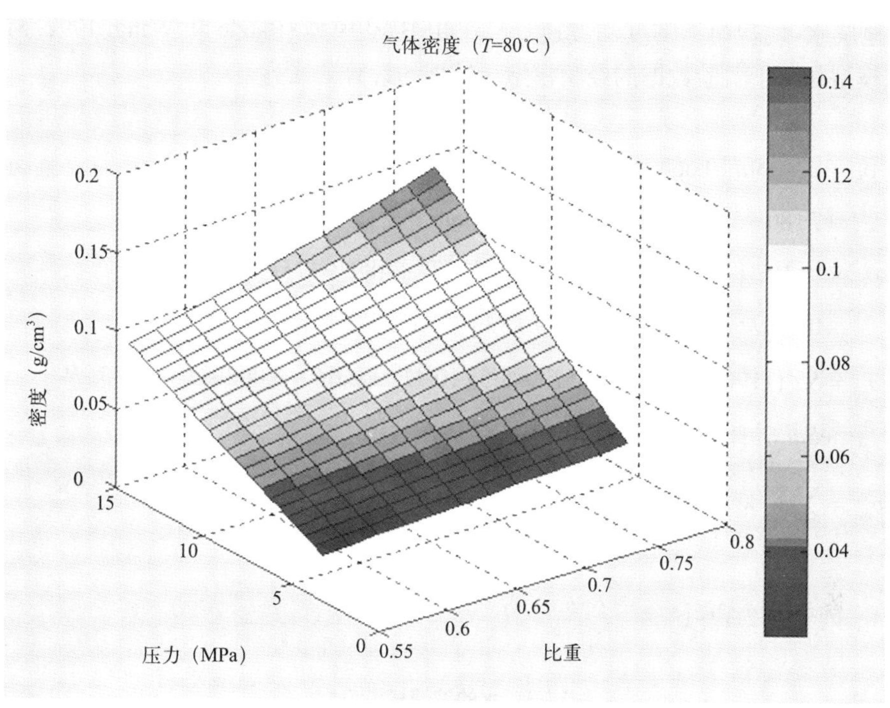

图 2.7　天然气密度随温度、压力变化

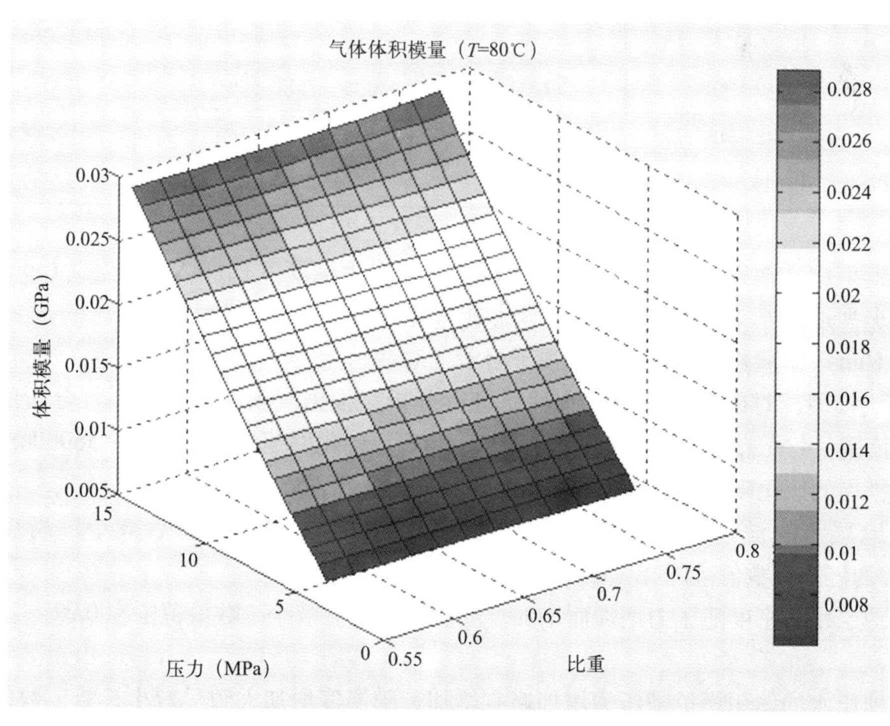

图 2.8　天然气体积模量随温度、压力变化

2.2.5.2 地层水的地震属性参数

对于地层水（盐水），密度和波速计算采用 B-W 模型 (Batzle 和 Wang, 1992, Mavko 等，1998)，该模型是基于实验数据的经验模型。模型的计算公式为

$$
\begin{aligned}
\rho_{\mathrm{b}} &= \rho_{\mathrm{w}} + Sal\left\{0.668 + 0.44Sal + 10^{-6}\left[300P - 2400PSal\right]\right. \\
&\quad \left. +T\left(80 + 3T - 3300Sal - 13P + 47PSal\right)\right\} \\
\rho_{\mathrm{w}} &= 1 + 10^{-6}\left(-80 + 3T - 3.3T^2 + 0.00175T^3 + 489P - 2TP\right. \\
&\quad \left. +0.016T^2P - 1.3\times10^{-5}T^3P - 0.333P^2 - 0.002TP^2\right) \\
v_{\mathrm{pb}} &= Sal\left(1170 - 9.6T + 0.055T^2 - 8.5\times10^{-5}T^3 + 2.6P - 0.0029TP - 0.0476P^2\right) \\
&\quad +Sal^{1.5}\left(780 - 10P + 0.16P^2\right) - 1820Sal^2 + v_{\mathrm{pw}} \\
v_{\mathrm{pw}} &= \sum_{i=0}^{4}\sum_{j=0}^{3} w_{\mathrm{ij}}T^iP^j
\end{aligned}
\tag{2.21}
$$

系数 w_{ij} 列于表 2.3 中。

表 2.3 水的波速模型系数

i \ j	0	1	2	3
0	1402.85	1.524	3.437×10^{-3}	-1.197×10^{-5}
1	4.871	-0.0111	1.739×10^{-4}	1.628×10^{-6}
2	-0.04783	2.747×10^{-4}	-2.135×10^{-6}	1.237×10^{-8}
3	1.487×10^{-4}	6.503×10^{-7}	-1.455×10^{-8}	1.327×10^{-10}
4	-2.197×10^{-7}	7.987×10^{-10}	5.230×10^{-11}	-4.614×10^{-13}

上述模型中，输入参数为：P 为压力（MPa），T 为温度（℃），Sal 为盐度 (ppm)。输出参数：ρ_{b} 为盐水密度（g/cm³），v_{pb} 为盐水波速（m/s）。

根据 Han 等实验数据和看法，忽视了溶解气对盐水弹性性质的影响。

利用该模型，对研究区的地层水性质进行分析。根据气田实际的资料，分析的条件定为：压力范围：4 ~ 15MPa，温度范围：60 ~ 90℃，矿化度范围：30000 ~ 56000mg/l。

先对模型的矿化度 32000mg/l 的地层水进行分析。从图 2.9 至图 2.11 看出：

(1) 地层水的波速随压力增加而增加，随温度增加先增加而后减小，高点出现在 70 ~ 80℃的区间。数值范围在 1580 ~ 1600m/s 之间。

(2) 地层水的密度随压力增加而增加，随温度增加而减小。数值范围在 0.99 ~ 1.01g/cm³ 之间。

(3) 地层水的体积模量随压力增加略有增加，随温度增加大致呈减小趋势。数值范围在 2.5 ~ 2.6GPa 之间。

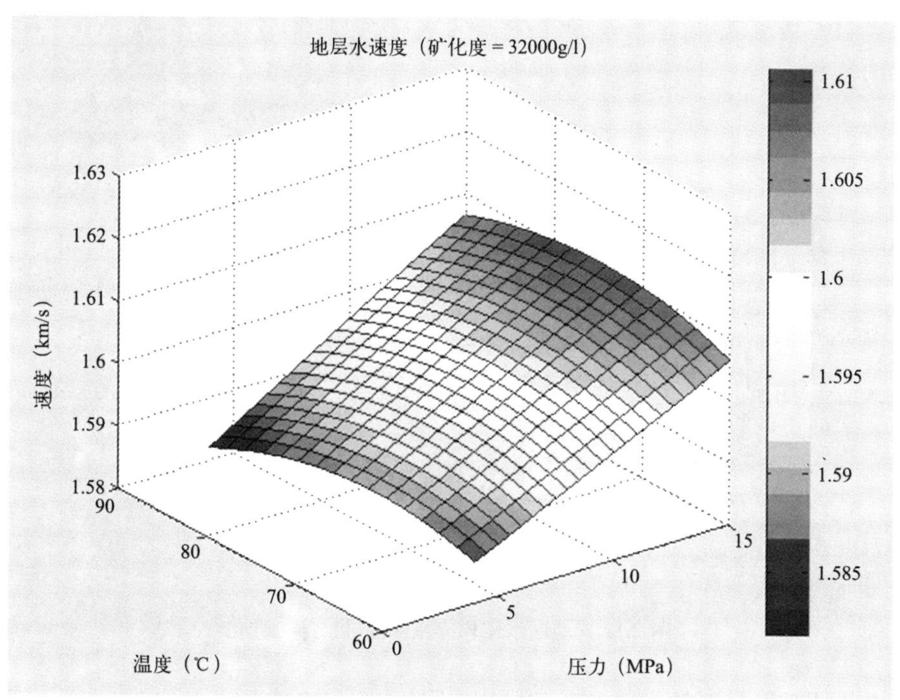

图 2.9　地层水速度随温度、压力变化

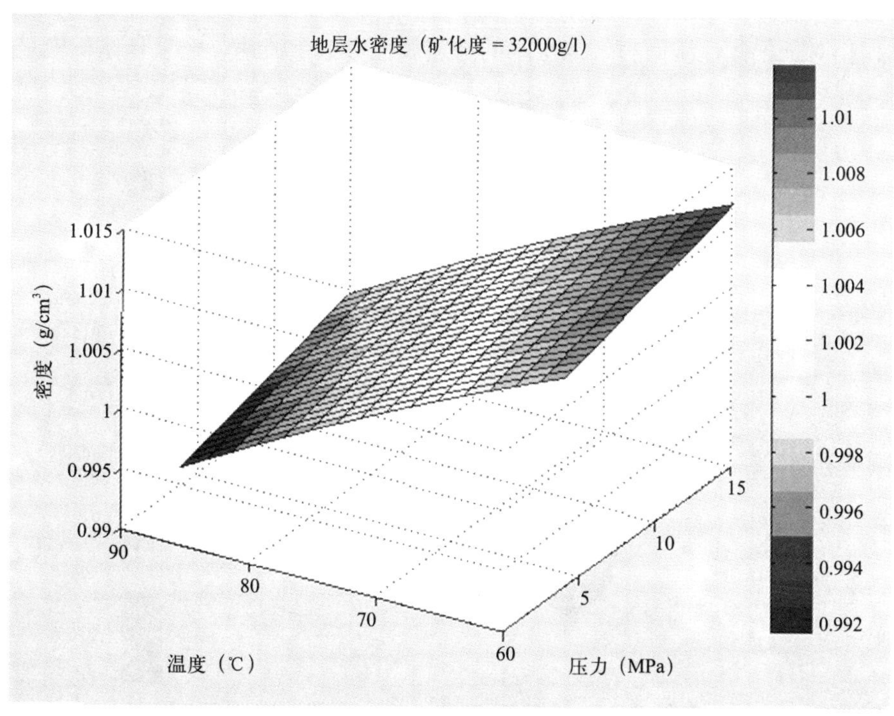

图 2.10　地层水密度随温度、压力变化

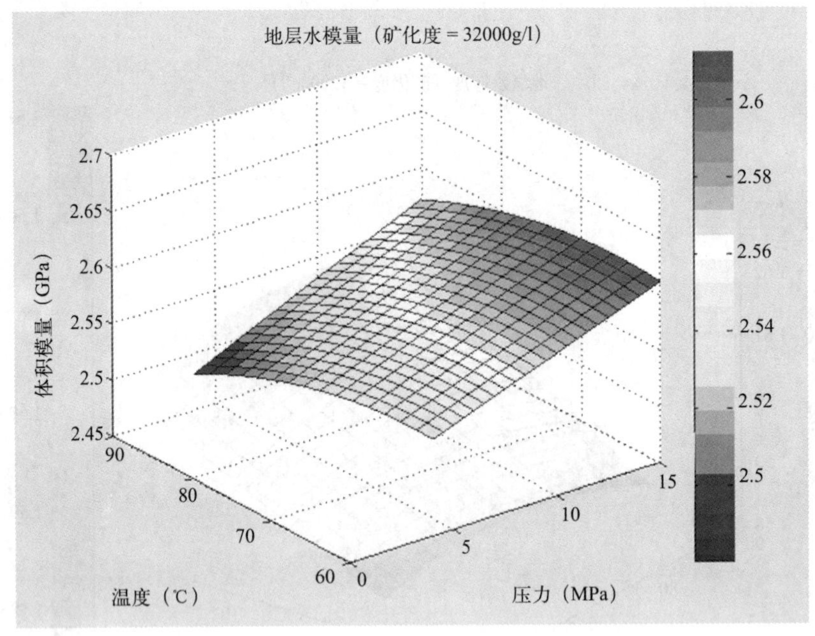

图 2.11　地层水体积模量随温度、压力变化

对于含不同矿化度的地层水，在温度 80℃下性质变化如图 2.12 至图 2.14 所示。其特征为：地层水的波速随矿化度增加而增加，数值范围在 1580 ～ 1620m/s 之间；地层水的密度也随矿化度增加而增加，数值范围在 1 ～ 1.015g/cm³ 之间；地层水的体积模量随矿化度增加而增加，数值范围在 2.5 ～ 2.7GPa 之间。

总之，相对于气体性质而言，地层水的地震属性参数（波速、密度和体积模量）的数值相对较大。

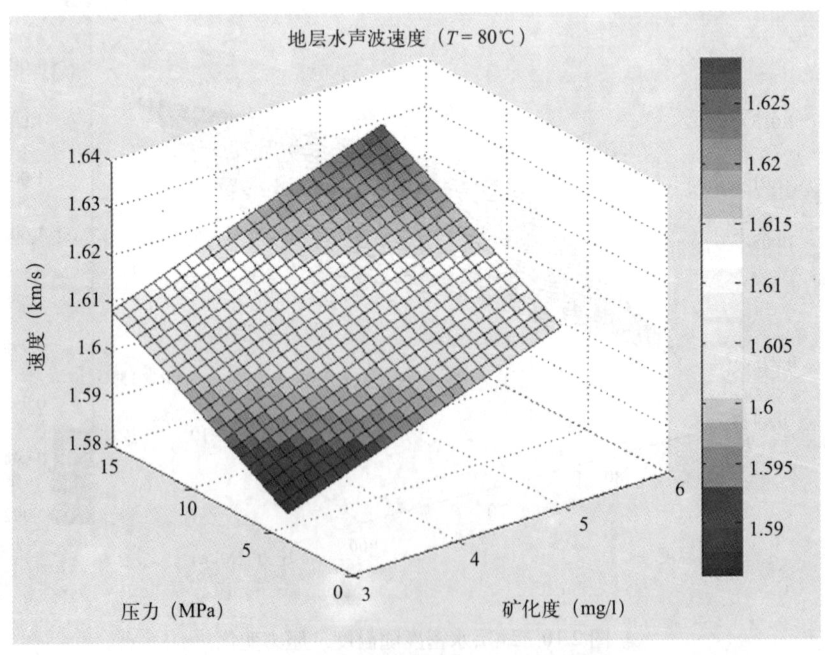

图 2.12　地层水速度随压力、矿化度变化

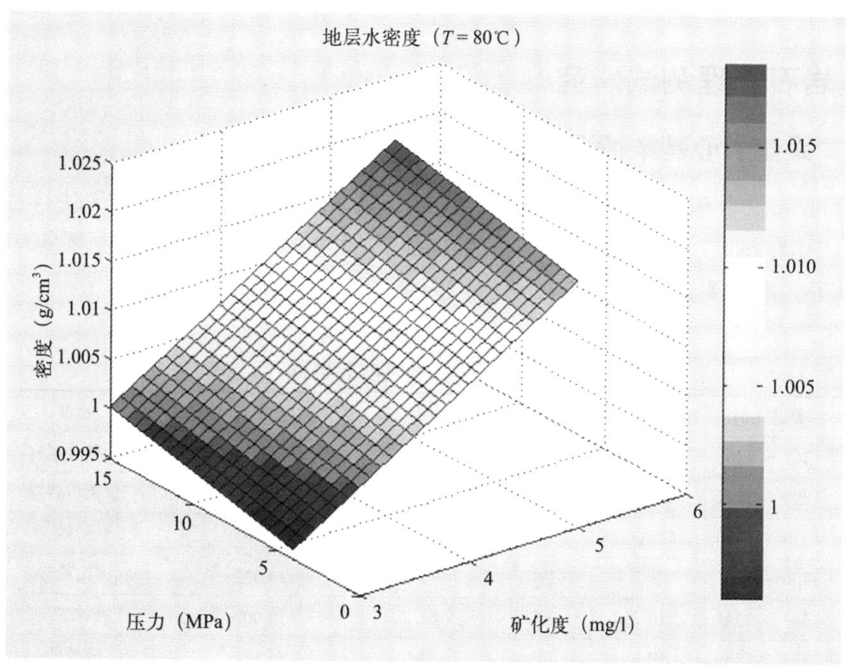

图 2.13　地层水密度随压力、矿化度变化

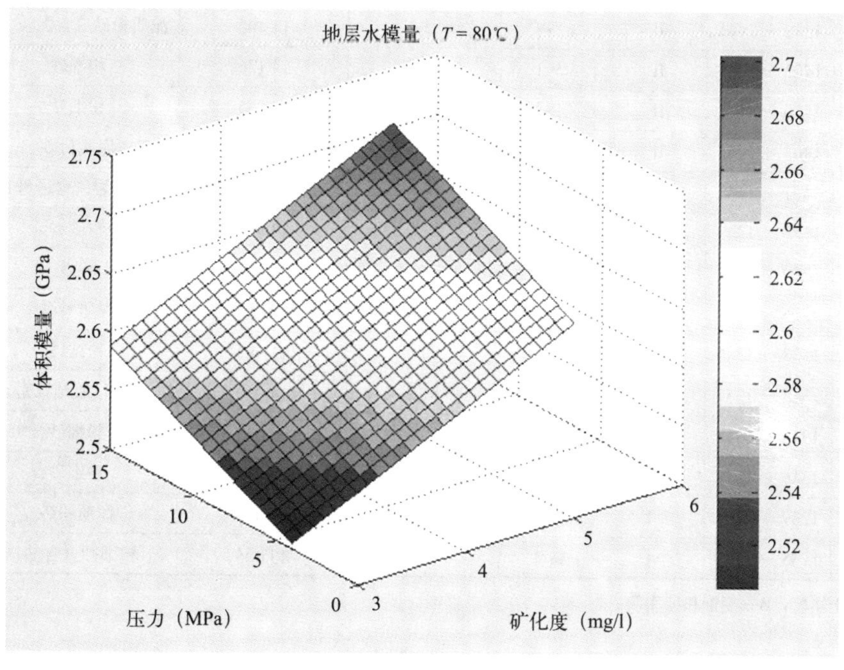

图 2.14　地层水体积模量随压力、矿化度变化

上面讨论了单一流体的地震属性参数（体积模量和密度等）计算问题，但实际情况常为有两种流体同时占据所有岩石孔隙空间。对于这种多相孔隙流体情况，需要采用特定的模型进行计算，以下阐述这种多相流体的体积模量和密度计算方法。

2.3 岩石物理测试研究

2.3.1 采集岩心基本情况

岩心样品来源于东方 1-1 气田的 6 口井，总共采集样品的数量为 23 块样品（表 2.4）。样品从岩心中沿着轴线（地震勘探中地震波向下传播的方向）钻出，圆柱形态，两端在实验室磨平、烘干、准备测试。

表 2.4 样品及其实验条件

井号	深度 (m)	气组	样品编号	原始温度（℃）	原始压力（MPa）	岩性	实验类型
DF1-1-3	1267 ~ 1268	I	3-1	77.6	13.893	粉砂质泥岩	A
DF1-1-3	1290 ~ 1292	$II_{下}$	3-2	78.6	13.967	含钙粉砂岩	A/B
DF1-1-3	1329 ~ 1330	$II_{下}$	3-3	80.4	14.063	粉砂	A/B
DF1-1-3	1300 ~ 1301	$II_{下}$	3-4	79.1	14.027	泥质粉砂	A/B
DF1-1-3	1343 ~ 1345	$III_{上}$	3-5	81.1	14.002	粉细砂	A/B
DF1-1-3	1388 ~ 1389	$III_{下}$	3-6	83.1	14.122	极细砂	A
DF1-1-5	1317 ~ 1319	I 上覆泥岩	5-1	79.7	13.937	泥岩（取样破碎）	A
DF1-1-5	1333 ~ 1335	I	5-2	80.4	13.952	泥质粉砂	A
DF1-1-5	1410 ~ 1412	$II_{上}$	5-3	83.9	14.156	粉细砂	A/B
DF1-1-5	1439 ~ 1441	$II_{上}$	5-4	85.3	14.192	泥质粉砂（含泥较多）	A/B
DF1-1-9	1423 ~ 1424	$II_{上}$	9-1	84.8	14.136	粉细砂	A/B
DF1-1-9	1400 ~ 1402	$II_{上}$	9-2	83.7	14.055	粉细砂	A/B
DF1-1-9	1463 ~ 1465	$II_{下}$	9-3	86.6	14.227	泥质粉砂	A/B
DF1-1-8	1461 ~ 1462	$III_{上}$	8-1	86.4	14.312	细砂岩（含云母）	A
DF1-1-8	1357 ~ 1359	I	8-2	81.6	13.978	粉砂岩	A
DF1-1-2	1290 ~ 1291	$II_{下}$	2-1	78.5	14.013	粉砂	A/B
DF1-1-2	1296 ~ 1298	$II_{下}$	2-2	78.8	14.020	泥质粉砂	A/B
DF1-1-2	1338 ~ 1340	$III_{上}$	2-3	80.8	13.984	粉细砂	A
DF1-1-2	1348 ~ 1350	$III_{上}$	2-4	81.2	14.010	粉砂（胶结致密）	A
DF1-1-4	1313 ~ 1315	$II_{上}$	4-1	79.5	14.037	粉细砂	A/B
DF1-1-4	1316 ~ 1317	$II_{上}$	4-2	79.6	14.041	粉细砂	A/B
DF1-1-4	1289 ~ 1291	I	4-3	78.4	13.909	泥质粉砂	A
DF1-1-4	1285 ~ 1287	I	4-4	78.2	13.906	粉细砂（含油）	A

注：A—变压实验；B—变饱和度实验。

2.3.2 实验测量设备

图 2.15 和图 2.16 显示了岩石物性测定系统及其设备。测量的基本岩石物理参数包括纵、横波速度和密度，利用测量结果确定了相应条件下岩石样品的杨氏模量、体积模量、剪切模量、泊松比，P 波模量、拉梅常数，纵、横波速度比，纵、横波波阻抗等基本弹性参数。

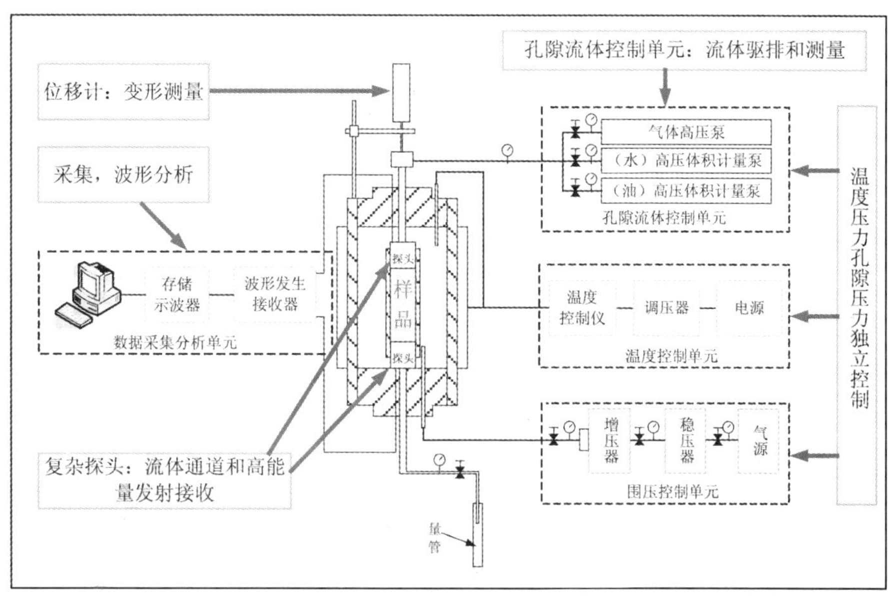

图 2.15　岩石原位物性测定系统

温度加热是采用高压容器内电热丝加热方式，采用热电偶进行监测。热电偶直接插入高压容器里测量围压流体的温度，并输出信号给温度控制仪，控制加热功率，达到自动温度控制，温度控制精度为 1℃。

实验中岩样要作密封处理。位于高压容器中的岩石样品用一个耐高温橡胶套封包起来，使之与围压液体隔离。同时岩样两端有专门的堵块，内含的声波传感器和孔道，用于与外相通，注入流体。

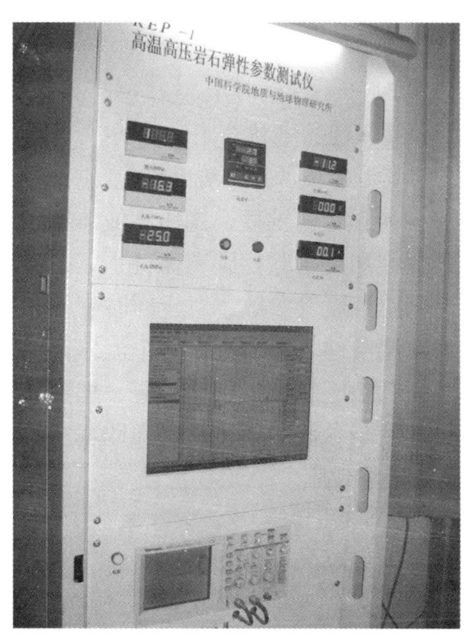

图 2.16　岩石原位物性测定系统设备

2.3.3 岩石物理参数测量

通常用的岩石物理参数有数十个，但对于一个均匀各向同性体系，独立的岩石物理参数只有三个，纵波速度 v_P、横波速度 v_S 和密度。其他参数（如常用的泊松比，拉梅参数，杨氏模量，体积模量，剪切模量，纵、横波波阻抗等）都可以导出。在实验室，主要测定纵横波速度和密度参数，其他参数通过这三个参数导出。

2.3.3.1 波速测量

采用超声脉冲透射法测定样品岩石纵、横波速度。测量系统包括纵、横波声波传感器，方波脉冲发生接收器，数字储存示波器和计算机。声波传感器放置在样品两端与方波脉冲发生接收器相连，而方波脉冲发生接收器再与数字储存示波器相连，后者与计算机连接，由此构成一个完整的声波参数测定和分析系统 (图 2.15)。

方波脉冲发生接收器 (图 2.16) 为泛美公司产品，型号为 5077PR，用于产生电脉冲，从而激发一个声波传感器产生超声波，同时接收从另一个传感器传来的接收信号，并把它放大，最后送给数值储存示波器显示和储存。

数值存储示波器为 Tektronix 公司产品，型号为 TDS210，其最快的采集率为 1G/s，AD 为 8bit，通过 RS233 串口和微机相连，实际采用的数据采集速率为 50m/s，采集数据的时间分辨率为 0.02 μ s。

计算机上采用 WaveTek 软件进行数据采集控制和数据分析。

岩石样品的纵波速度测量通过纵波传感器激发纵波和接收纵波来实现。岩石样品的横波速度测量通过横波传感器激发横波和接收横波来实现。纵波和横波的走时分别通过辨认接收到的波形中纵波和横波的到达（波形）时间来确定。声波走时为声波在样品和仪器系统中传播时间的总和，其中在仪器系统中传播的时间又称为系统基时，系统基时通过对标准材料金属铝进行标定来确定。根据样品的长度和超声波通过样品的时间，样品的波速按下面公式计算：

$$岩石波速 = 岩样长度 /(声波到时 - 系统基时)$$

一般的声波速度测定是在控制下的温度、压力和流体饱和度状态下进行的。

按照研究目的，实验过程中让一个参量变化，而其他参量保持不变。

在东方 1−1 气田的研究中，对于变压实验，先保持预定的温度、围压和流体饱和度，然后逐步改变孔隙流体压力，测定速度等参数。对于变饱和度实验，则在保持预定的温度、围压和孔隙流体压力下，然后逐步改变流体饱和度，测定速度等参数。对于同时变压和变饱和度实验，则在保持预定的温度、围压和孔隙压力在储层条件下，先固定一个流体饱和度，然后逐步改变孔隙流体压力，测定速度等参数，接着把孔隙压力恢复到储层值，把饱和度改变的新值保持不动，再逐步改变孔隙流体压力，测定速度等参数。通过对岩样地震参数进行系列的实验测定，从而确定这些因素对岩石物理性质的影响效应。

2.3.3.2 岩石样品的密度测量

常压下样品的密度测量：采用游标卡尺测定圆柱形样品的直径和高度，游标卡尺的精度为 0.01mm。采用电子天平测定干岩样的重量 W，电子天平的精度为 0.001g。采用测定的几何尺寸计算岩样的体积 V，然后用岩样的体积除以重量计算岩样的密度。高压下样品的密度测量和波速测量同时进行，测量岩石样品的变形，计算高压下的样品体积的变化，以常压下样品质量为基准，记录实验中流体等质量变化。用高压下样品的重量除以样品高压体积，即获得岩石样品的密度。

2.3.3.3 基本弹性参数确定方法

利用上述测量系统，测定岩石原位的波速和密度等物性参数，而其他各主要的物理参数由计算获得，公式如下：

岩石波速（v_P 或 v_S）=岩样长度 / 声波走时

岩石密度 ρ =岩样重量 W / 岩样体积 V

泊松比 $\alpha = (v_P^2-2v_S^2)/[2(v_P^2-v_S^2)]$

岩石剪切模量 $\mu = \rho v_S^2$

岩石体积模量 $K = \rho[v_P^2-(4/3)v_S^2]$

岩石杨氏模量 $E = 3K(1-v)$

波阻抗 $Z_P = \rho v_P$，$Z_S = \rho v_S$

2.3.3.4 实验条件确定

实验中储层的温度和孔隙压力条件按实际气藏的数值确定（表 2.4）。实验中的围压条件按实际深度（表 2.4）计算，其中取平均密度为 2.2g/cm^3，用平均密度乘以深度即为实验中的围压。围压和温度在实验过程中不变。

实验中，向样品注入的气体为甲烷气体。注入的液体为矿化度 30000mg/l 的盐水，用于模拟地层水，根据流体的性质，地层水的地震属性主要由温度、压力和矿化度确定，因此用矿化度参数控制流体性质。实验用的矿化度数据参考实际资料近似确定。有关气体和流体的性质差异变化请参考流体地震属性章节。

2.3.4 岩石物理参数测量误差讨论

2.3.4.1 系统标定和比较

选用金属铝作为标准材料来标定声波测量系统，系统标定数据如表 2.5 所示。

表 2.5 系统标定数据

项目	铝的纵波速度 (km/)s	铝的横波速度 (km/s)
标准值	6.400	3.120
系统测量值	6.388 ~ 6.415	3.115 ~ 3.125
相对误差	±0.23%	±0.16%

从表 2.5 可以看出，确定系统基时的误差比较小。

此外，利用实际的岩石材料，把波速测量系统与商业材料实验机 MTS 上的超声测量系统做了比较，如表 2.6 所示。

表 2.6 波速测量系统与 MTS 上的超声测量系统数据比较

样品	v_P (m/s)		v_S (m/s)		测量条件
	MTS 系统	本系统	MTS 系统（直交向横波速度）	本系统	
B7 灰岩	6463	6448	3335（3335）	3368	围压 50MPa
K2 灰岩	6438	6434	3345（3341）	3369	围压 50MPa

表 2.6 中数据分析表明，本系统与 MTS 系统的波速差别在 1%以内。这说明，高压条件下，本高压波速测量系统与商业材料实验机 MTS 上的超声测量系统具有较好的可比性。

2.3.4.2 误差估计

按照误差分析理论，根据长度测量误差、到时测量误差和系统基时测量误差来确定波速测量数据的误差。

声波速度的基本计算公式为：岩石波速＝岩样长度 /(声波到时 − 系统基时)。

如上所述，样品长度的理论测量精度为 0.01mm，对于长度为 25mm 的样品，其长度引起的相对误差应该小于 0.04%。

人们知道声波到时是通过辨认采集波形中纵波和横波的到达波形来确定的。而采集的波形是通过采集设备处理后的综合结果，其误差是设备噪声误差和声波起跳识别误差的总和。这两者加起来误差在 1 ～ 2 数据点（0.02 ～ 0.04 μs）。这里保守估计，25mm 长的岩样中声波通过时间至少为 10 μs。则走时引起的误差应小于 0.4%。设备带来的误差也成为随机误差，采集过程中对波形数据采用了 128 次平均方法来采集，而平均处理是利用数值存储示波器内部瞬间实现的。

系统基时是指声波仪器系统中的传播时间总和，包括了声波在传感器缓冲块中的传播时间。系统基时通过对系统的标定来确定，标定的方法包括传感器的直接对接，或用标准材料标定，其误差是由标定的精度来确定，参考上述铝样标定数据，可确定系统基时误差小于 0.1%。

按照误差传递理论，波速测量误差为长度测量误差、到时测量误差和系统基时测量误差总和，即：

波速误差＝长度测量误差＋到时测量误差＋系统基时测量误差

波速误差 < 0.54%（0.04% + 0.4 % + 0.1% ）

密度测量误差为重量测量误差与体积测量误差之和。重量测量理论精度为 0.001g，而样品重量一般大于 10g（多在 20g 以上），显然重量测量误差大大小于 0.1%。体积测量误差为长度测量误差的 3 倍，则体积测量误差小于 0.12%。因此，密度测量误差为：

密度测量误差 = 重量测量误差＋体积测量误差

密度测量误差 < 0.22%（0.1% + 0.12% ）

2.4 岩石物理模型

2.4.1 Gassmann 方程

Gassmann 方程用固体基质、骨架和孔隙流体的体积模量和密度来计算孔隙流体饱和介质的体积模量和密度。固体基质由岩石矿物组成，骨架为岩石的取样，孔隙流体可以为油、气、水或它们的混合物。岩石物理模型如图 2.17 所示。

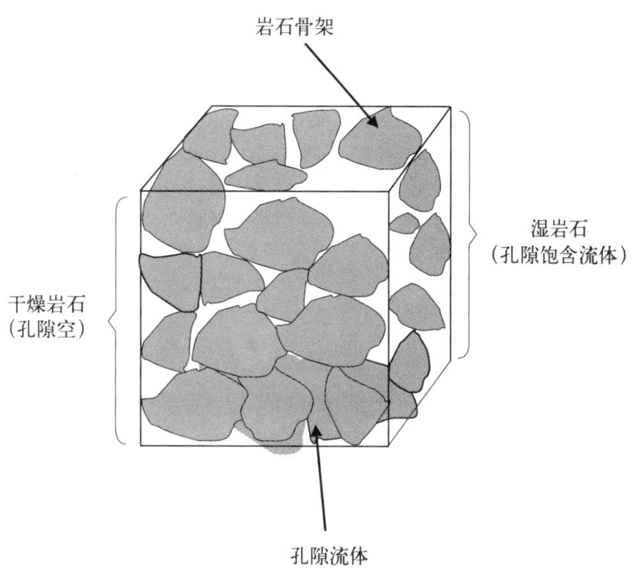

图 2.17 Biot-Gassmann 多孔介质模型

岩石的体积模量为

$$K = K_d + \frac{(1 - K_d / K_m)^2}{\frac{\phi}{K_f} + \frac{1-\phi}{K_m} - \frac{K_d}{K_m^{\ 2}}} \tag{2.22}$$

式中，K 是岩石的体积模量；K_d 是骨架体积模量；K_m 是基质体积模量；K_f 是流体体积模量；ϕ 为孔隙度。

由于岩石剪切模量 μ 不受流体饱和的影响，所以

$$\mu = \mu_d \tag{2.23}$$

式中，μ_d 为岩石骨架剪切模量。

岩石骨架弹性模量 M_d 的多元拟合为

$$M_d = (a_0 + a_1\phi + a_2 V_{sh} + a_3\phi^2 + a_4 V_{sh}^{\ 2}) \cdot \left[c\left(\frac{P_c}{0.1}\right)^b + d\left(\frac{T}{20} - 1\right) \right] \tag{2.24}$$

式中，M_d 对体积模量 K_d 和剪切模量 μ_d 都适用；P_c 为有效压力；T 为温度；ϕ 表示孔隙度；V_{sh} 表示泥质含量。

岩石密度为

$$\rho = (1-\phi)\,\rho_m + \phi\rho_f \tag{2.25}$$

式中，ρ_m 为基质密度；ρ_f 为孔隙流体密度。并且干燥岩石密度为

$$\rho_d = (1-\phi)\rho_m \tag{2.26}$$

利用 Wood 方程计算混合流体的体积模量 K_f，即

$$\frac{1}{K_f} = \frac{S_w}{K_w} + \frac{S_o}{K_o} + \frac{S_g}{K_g} \tag{2.27}$$

式中，K_w、K_o 和 K_g 分别为水、原油和气体的体积模量；S_w、S_o 和 S_g 分别为对应的饱和度，并且 $S_w + S_o + S_g = 1$。

混合流体的密度由下式计算，即

$$\rho_f = S_w\rho_w + S_o\rho_o + S_g\rho_g \tag{2.28}$$

式中，ρ_w、ρ_o 和 ρ_g 分别为水、原油和气体的密度。

最后，流体饱和的孔隙介质的纵、横波速度分别为

$$v_P = \sqrt{\left(K + \frac{4}{3}\mu\right)\Big/\rho}, \qquad v_S = \sqrt{\mu/\rho} \tag{2.29}$$

2.4.2 Biot 理论

Biot 理论是研究饱和多孔介质中固体和流体之间变形关系的基本理论，Biot（1956）建立了弹性波在黏性流体饱和的多孔隙介质中传播的理论，该理论假定岩石是均匀且各向同性的，充填在岩石骨架中的是可压缩的黏性流体，孔隙流体相对岩石骨架而言可自由流动，流动过程中二者之间存在摩擦力。在低频时，Biot 方程可以简化为著名的 Gassmann 关系式，可以说 Biot 理论是对 Gassmann 理论的推广。

由于孔隙流体的黏滞性对不同频率波的衰减影响不同，Biot 理论根据孔隙流体的相对运动将孔隙岩石弹性性质分为两个频率范围来描述。低频极限速度 v_{P0} 和 v_{S0} 与 Gassmann 公式的预测相同，如下：

$$v_{P0} = \left(\frac{K + \frac{4\mu}{3}}{\rho}\right)^{\frac{1}{2}}; \qquad v_{S0} = \left(\frac{\mu}{\rho}\right)^{\frac{1}{2}}$$

高频极限速度 $v_{P\infty}$ 和 $v_{S\infty}$，给出如下的表达式，即

$$v_{P\infty} = \left\{\frac{1}{\rho_{ma}(1-\phi) + \phi\rho_{fl}(1-\alpha^{-1})}\left[K_{dry} + \frac{4}{3}\mu_{dry} + \frac{\phi\frac{\rho_{sat}}{\rho_{fl}}\alpha^{-1} + \beta(\beta - 2\phi\alpha^{-1})}{\frac{\beta-\phi}{K_{ma}} + \frac{\phi}{K_{fl}}}\right]\right\}^{\frac{1}{2}} \tag{2.30}$$

$$v_{S\infty}=\left\{\frac{\mu_{dry}}{\rho_{ma}(1-\phi)+\phi\rho_{fl}(1-\alpha^{-1})}\right\}^{\frac{1}{2}} \tag{2.31}$$

其中 β 有时被称为 Biot 系数，$\beta=1-K_{dry}/K_{ma}$；ρ_{sat} 为饱和岩石的低频密度，$\rho_{sat}=(1-\phi)\rho_{ma}+\phi\rho_{fl}$；$\alpha$ 为曲折度（也称为构造因子）；是一个与固体或流体密度无关的纯几何参数，总大于 1。

下面介绍 Biot 关系式的 Geertsma-Smit 近似。

1996 年 Geertsma 和 Smit 给出了 Biot 理论公式的低频和中频近似，根据岩石骨架性质预测饱和岩石的频率，相关速度可以表示为

$$v_P^2=\frac{v_{P\infty}^4+v_{P0}^4\left(\frac{f_c}{f}\right)^2}{v_{P\infty}^2+v_{P0}^2\left(\frac{f_c}{f}\right)^2} \tag{2.32}$$

式中，v_P 是饱和岩石的频相关波速度；f 为频率；f_c 为 Biot 的参考频率；f_c 为“临界频率”，决定低频范围和高频范围，即

$$f_c=\frac{\phi\eta}{2\pi\rho_{fl}\kappa} \tag{2.33}$$

式中，ϕ 为孔隙度；ρ_{fl} 为流体密度；η 为孔隙流体黏度；κ 为岩石绝对渗透率。

2.4.3 BISQ 模型

Dvorkin 和 Nur(1993) 针对一维各向同性情况给出了同时包含 Biot 流动和喷射流动机制的统一的 BISQ（Biot-Squirt）模型。该模型适用于高压状态下软裂隙关闭的岩石，它能更准确地描述多孔隙介质中固—流耦合作用的力学机理和弹性波在孔隙岩石中的传播规律。

在 BISQ 模型中，为了定量说明 Biot 流动和喷流动力学机理，并通过数学模型给出弹性波速度和衰减与各种可观测参数之间的关系，Dvorkin 和 Nur 选取一圆柱体作为该理论的几何数学模型（如图 2.18）。

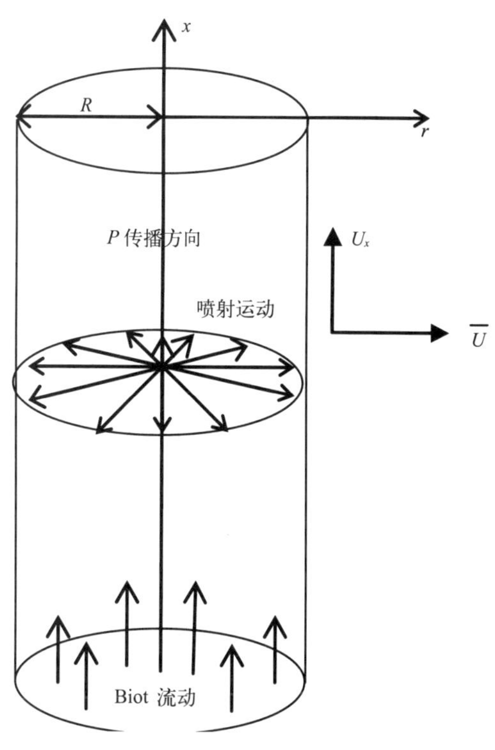

图 2.18　BISQ 几何模型

为了简化数学公式还作了几点假设：

(1) 岩石介质是均匀、各向同性的。因此，固体和流体之间相互作用、相互影响的力学耦合效应可用 Boit 提出的质量耦合附加密度 P 来描述。

(2) 岩石固体骨架仅在波传播方向发生形变，不考虑其横向变化。

(3) 孔隙流体不仅可在波传播方向自由流动 (体现 Biot 流动)，而且还可在横向上产生喷射流动。

(4) 模型中圆筒外面 (即 $r=R$) 的压力不随时间变化，这样波在激发时岩石中的流体能够从孔喉或细小裂隙中喷出或泵入到大的孔隙或裂缝中。

(5) 圆柱体的截面半径为喷射流动的平均长度，这一小尺度参数为岩石特性的基本物理量，与频率、流体黏性和压缩性无关。

(6) 在垂直于 P 波的横向上，流体的喷射流动具有轴对称特征。

(7) 各方向的渗透率是一致的。

(8) 部分饱和或视完全饱和孔隙空间中气体压缩性远高于孔隙流体的压缩性。

应特别注意的是这种模型引入了一个非常关键的参数——特征喷射流动长度，它是孔隙介质微观性质的一种宏观描述，并可通过实验间接测定。如通过拟合波速度或衰减系数的方法。

BISQ 模型将孔隙弹性性质的动态变化与孔隙弹性参数、孔隙率、渗透率特征喷射流动长度等参数有机地联系起来，不需已知孔隙的几何结构。它具有像理论一样的宏观描述孔隙弹性性质的优点，同时又能像喷射流动理论那样更真实地预测弹性波波速和衰减。因此，用这种模型能从宏观角度研究弹性波频散和衰减与岩石和流体性质渗透率、孔隙率、黏滞度和压缩性等之间的关系。

2.4.4 孔隙介质流体替换

Gassmann 方程推导了孔隙岩层充满流体的弹性模量公式，奠定了沉积岩的弹性性质和物性之间研究的基础。该方程是岩石物理性质对地震速度标定的理论基础，特别是对孔隙流体的预测，即流体替换。通过流体替换可以很容易实现：(1) 从一种流体饱和的岩石地震速度预测另外一种流体饱和岩石的地震速度；(2) 用岩石骨架速度预测饱和岩石速度，再结合常规的波动方程数值方法即可实现双相介质的地震数值模拟。

Gassmann 定义了流体饱和的岩石体积模量与干岩石的体积模量以及流体体积模量之间的关系。在流体替换中，研究感兴趣的是从饱含流体 A 的岩石弹性模量计算出饱含流体 B 的岩石弹性模量，即

$$\frac{K_{\mathrm{A}}}{K_{\mathrm{m}}-K_{\mathrm{A}}}-\frac{K_{\mathrm{fA}}}{\phi(K_{\mathrm{m}}-K_{\mathrm{fA}})}=\frac{K_{\mathrm{B}}}{K_{\mathrm{m}}-K_{\mathrm{B}}}-\frac{K_{\mathrm{fB}}}{\phi(K_{\mathrm{m}}-K_{\mathrm{fB}})} \tag{2.34}$$

式中，K_{A} 为包含流体 A 的岩石弹性模量；K_{B} 为包含流体 B 的岩石弹性模量；K_{m} 为基质体积模量；K_{fA} 为流体 A 的体积模量；K_{fB} 为流体 B 的体积模量；ϕ 为孔隙度。

流体替换技术的研究方法如下：

第一步：计算岩石骨架的密度、流体密度、体积模量、剪切模量，以及流体体积模量，即

$$\begin{gathered}\rho_{\mathrm{m}}=\frac{\rho-\phi(S_{\mathrm{w}}\rho_{\mathrm{w}}+(1-S_{\mathrm{w}})\rho_{\mathrm{HC}})}{1-\phi}\\ \rho_{\mathrm{f}}=S_{\mathrm{w}}\rho_{\mathrm{w}}+\rho_{\mathrm{HC}}(1-S_{\mathrm{w}})\\ K=\rho(v_{\mathrm{P}}^{2}-\frac{4}{3}v_{\mathrm{S}}^{2})\end{gathered} \tag{2.35}$$

$$\mu = \rho v_S^2$$

$$K_f = \frac{K_w K_{HC}}{K_{HC} S_w + K_w (1 - S_w)}$$

式中，ρ_{HC} 为含油气密度；K_{HC} 为油气体积模量。其他参数与上节中提到的各个参数意义相同。

第二步：利用 Raymer 方程计算岩石骨架的体积模量，即

$$K_m = \rho_m v_m^2 - \frac{4}{3}\mu$$

$$v_f = \sqrt{\frac{K_f}{\rho_f}} \tag{2.36}$$

$$v_m = \sqrt{\frac{K_m + \frac{4}{3}\mu}{\rho_m}}$$

第三步：孔隙度替换，即

$$\rho_{new} = \rho_w (1 - \phi_{new}) + \rho_f \phi_{new} \tag{2.37}$$

式中，ϕ_{new} 为新的孔隙度；ρ_{new} 为新的孔隙度对应的新的密度。

第四步：利用 Gassmann 方程进行流体替换。

（1）计算干岩石的体积模量。

在计算干岩石的体积模量时需要满足条件 $K_m > K_d$，把这个关系代入方程（2.22）就可以得到如下两个条件不等式，即

$$1 - \phi \frac{K}{K_f} > 0 \tag{2.38}$$

$$K_m < \frac{K(1-\phi}{1-\phi \frac{K}{K_f}} \tag{2.39}$$

满足上述条件，就可以计算干岩石的体积模量，即

$$K_d = bK_m \tag{2.40}$$

其中

$$b = \frac{XY - 1}{X + Y - 2}$$

$$X = \frac{K}{K_m}$$

$$Y = 1 + \phi_{new}\left[\frac{K_m}{K_f} - 1\right]$$

（2）计算含水饱和度变化后的流体的体积模量，即

$$K_{\mathrm{f}}=\frac{K_{\mathrm{w}}K_{\mathrm{HC}}}{K_{\mathrm{HC}}S_{\mathrm{w\text{-}new}}+K_{\mathrm{w}}(1-S_{\mathrm{w\text{-}new}})} \tag{2.41}$$

这里 $S_{\mathrm{w\text{-}new}}$ 表示新的含水饱和度。

（3）利用 Gassmann 方程计算替换后的体积模量，即

$$K=fgassmann(K_{\mathrm{m}};K_{\mathrm{d}};K_{\mathrm{f}};\phi_{\mathrm{new}})=K_{\mathrm{d}}+\frac{(1-K_{\mathrm{d}}/K_{\mathrm{m}})^2}{\dfrac{\phi}{K_{\mathrm{f}}}+\dfrac{1-\phi}{K_{\mathrm{m}}}-\dfrac{K_{\mathrm{d}}}{K_{\mathrm{m}}{}^2}} \tag{2.42}$$

（4）计算流体替换后的密度。

新的流体密度为

$$\rho_{\mathrm{f}}=S_{\mathrm{w\text{-}new}}\rho_{\mathrm{w}}+\rho_{\mathrm{HC}}(1-S_{\mathrm{w\text{-}new}}) \tag{2.43}$$

新的岩石密度为

$$\rho_{\mathrm{new}}=\rho_{\mathrm{m}}(1-\phi_{\mathrm{new}})+\rho_{\mathrm{f}}\phi_{\mathrm{new}} \tag{2.44}$$

（5）计算流体替换后的纵波 v_{P} 和横波速度 v_{S}，即

$$v_{\mathrm{Pnew}}=\sqrt{\left(K+\frac{4}{3}\mu\right)\Big/\rho_{\mathrm{new}}}\,,\quad v_{\mathrm{Snew}}=\sqrt{\mu/\rho_{\mathrm{new}}} \tag{2.45}$$

3 时移地震正演模拟研究

时移地震正演模拟是一种精度高、可信度好的时移地震可行性研究方法，该方法能有效地指导时移地震资料的采集、处理和解释，使时移地震油藏监测技术取得更好的效果，也为开展时移地震资料分析提供可靠的理论支持。

3.1 孔隙介质地震波的波动方程

传统的地震波理论将固体和流体及其之间的相互耦合对波传播的影响用综合岩石物性参数来描述，即将多孔隙介质简化成单相弹性介质，在岩石孔隙度很小或孔隙中流体的体压缩模量和密度很小时这种假设是成立的。而当岩石孔隙度较大，或孔隙中流体的体压缩模量较大时就会产生不同程度的误差。

假设含流体孔隙介质系统是由固体、油和水组成，固体介质是各向同性的，油和水的物理性质不同，且是可以压缩的，两种流体在地下流动满足 Poiseuille 型流动；油和水之间不发生质量交换，二者之间没有相对运动，仅考虑它们与固体之间的流动，并且在流动时与固体可产生摩擦，则含流体各向同性孔隙介质中基于 Biot 理论的地震波波动方程有如下形式，即

$$
\begin{aligned}
&\frac{\partial}{\partial x}[(\lambda+2\mu)\frac{\partial u_x}{\partial x}]+\frac{\partial}{\partial y}(\mu\frac{\partial u_x}{\partial y})+\frac{\partial}{\partial z}(\mu\frac{\partial u_x}{\partial z})+\frac{\partial^2}{\partial x\partial y}[(\lambda+\mu)u_y]+\\
&\frac{\partial^2}{\partial x\partial z}[(\lambda+\mu)u_z]+\frac{\partial}{\partial x}[Q(\frac{\partial U_x}{\partial x}+\frac{\partial U_y}{\partial y}+\frac{\partial U_z}{\partial z})]=\\
&\frac{\partial^2}{\partial t^2}(\rho_{11}u_x+\rho_{12}U_x)+b\frac{\partial}{\partial t}(u_x-U_x),\\
&\frac{\partial}{\partial x}(Q\frac{\partial u_x}{\partial x})+\frac{\partial}{\partial x}(Q\frac{\partial u_y}{\partial y})+\frac{\partial}{\partial x}(Q\frac{\partial u_z}{\partial z})+\frac{\partial}{\partial x}[R(\frac{\partial U_x}{\partial x}+\frac{\partial U_y}{\partial y}+\frac{\partial U_z}{\partial z})]\\
&=\frac{\partial^2}{\partial t^2}(\rho_{12}u_x+\rho_{22}U_x)-b\frac{\partial}{\partial t}(u_x-U_x),\\
&\frac{\partial}{\partial x}(\mu\frac{\partial u_y}{\partial x})+\frac{\partial}{\partial y}[(\lambda+2\mu)\frac{\partial u_y}{\partial y}]+\frac{\partial}{\partial z}(\mu\frac{\partial u_y}{\partial z})+\frac{\partial^2}{\partial x\partial y}[(\lambda+\mu)u_x]+\\
&\frac{\partial^2}{\partial y\partial z}[(\lambda+\mu)u_z]
\end{aligned}
$$

$$
\begin{aligned}
&+\frac{\partial}{\partial y}[Q(\frac{\partial U_x}{\partial x}+\frac{\partial U_y}{\partial y}+\frac{\partial U_z}{\partial z})]=\frac{\partial^2}{\partial t^2}(\rho_{11}u_y+\rho_{12}U_y)+b\frac{\partial}{\partial t}(u_y-U_y),\\
&\frac{\partial}{\partial y}(Q\frac{\partial u_x}{\partial x})+\frac{\partial}{\partial y}(Q\frac{\partial u_y}{\partial y})+\frac{\partial}{\partial y}(Q\frac{\partial u_z}{\partial z})+\frac{\partial}{\partial y}[R(\frac{\partial U_x}{\partial x}+\frac{\partial U_y}{\partial y}+\frac{\partial U_z}{\partial z})]\\
&=\frac{\partial^2}{\partial t^2}(\rho_{12}u_y+\rho_{22}U_y)-b\frac{\partial}{\partial t}(u_y-U_y),\\
&\frac{\partial}{\partial x}(\mu\frac{\partial u_z}{\partial x})+\frac{\partial}{\partial y}(\mu\frac{\partial u_z}{\partial y})+\frac{\partial}{\partial z}[(\lambda+2\mu)\frac{\partial u_z}{\partial z}]+\frac{\partial^2}{\partial x\partial z}[(\lambda+\mu)u_x]\\
&+\frac{\partial^2}{\partial y\partial z}[(\lambda+\mu)u_y]+\frac{\partial}{\partial z}[Q(\frac{\partial U_x}{\partial x}+\frac{\partial U_y}{\partial y}+\frac{\partial U_z}{\partial z})]=\\
&\frac{\partial^2}{\partial t^2}(\rho_{11}u_z+\rho_{12}U_z)+b\frac{\partial}{\partial t}(u_z-U_z),\\
&\frac{\partial}{\partial z}(Q\frac{\partial u_x}{\partial x})+\frac{\partial}{\partial z}(Q\frac{\partial u_y}{\partial y})+\frac{\partial}{\partial z}(Q\frac{\partial u_z}{\partial z})+\frac{\partial}{\partial z}[R(\frac{\partial U_x}{\partial x}+\frac{\partial U_y}{\partial y}+\frac{\partial U_z}{\partial z})]\\
&=\frac{\partial^2}{\partial t^2}(\rho_{12}u_z+\rho_{22}U_z)-b\frac{\partial}{\partial t}(u_z-U_z)
\end{aligned}
\tag{3.1}
$$

式中，Q 为固体体积与流体体积变化之间耦合关系的系数；R 是使一定体积的油和水流入介质系统而又保持总体积不变，所需作用于流体之上的力的一种量度。

方程（3.1）就是在双相各向同性介质中基于 Biot 机制的弹性波动方程，其系数由固体弹性参数、固液耦合参数、岩石物性和油水流体物性参数等组成。通过含流体介质地震波场的正演模拟，可以了解岩石物性和流体物性参数对波场的影响，对于油气田的开发监测建立先验的理论基础。

实验表明，在许多情况下，Biot 理论过高地估算了速度频散而大大地过低估算了衰减，如实验显示砂岩中含油的高黏滞性有使松弛移向较低频率的趋势，而 Biot 理论预测了相反的结果。当用实验室超声波速度测量来解释声波数据（速度 / 频率频散）和由速度测井（速度 / 黏滞性频散）监测孔隙流体黏滞性变化需要对频散做正确的估计等情形下，实际衰减值给反射系数计算提供了重要输入参数。

通过大量实验和理论分析，已经证明喷射流机制确实与所实测到的高衰减和速度频散有关。因此，喷射流机制的研究是对 Biot 理论的补充。

在喷射流机制研究中，有两种典型的模型，一种是部分饱和岩石，即全部饱和岩石的孔隙中含有少量的高压气体，这种模型在自然界中是非常典型的。在这种岩石中，喷射流动被看做是具有流体和气泡孔隙空间的横向流动。另一种是没有剩余气体的饱和岩石，孔隙流体是从细裂缝挤压到其周围的大孔隙或不同方位的相邻裂缝中。

含流体各向同性孔隙介质基于 BISQ 机制的地震波波动方程可以表示为

$$
\begin{aligned}
&[(\lambda+2\mu)\frac{\partial^2}{\partial x^2}+\mu\frac{\partial^2}{\partial y^2}+\mu\frac{\partial^2}{\partial z^2}]u_x+(\lambda+\mu)\frac{\partial^2 u_y}{\partial x\partial y}+(\lambda+\mu)\frac{\partial^2 u_z}{\partial x\partial z}-\alpha\frac{\partial P}{\partial x}\\
&=\frac{\partial^2}{\partial t^2}(\rho_{11}u_x)+\frac{\partial^2}{\partial t^2}(\rho_{12}U_x)-b\frac{\partial}{\partial t}(u_x-U_x),
\end{aligned}
$$

$$-F\cdot S[(\frac{\partial^2 U_x}{\partial x^2}+\frac{\partial^2 U_y}{\partial x\partial y}+\frac{\partial^2 U_z}{\partial x\partial z})+(\frac{\alpha-\phi}{\phi})(\frac{\partial^2 u_x}{\partial x^2}+\frac{\partial^2 u_y}{\partial x\partial y}+\frac{\partial^2 u_z}{\partial x\partial z})]$$

$$=\frac{\partial^2}{\partial t^2}(\rho_{12}u_x+\rho_{22}U_x)-b\frac{\partial}{\partial t}(u_x-U_x),$$

$$[\mu\frac{\partial^2}{\partial x^2}+(\lambda+2\mu)\frac{\partial^2}{\partial y^2}+\mu\frac{\partial^2}{\partial z^2}]u_y+(\lambda+\mu)\frac{\partial^2 u_x}{\partial x\partial y}+(\lambda+\mu)\frac{\partial^2 u_z}{\partial y\partial z}-\alpha\frac{\partial P}{\partial y}$$

$$=\frac{\partial^2}{\partial t^2}(\rho_{11}u_y)+\frac{\partial^2}{\partial t^2}(\rho_{12}U_y)-b\frac{\partial}{\partial t}(u_y-U_y),$$

$$-F\cdot S[(\frac{\partial^2 U_x}{\partial x\partial y}+\frac{\partial^2 U_y}{\partial^2 y}+\frac{\partial^2 U_z}{\partial y\partial z})+(\frac{\alpha-\phi}{\phi})(\frac{\partial^2 u_x}{\partial x\partial y}+\frac{\partial^2 u_y}{\partial y^2}+\frac{\partial^2 u_z}{\partial y\partial z})]$$

$$=\frac{\partial^2}{\partial t^2}(\rho_{12}u_y+\rho_{22}U_y)-b\frac{\partial}{\partial t}(u_y-U_y),$$

$$[\mu\frac{\partial^2}{\partial x^2}+\mu\frac{\partial^2}{\partial y^2}+(\lambda+2\mu)\frac{\partial^2}{\partial z^2}]u_z+(\lambda+\mu)\frac{\partial^2 u_x}{\partial x\partial z}+(\lambda+\mu)\frac{\partial^2 u_y}{\partial y\partial z}-\alpha\frac{\partial P}{\partial z}$$

$$=\frac{\partial^2}{\partial t^2}(\rho_{11}u_z)+\frac{\partial^2}{\partial t^2}(\rho_{12}U_z)-b\frac{\partial}{\partial t}(u_z-U_z),$$

$$-F\cdot S[(\frac{\partial^2 U_x}{\partial x\partial z}+\frac{\partial^2 U_y}{\partial y\partial z}+\frac{\partial^2 U_z}{\partial z^2})+(\frac{\alpha-\phi}{\phi})(\frac{\partial^2 u_x}{\partial x\partial z}+\frac{\partial^2 u_y}{\partial y\partial z}+\frac{\partial^2 u_z}{\partial z^2})]$$

$$=\frac{\partial^2}{\partial t^2}(\rho_{12}u_z+\rho_{22}U_z)-b\frac{\partial}{\partial t}(u_z-U_z)$$

上述方程就是在含流体各向同性孔隙（或双相）介质中基于 BISQ 机制的地震波波动方程，它既考虑了流体在轴向地震波传播方向的自由流动（体现 Biot 的全局流的流动），也考虑了流体在径向（或横向）的流动（体现 Squirt 的局部流流动）。它将固体弹性参数（ρ_S、λ、μ、K_S）、固液耦合参数（ρ、b、ρ_a）、岩石物性（κ、ϕ）和油水流体物性（η），以及流体喷流长度参数等组合在一个方程组中。通过地震波场的正演模拟，可以了解岩石物性和油水流体物性参数对波场的影响。通过适当的反演方法可以获得有关油气储层的物性参数（如孔隙度和渗透率），这对油气勘探的油藏描述非常有意义，而反演出流体参数（如油和水相对渗透率、黏度）以及正演模拟所获得的流体压力（通过固体和流体位移可以求解）分布，这对于油田的注水开发和分层开采具有实际意义。

3.2 注水模型地震响应模拟与分析

在油田开发过程中，由于储层中的油气被开采，储层的性质或参数发生了一系列的变化。它们的综合效应是否能引起有意义的地震异常，这种异常是否能在地震分辨范围内被监测到，这是用地震方法监测储层动态的前提。就注水开采而言，有 3 个主要参数将引起地震异常，即流体替换、压力和温度变化。下面就这 3 种变化对注水监测的影响进行模拟分析，以期对这几个因素的影响有一个客观的认识。

首先在综合分析储层地质特性的基础上，结合测井资料建立储层地质模型。模型中储层段砂岩累积厚度为 14. 8m，去掉 3 个干层后，真正存在参数变化的砂岩累积厚度为 9. 8 m。单层厚度最大为 2. 4 m，最小为 0.6 m。砂泥岩互层中泥岩的速度、密度与上下围岩相同。模型中假定各层均为水平地层。注水前储层横向为均匀地层。当储层地质模型确定后，利用孔隙流体与干岩石模量计算公式，并结合 Biot-Gassmann 方程便可将储层参数转化为地震参数，相应的地质模型转化为地震模型。采用主频为 70 Hz 的 Ricker 子波进行模拟。

3.2.1　理想状态下注水地震响应模拟分析

图 3.1 是根据前述地质模型计算的仅流体替换时注水前、后的合成地震响应及差异剖面。在模型设计中，假定了注水前模型中储层温度、压力，以及含油饱和度均保持在原始状态，且横向一致，因此图中反射波也表现为横向一致。注水后这些参数势必发生变化，进而引起地震响应的变化。

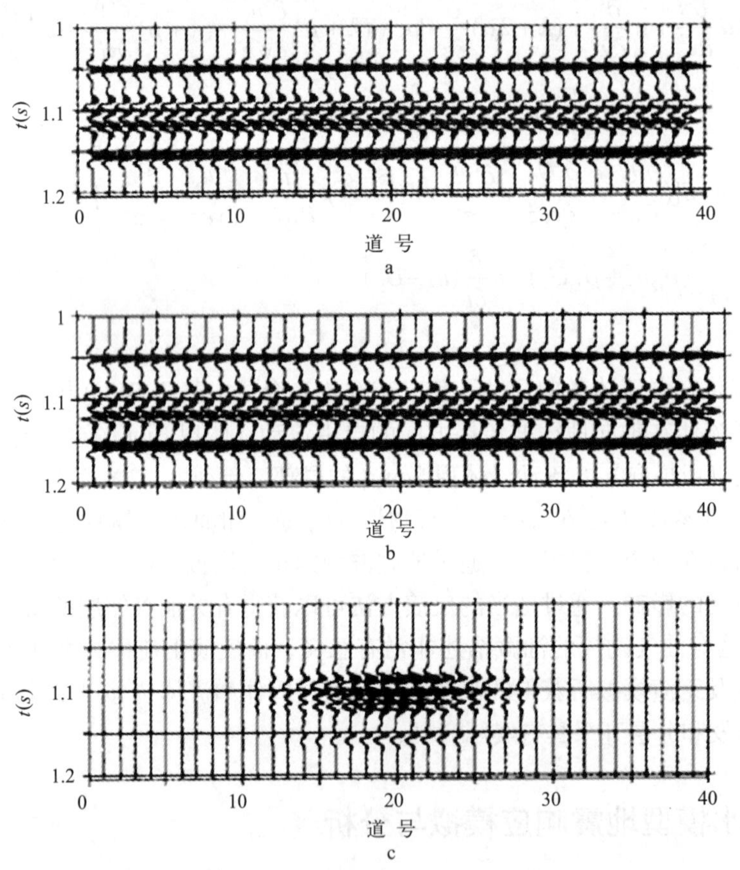

图 3.1　流体替换对地震响应的影响

a—注水前地震响应（最大振幅值：0.1001）；b—注水后地震响应（最大振幅值：0.1001）；
c—注水前后地震响应差异剖面（最大振幅值：0.00349）

由图 3.2 可见，每一种参数的变化均会引起地震响应的变化，但从最大振幅来看，其差异振幅要比注水前、后振幅弱得多。图 3.2c 的最大振幅异常约为图 3.2a 的 4. 55%，图 3.2a 中的振幅减小和图 3.2b 中相同位置的振幅增大，说明了当压力和温度变化均不太大时，压力与温度的影响会相互抵消一部分，其综合影响可能会较小。但这并不是说温度和压力的影响不重要，对于具体的问题应具体分析，不可一概而论。

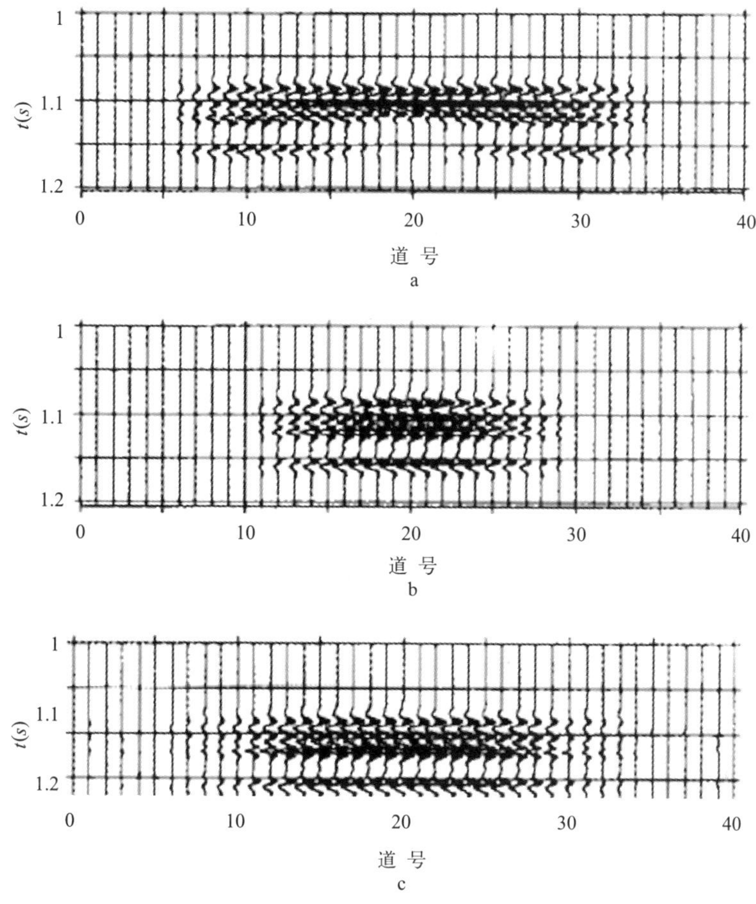

图 3.2 流体替换、温度和压力对地震响应的影响

a—流体替换与压力同时变化产生的地震差异剖面（最大振幅值：0.00196）；
b—流体替换与温度同时变化产生的地震差异剖面（最大振幅值：0.00682）；
c—流体替换、温度、压力同时变化产生的差异剖面（最大振幅值：0.00455）

3.2.2 信噪比与分辨率对注水地震响应的影响

图 3.3 是假定注水使得地层孔隙流体、温度、压力均发生变化时，信噪比对地震响应影响的差异剖面。信噪比的定义为

$$R=\frac{\Sigma A_{\mathrm{S}}(f)}{\Sigma A_{\mathrm{N}}(f)} \tag{3.2}$$

式中，$A_{\mathrm{S}}(f)$ 和 $A_{\mathrm{N}}(f)$ 分别为信号振幅谱和噪声振幅谱。

从 (3.2) 式可以看出，它是针对单一地震道定义的。为了说明噪声对注水地震监测的影响，将单一地震道扩展为整个地震剖面，则剖面信噪比 R 为全剖面有效信号与噪声的振幅谱累加和的比，用公式表示为

$$R=\frac{\Sigma\Sigma A_S(f)}{\Sigma\Sigma A_N(f)} \tag{3.3}$$

式中，$\Sigma\Sigma A_S(f)$表示剖面中所有有效信号振幅谱的累加和；$\Sigma\Sigma A_N(f)$表示剖面中所有噪声振幅谱的累加和。

图 3.3a 几乎全部是噪声，图 3.3b 可以看到微弱的异常显示。由此似乎可以说，当注水前、后地震剖面的信噪比大于等于 3 时，注水地震异常是可视的（至少在本区认为是正确的），但很微弱，利用它来揭示储层内孔隙流体的动态变化仍然是较困难的。图 3.3c 和图 3.3d 非常相似，此时地震异常足可以用来反映孔隙流体的动态变化。

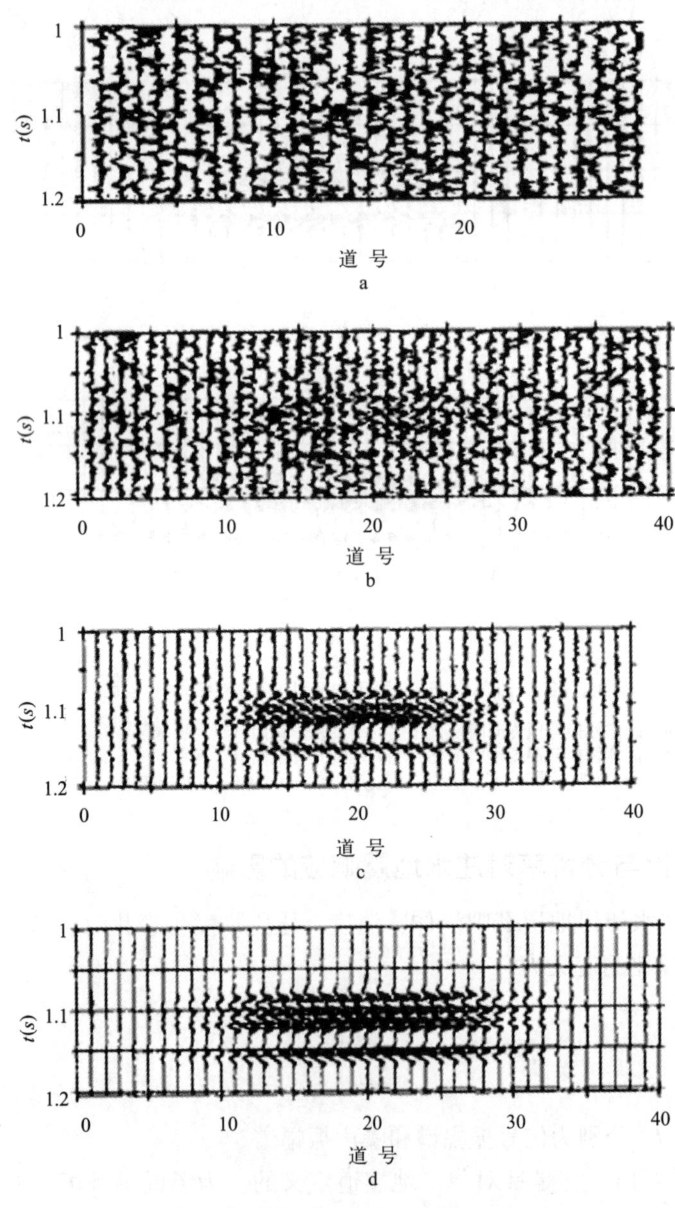

图 3.3　信噪比对注水地震影响差异剖面

a—信噪比为 1；b—信噪比为 3；c—信噪比为 8；d—无噪

图 3.4 是假定注水使得地层孔隙流体、温度和压力均发生变化时，分辨率对地震响应影响的差异剖面。将图 3.3a 与图 3.4b 比较可以看到，当主频降低后，原来存在的差异被噪声所淹没；从图 3.4b 和图 3.3c 上看，主频降低后虽然差异仍存在，但纵向与横向分辨率均有所降低。从以上的分析可以看到，地震异常剖面的信噪比和分辨率是注水地震监测的关键。

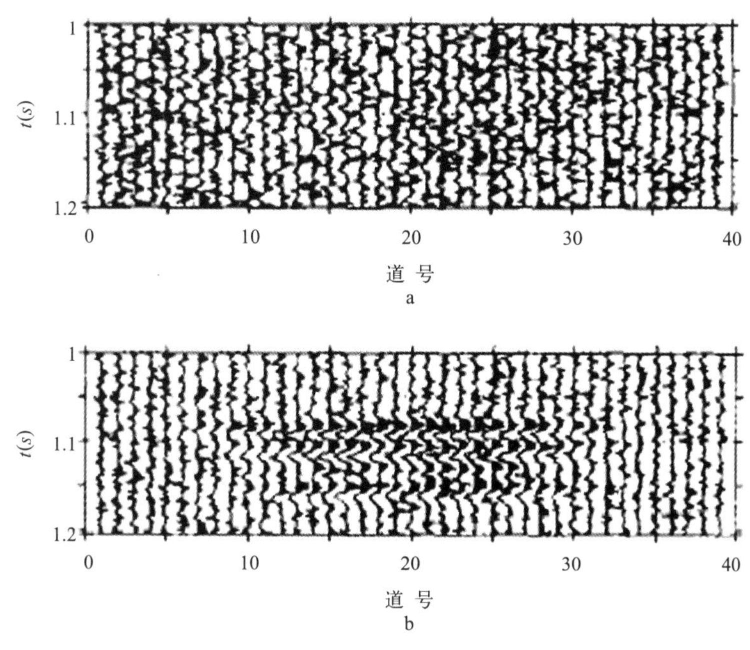

图 3.4　分辨率对注水地震影响的差异剖面

a—主频 35Hz，信噪比为 3；b—主频 35Hz，信噪比为 8

3.3　典型时移地震正演模拟分析

通过岩石物理测试的分析，了解了地层压力和流体饱和度变化影响岩石物理参数的变化特征和规律。通过正演模拟计算的方法，研究分析由于储层岩石物理性质变化所导致的地震响应的变化。

根据东方 1–1 气田气组情况，构建了 4 个双层模型进行分析。模型中的岩石物性参数均以 2.3 节中实测数据为基础来赋值。双层模型能正演出由于层内性质的改变所导致的界面对地震的响应变化，它不包含厚度的效应。

3.3.1　Ⅰ气组模型分析

根据实际的测井和岩心测试资料，构建如图 3.5 所示的双层模型。

采用 65Hz 的 Ricker 子波进行合成地震记录。分别观察地层压力和流体饱和度变化所引起的地震响应的变化。

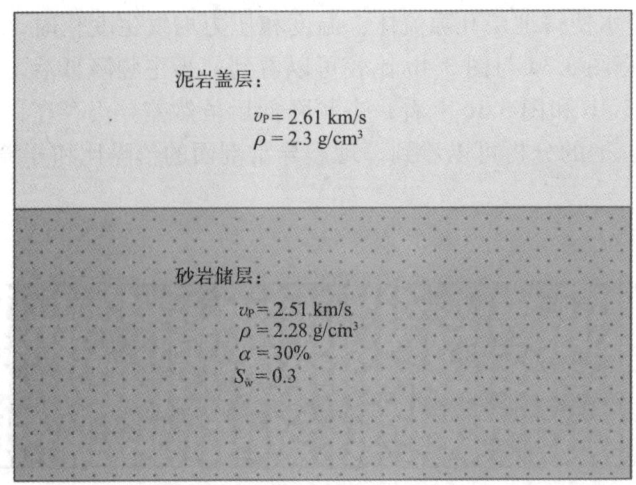

图 3.5 I 气组模型

3.3.1.1 地层压力引起的地震响应分析

对于 I 气组模型：假定上覆泥岩盖层的岩石物理性质不变：纵波速度为 2.61km/s，密度 2.3g/cm³，观察随地层压力变化砂岩储层物理性质变化引起的地震响应变化。

砂岩储层的原始物理性质为：纵波速度为 2.51km/s，密度 2.28g/ cm³，孔隙度为 30% 和含水饱和度 0.3，对应的地层压力 14MPa。以此为初始条件，逐步改变地层压力，12MPa、10MPa、8MPa、6MPa 和 4MPa，并以速度变化率 9（m/s）/MPa 和密度变化率 0.0004（g/cm³）/MPa，计算纵波速度和密度的变化。然后使用 65Hz 的 Ricker 子波合成地震记录，如图 3.6 所示。随着地层压力的降低，模型界面的反射振幅逐步变小。如果以初始条件（地层压力 14MPa）为基准，压力变化后导致的振幅差情况见图 3.6。由图中可以看出，地震振幅差异的变化越来越明显。

相应地，如果以初始条件（地层压力 14MPa）为基准，则压力变化后导致的振幅相对变化也非常明显（图 3.6）。

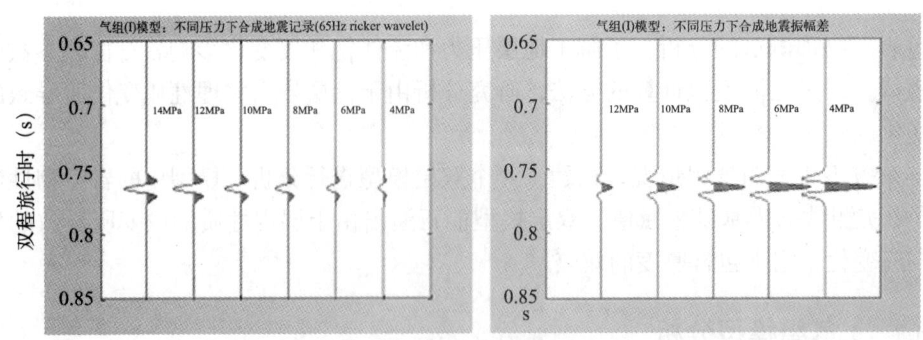

图 3.6 I 气组模型地层压力变化地震响应分析图

3.3.1.2 含水饱和度增加引起的地震响应分析

对于 I 气组模型：假定上覆泥岩盖层的岩石物理性质不变：纵波速度为 2.61km/s，密度

2.3g/ cm^3，观察随地层压力变化砂岩储层物理性质变化引起的地震响应变化。

砂岩储层的原始物理性质为：纵波速度为 2.51km/s，密度 2.28g/ cm^3，孔隙度为 30% 和含水饱和度 0.3，对应于地层压力 14MPa。以此为初始条件，逐步改变含水饱和度到 0.4，0.5，0.6，0.7，0.8，0.9 和 1.0，采用流体替换方法，计算纵波速度和密度的变化，然后使用 65Hz 的 Ricker 子波合成响应的地震记录，如图 3.7。从图中可见，随着含水饱和度增加，模型界面的振幅逐步减小，在高饱和度时出现极性反转。如果以初始条件为基准，含水饱和度变化后导致的振幅差异变化情况随着含水饱和度增加，两次地震的差异越来越明显。相应地，如果以初始条件（含水饱和度 0.3）为基准，则含水饱和度增加后导致的振幅相对变化情况如图 3.7。

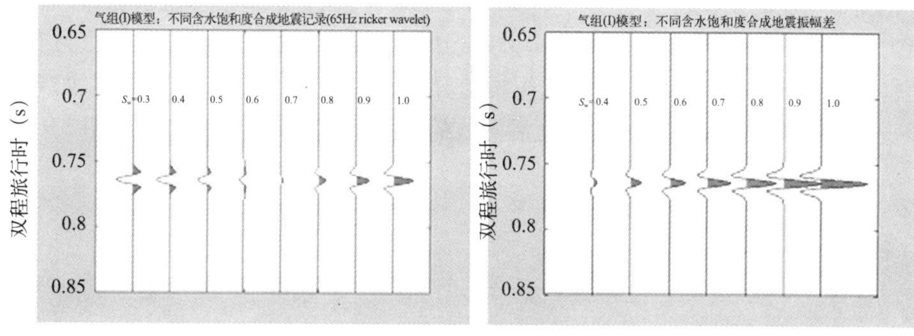

图 3.7 I 气组模型含水饱和度增加地震响应分析图

总之，对于 I 气组模型而言，地层压力降低和含水饱和度的增加，都会使砂岩储层的波阻抗增大，由于模型的初始条件是上覆泥岩盖层的波阻抗比下部的砂岩储层大，因此，地层压力降低和含水饱和度的增加，将导致上下层之间的波阻抗差异逐步接近，甚至可出现下部砂岩波阻抗反超上覆泥岩盖层的情况，表现在模型界面反射地震振幅上是逐步减小，极端情况会出现反转。

3.3.2 $\mathrm{II}_{\text{上}}$气组模型分析

根据实际的测井和岩心测试资料，对气组 $\mathrm{II}_{\text{上}}$构建如图 3.8 所示的双层模型。

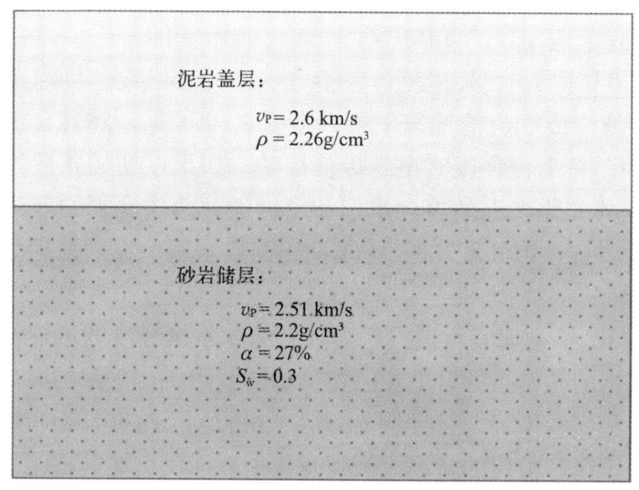

图 3.8 $\mathrm{II}_{\text{上}}$气组模型

采用 65Hz 的 Ricker 子波进行合成地震记录。分别研究地层压力和流体饱和度变化所引起的地震响应的变化。

3.3.2.1　压力引起的地震响应分析

对于气组 $II_{上}$模型：假定上覆泥岩盖层的岩石物理性质不变：纵波速度为 2.6km/s，密度 2.26g/ cm^3，观察随地层压力变化过程中砂岩储层物理性质变化引起的地震响应变化。

砂岩储层的原始物理性质为：纵波速度为 2.45km/s，密度 2.2g/ cm^3，孔隙度为 0.27 和含水饱和度 0.3，对应于地层压力 14MPa。以此为初始条件，逐步改变地层压力，12MPa、10MPa、8MPa、6MPa 和 4MPa，并以速度变化率 9（m/s）/MPa 和密度变化率 0.0004（g/cm^3）/MPa，计算纵波速度和密度的变化，然后使用 65Hz 的 Ricker 子波合成响应的地震记录，如图 3.9。随着地层压力的降低，模型界面的反射振幅逐步变小。如果以开始条件为基准，压力变化后导致的振幅差情况由图 3.9 中可以看出，地震振幅差异的变化越来越明显。相应地，如果以初始条件（地层压力 14MPa）为基准，压力变化后导致的振幅相对变化也非常清楚（图 3.9）。

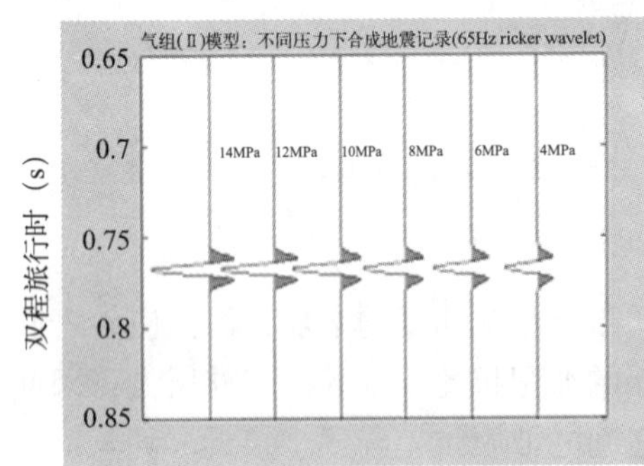

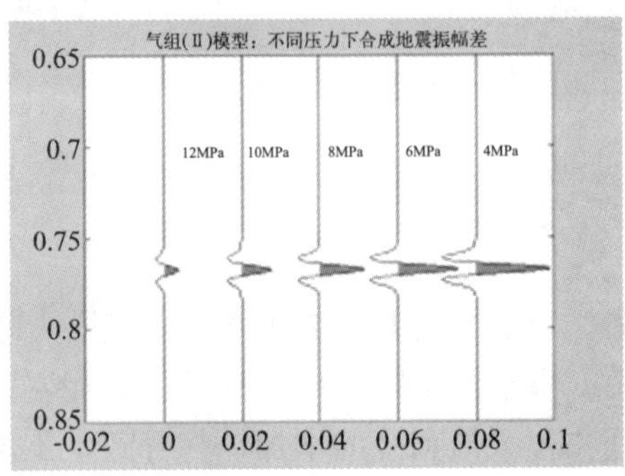

图 3.9　$II_{上}$气组模型地层压力变化地震响应分析图

3.3.2.2　含水饱和度增加引起的地震响应分析

对于气组 $II_{上}$模型：假定上覆泥岩盖层的岩石物理性质不变：纵波速度为 2.6km/s，密度 2.26g/ cm^3，观察含水饱和度变化过程中砂岩储层性质变化引起的地震响应变化。

砂岩储层的原始物理性质为：纵波速度为 2.45km/s，密度 2.2g/ cm^3，孔隙度为 0.27 和含水饱和度 0.3，对应于地层压力 14MPa。以此为初始条件，逐步改变含水饱和度到 0.4，0.5，0.6，0.7，0.8，0.9 和 1.0，采用流体替换方法，计算纵波速度和密度的变化，然后使用 65Hz 的 Ricker 子波合成响应的地震记录。由图 3.10 可见，随着含水饱和度增加，模型界面的振幅逐步减小，在高饱和度时出现极性反转。如果以初始条件为基准，含水饱和度变化后导致的振幅差异变化情况随着含水饱和度增加，两次地震的差异越来越明显。相应地，如果以初始条件（含水饱和度 0.3）为基准，则含水饱和度增加后导致的振幅相对变化也非常清楚（图 3.10）。

总之，对于气组 $II_{上}$模型而言，地层压力降低和含水饱和度的增加，都会使砂岩储层的波阻抗增大，由于模型的初始条件是上覆泥岩盖层的波阻抗比下部的砂岩储层大，因此，地层压力降低和含水饱和度的增加，将导致上下层之间的波阻抗差异逐步接近，甚至可出现下部砂岩波阻抗反超上覆泥岩盖层的情况，表现在模型界面反射地震振幅上是逐步减小，极端情况会出现反转。

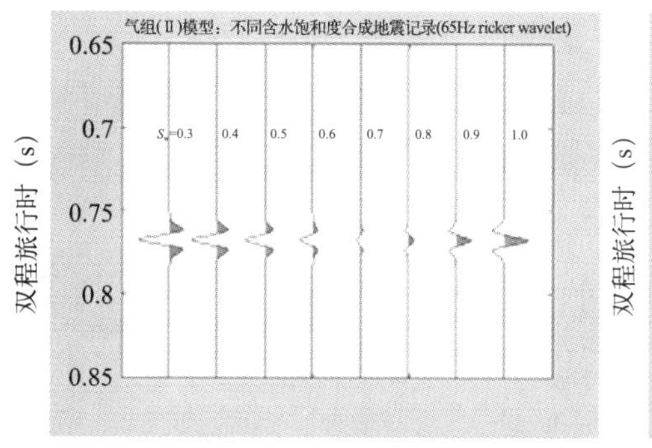

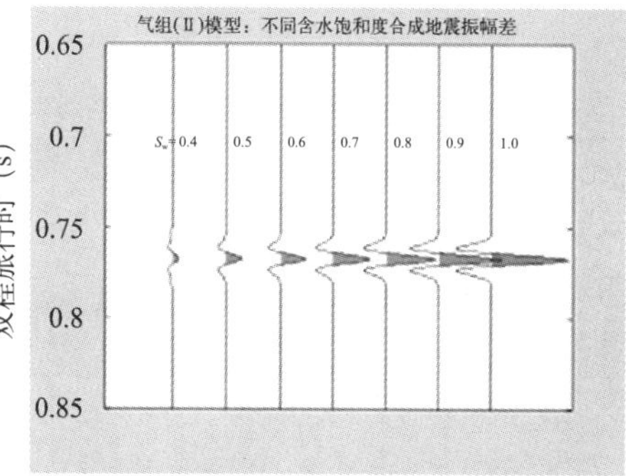

图 3.10 II$_{上}$气组模型含水饱和度增加地震响应分析图

3.3.3 II$_{下}$气组模型分析

根据实际的测井和岩心测试资料，构建了如图 3.11 所示的双层模型。

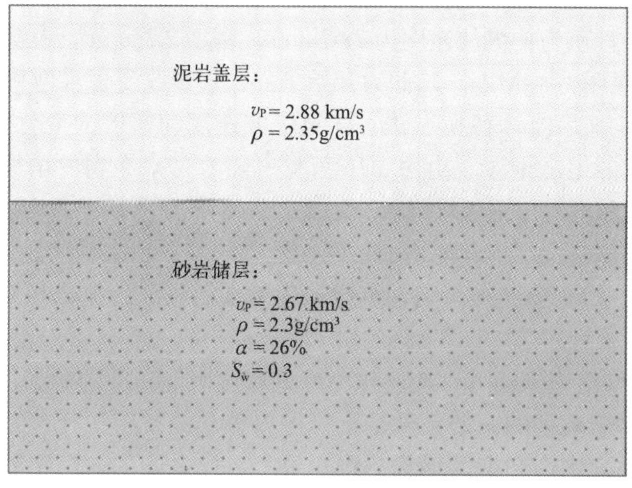

图 3.11 II$_{下}$气组模型

采用 65Hz 的 Ricker 子波进行合成地震记录。分别研究地层压力和流体饱和度变化所引起的地震响应的变化。

3.3.3.1 压力引起的地震响应分析

对于 II$_{下}$气组模型：假定上覆泥岩盖层的岩石物理性质不变，纵波速度为 2.88km/s，密度 2.35g/cm^3，观察压力变化过程中砂岩储层性质变化引起的地震响应变化。

砂岩储层：纵波速度为 2.67km/s，密度 2.3g/ cm^3，孔隙度为 0.26 和含水饱和度 0.3，对应于地层压力 14MPa。以此为开始条件，逐步改变地层压力，12MPa、10MPa、8MPa、6MPa 和 4MPa，并以速度变化率 9（m/s）/MPa 和密度变化率 0.0004（g/cm^3）/MPa，计算纵波速度和密度的变化，然后使用 65Hz 的 Ricker 子波合成响应的地震记录（图 3.12）。随着地层压力的降低，模型界面的反射振幅逐步变小。如果以开始条件为基准，压力变化后导致的振幅差异的变化越来越明显。相应地，如果以开始条件（地层压力 14MPa）为基准，压力变化后导致的振幅相对变化也较清楚。

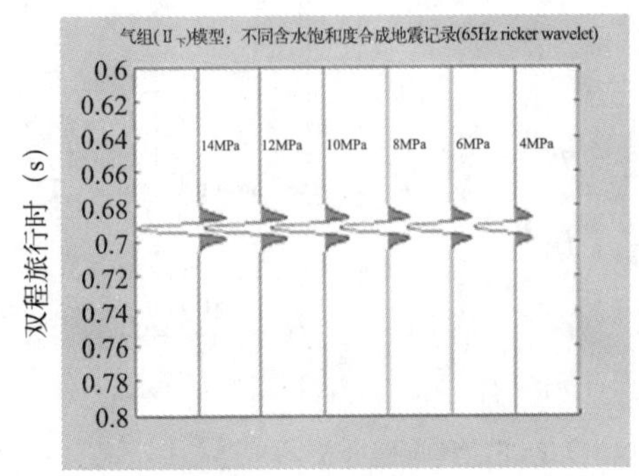

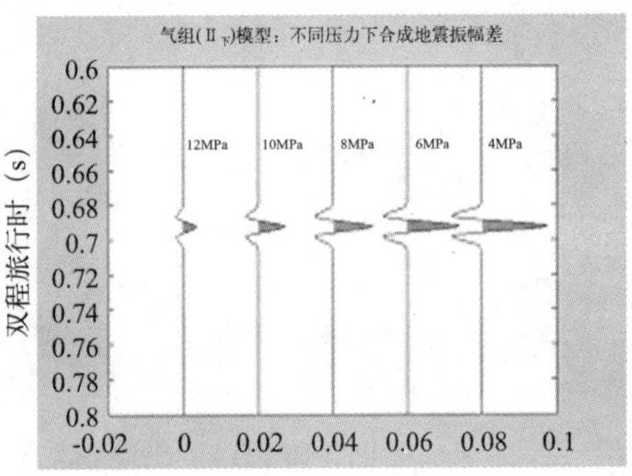

图 3.12　II$_{下}$气组模型地层压力变化地震响应分析图

3.3.3.2　含水饱和度增加引起的地震响应分析

对于 II$_{下}$气组模型：假定顶层泥岩的岩石物理性质不变，纵波速度为 2.88km/s，密度 2.35g/ cm^3，考察压力变化过程中底层砂岩性质变化引起的地震响应变化。

砂储层岩的开始性质为：纵波速度为 2.67km/s，密度 2.3g/cm^3，孔隙度为 0.26 和含水饱和度 0.3，对应于地层压力 14MPa。以此为开始条件，逐步改变含水饱和度到 0.4，0.5，0.6，0.7，0.8，0.9 和 1.0，采用流体替换方法，计算纵波速度和密度的变化。然后使用 65Hz 的 Ricker 子波合成响应的地震记录。由图 3.16 可见，随着含水饱和度增加，模型界面的振幅逐步减小，在大的饱和度时出现极性反转。如果以开始条件为基准，含水饱和度变化后导致的振幅差异变化情况随着含水饱和度增加，两次地震的差异越来越明显。相应地，如果以开始条件（含水饱和度 0.3）为基准，则含水饱和度增加后导致的振幅相对变化情况也较清楚（图 3.13）。

总之，对于 II$_{下}$气组模型而言，地层压力降低和含水饱和度的增加，都会使下层储层砂岩的波阻抗增大。由于模型的开始条件是上覆泥岩盖层的波阻抗比下部的砂岩储层大，因此，地层压力降低和含水饱和度的增加，将导致上下层之间的波阻抗差异逐步接近，甚至可出现下部砂岩波阻抗反超上覆泥岩盖层的情况，表现在模型界面反射地震振幅上是逐步减小，极端情况会出现反转。

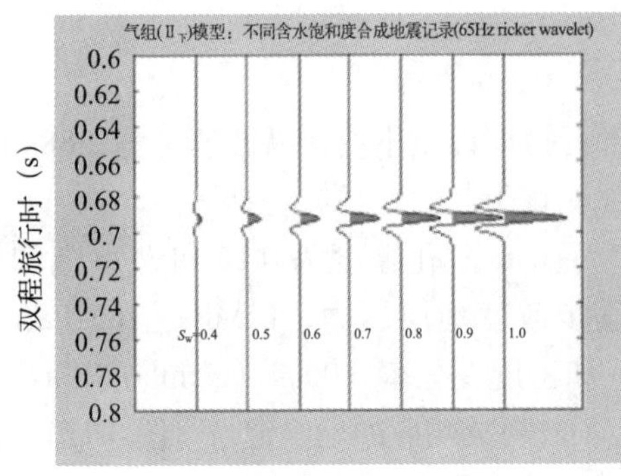

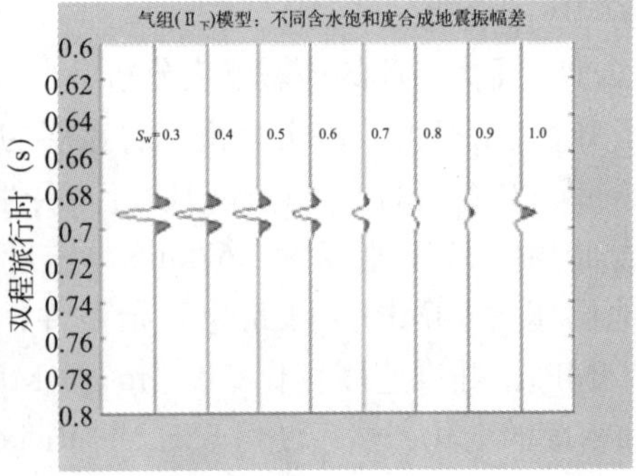

图 3.13　II$_{下}$气组模型含水饱和度增加地震响应分析图

3.3.4　III 气组模型分析

根据实际的测井和岩心测试资料，构建如图 3.14 所示的双层模型。

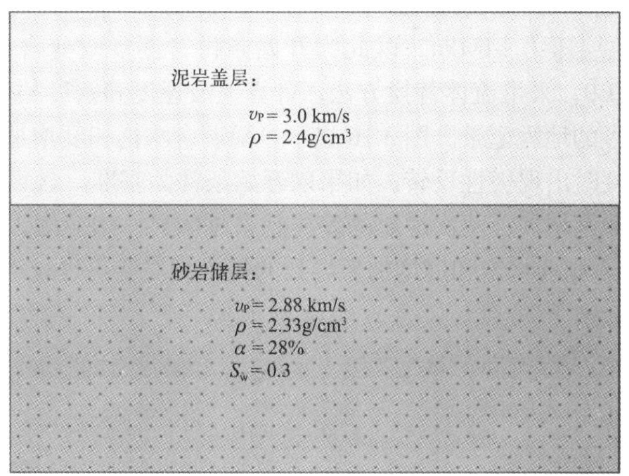

图 3.14　III 气组模型

采用 65Hz 的 Ricker 子波进行合成地震记录。分别考察了地层压力和流体饱和度变化所引起的地震响应的变化。

3.3.4.1　压力引起的地震响应分析

对于 III 气组模型：假定上覆泥岩盖层的岩石物理性质不变：纵波速度为 3.0km/s，密度 2.4g/ cm³，考察压力变化过程中底层砂岩性质变化引起的地震响应变化。

砂岩储层的开始性质为：纵波速度为 2.88km/s，密度 2.33g/cm³，孔隙度为 0.28 和含水饱和度 0.3，对应于地层压力 14MPa。以此为开始条件，逐步改变地层压力，12MPa、10MPa、8MPa、6MPa 和 4MPa，并以速度变化率 9（m/s）/MPa 和密度变化率 0.0004（g/cm³）/MPa，计算纵波速度和密度的变化，然后使用 65Hz 的 Ricker 子波合成响应的地震记录。图 3.15 显示随着地层压力的降低，模型界面的反射振幅逐步变小。如果以开始条件为基准，压力变化后导致的振幅差异的变化越来越明显。相应地，如果以开始条件（地层压力 14MPa）为基准，压力变化后导致的振幅相对变化也较清楚（图 3.15）。

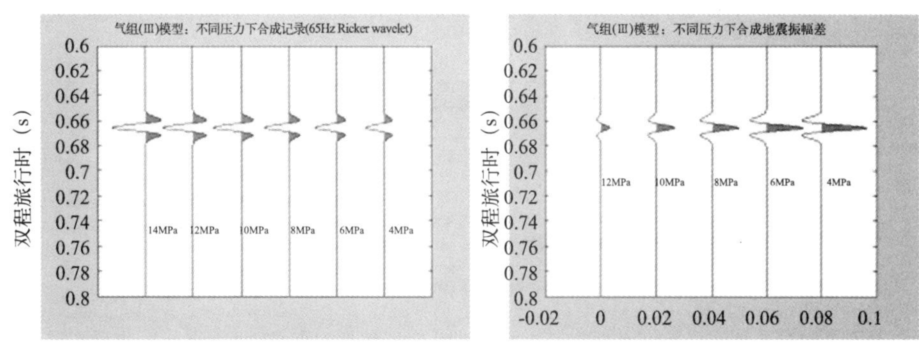

图 3.15　III 气组模型地层压力变化地震响应分析图

3.3.4.2 水饱和度增加引起的地震响应分析

对于 III 气组模型：假定上覆泥岩盖层的岩石物理性质不变：纵波速度为 3.0km/s，密度 2.4g/cm^3，考察压力变化过程中砂岩储层性质变化引起的地震响应变化。

砂岩储层的开始性质为：纵波速度为 2.88km/s，密度 2.33g/cm^3，孔隙度为 0.28 和含水饱和度 0.3，对应于地层压力 14MPa。以此为开始条件，逐步改变含水饱和度到 0.4，0.5，0.6，0.7，0.8，0.9 和 1.0，采用流体替换方法，计算纵波速度和密度的变化，然后使用 65Hz 的 Ricker 子波合成响应的地震记录。图 3.16 显示，随着含水饱和度增加，模型界面的振幅逐步减小，在大的饱和度时出现极性反转。如果以开始条件为基准，含水饱和度变化后导致的振幅差异随着含水饱和度增加，两次地震的差异越来越明显。相应地，如果以开始条件（含水饱和度 0.3）为基准，则含水饱和度增加后导致的振幅相对变化也较清楚。

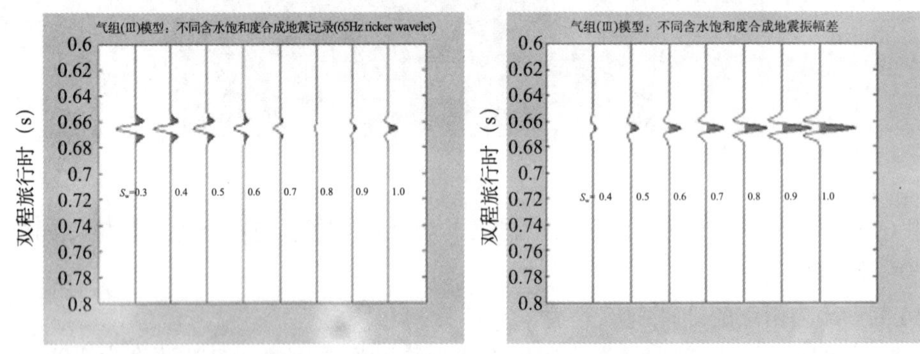

图 3.16 III 气组模型含水饱和度增加地震响应分析图

总之，对于 III 气组模型而言，地层压力降低和含水饱和度的增加，都会使储层砂岩的波阻抗增大，由于模型的开始条件是上覆泥岩盖层的波阻抗比砂岩储层大，因此，地层压力降低和含水饱和度的增加，将导致储盖层之间的波阻抗差异逐步接近，甚至可出现砂岩储层波阻抗反超上覆泥岩盖层的情况，表现在模型界面反射地震振幅上是逐步减小，极端情况会出现反转。

4 海上时移地震数据采集技术

高质量的野外地震数据是开展地震差异分析、AVO 反演等时移地震处理，以及综合解释的关键。海上油气田时移地震数据的采集设计要围绕着油气田地质特征和开发现状来进行，尽可能使得新采集的地震资料在道间距、最小和最大偏移距、震源沉放深度、电缆沉放深度、时间域和空间域采样率等采集参数保持与基础测线的一致性，此外，还要严格执行野外地震资料采集的质量控制，确保原始资料的可靠性。

4.1 时移地震采集时机分析

理想的时移地震数据要求后期的监测采集应在尽可能与基础采集相同的条件下进行，尤其是要求检波器响应相同，震源也应尽可能产生一致的地震波形，以得到良好信噪比的宽频带资料。

确定时移监测地震采集的时机，需要经过很多论证工作，如根据生产的动态数据来推测或模拟储层变化的幅度，分析油气开采所导致的储层属性的变化程度；通过修改量化的储层地质模型和正演地震记录来评估差异的可检测性等。这些工作最终目的是要判定储层的变化是否能在地震资料上反映出来。如果储层变化本身可以被量化采集，还需要进一步分析可重复的有效信号与不可重复性的噪声之间的差异是否能被有效地检测出来，如果数据的信噪比过低就很难检测到储层的物性变化。目前，普遍认为可重复误差应该控制在 10% 左右，储层变化导致的地震响应变化应大于 10%。显然，重复采集的时间很大程度上取决于地下流体的属性，例如蒸汽驱的稠油开采要比轻质油变化明显，而气驱比水驱油的效果更明显，关键之处是流体置换前后地震记录的变化，发生置换的流体密度、黏度、体积模量等反差越大，可监测性就越强，所需的时间间隔也就越短。

因此，只有当储层所有变化的总和在给定的地震资料分辨率范围内存在差异时，才能应用时移地震监测技术。

4.2 海上时移地震采集影响因素分析

影响海上时移地震数据采集可重复性的主要因素有采集参数、环境噪声、物理环境变化、接收系统、记录系统、震源类型，以及海水层速度的影响等。

时移地震的可重复性要求基础地震数据采集和监测地震数据采集得到的地震信号在消

除了与生产有关的效应后应尽可能地相似。一般情况下，可以采用两次地震资料采集的观测系统重复程度来预测最终结果的可重复性。在采集方案设计时，可以利用正演模拟技术由震源和检波器位置计算出一系列可重复性较好的备选观测系统，并通过数据处理经验定性地预测成像的可重复性，根据这些因素来选择合适的观测系统。在监测地震数据采集中，这种方法还能及时地用于数据加密采集。海上时移地震技术重复采集数据之间存在的误差主要因素有：

（1）记录系统：记录设备的型号、动态范围、录制因素差别将产生地震信号的差异。

（2）环境噪声：主要有风、流、涌、浪、拖缆噪声，附近航行的船只、在生产的（钻井、采油）平台等。

（3）海洋条件的变化：海底特征的变化、潮汐、海水流向、温度、盐浓度、噪声。

（4）油气藏上覆岩层的变化，如漏气、垮塌。

（5）震源系统：多次波、点绕射、震源沉放深度、枪阵组合、震源信号和带宽差异。

（6）接收系统：电缆沉放的深度、水鸟角度、偏移距的大小、道间距、采样率等。

（7）采集系统的几何形态的差异、导航定位误差、测量的密度和结构。

（8）采集方式的差异：如基础地震资料是拖缆采集，监测地震资料是海底电缆采集。

虽然许多重复性噪声的来源无法控制，但如果每次重复采集时能尽量采用完全相同的采集参数和处理参数，就可获得较好的可重复性。经验表明，对三维地震数据采集而言，1:1的信噪比就足以定性地估计油气藏的变化，如果信噪比更高，那么时移地震数据就可以用来做定量估计。

通过不断的总结对比和实践，近年来国内外的时移地震采集重复性得到了大大改进，同时也进一步提高了时移地震数据的信噪比。目前，致力于改进海上采集设计，以及通过安置永久性震源、检波器等来减少这些不利因素。通过安装新的定位和操舵控制系统，包括装在拖缆上的操舵设备和内置高精度声波测距系统，可大大提高对拖缆的有效控制；在接收器的干扰控制方面，设计了一种用于资料自适应相干噪声衰减的数字组合及滤波技术，有效地压制了涌浪噪声；同时使用高品质的检波器基本解决了灵敏度变化问题；在震源干扰控制方面，为减少炮与炮之间的差异和组合中的方向特性，也采取了许多有效办法。通过这些改进，由海底电缆和拖缆勘探得到的地震数据都具有高信噪比和很好的重复性。高效率的拖缆技术仍是目前时移地震数据采集的主要方法。而某些采集效应，如潜水面变化等，不能依靠采集设计来解决，而应在时移地震数据处理阶段予以去除。

在油气藏开采过程中，储层的压力和饱和度等各种动态参数会随着开采时间的变化而改变，利用它对应的静态参数、随时间变化的动态参数，以及标定后的岩石物理模型，可以正演模拟井点位置各动态参数对应的地震响应特征。以开采初始的合成地震记录作为基础数据，各个时间点合成记录作为监测数据，就可以得到各个时间的合成地震记录差异。最大地震差异所对应的时间，应该就是二次采集的最佳时机。此外，应用油藏历史拟合方法预测的未来动态参数也可以合成出未来时间的井点位置合成地震记录，也就是可以预测出其对应的合成记录差异。将过井点位置的合成记录差最大值所对应的动态参数映射到油藏模型中，就可以得到合成记录差最大值对应的时间，这个时间值就是监测采集的最佳时期。

4.3 海上时移地震数据采集技术要求

为了提高时移地震采集的可重复性和信噪比，在监测地震采集的过程中，除了应严格执行基础测线采集地震作业的组织实施和质量控制外，时移地震采集有其本身的提高监测数据可重复性的技术要求，如通过研究震源和检波器几何关系重复的技术规范，减少采集参数和环境噪声等因素的影响，降低可重复性误差。

（1）震源子波。假设在无噪声的情况下，如果 $T_1=S*W_1$，$T_2=S*W_2$，在地震信号 S 之间要使 *NRMS*（不可重复性的度量，归一化均方根差，Normalized root-mean-square，如果这些道是相同的，*NRMS*=0，如果完成相反，*NRMS*=2，并用百分比表示）为有意义的差值度量，子波 W_1 和 W_2 必须是完全相同的，在这种情况下 *NRMS* 为 0。在子波之中的很小的时移误差可能引起很大的 *NRMS* 值。在频率 f 处，时移为 dt，$NRMS(f,\mathrm{d}t)=2\pi f\cdot\mathrm{d}t$。因此对于一个 50Hz 的信号，一个 1ms 的时移会引起 *NRMS* 增大 31% 或不可重复性提高 31%。

（2）海况环境选择。研究表明，不平海面时移地震的不可重复性因素有 5% ~ 10% 归结于涌浪的影响。对于一个典型的 48 次叠加的地震数据，在浪高 2m 的环境下，叠加数据引起的均方误差约为 5% ~ 10%。这个误差水平对于构造成像也许不太重要，但对于期望的差值异常很小的时移地震研究却很关键。由于震源和检波器被拖引的方式不同，采集误差在震源和接收点上的分布也不同。另外，震源子波取决于气枪发射那一刻的海面环境，由于海面在接收地震记录期间是运动的，所以检波器处子波也是随时间变化的。对于 2 ~ 4m 浪高的海面，噪声振幅一般为 1 ~ 3dB，频率为 50Hz 时在相位上为 10° ~ 20°。正演模拟表明，首次勘测在平静海面条件下，第二次勘测在 2m 浪高的海面条件下，重复测线的剩余误差大约在 5% ~ 10% 之间。

（3）观测系统的差异。不同的炮点、检波点位置对两道之间存在观测不可重复性的影响。定义几何（观测系统）差异为道之间的炮点—炮点和检波点—检波点的位移之和 dx（图 4.1）。

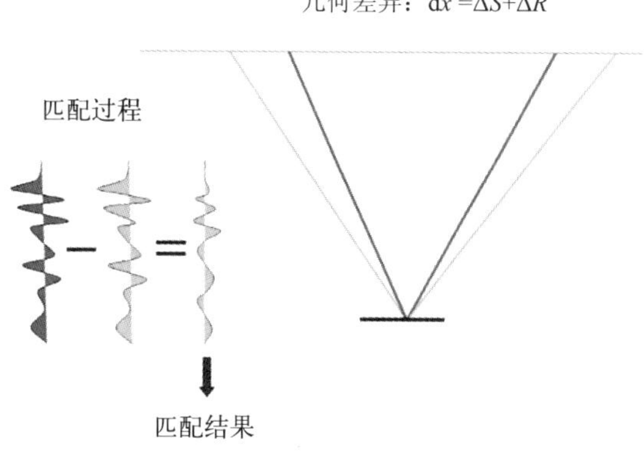

图 4.1 观测系统示意图

图 4.1 描述了地震的可重复性测量。对于选定的时窗，不可重复性度量定义为具有相同

反射点的地震道之间几何差异的函数，该几何差异又表示成炮点和检波点位置差异的和。

方差图非常容易测定的，例如，可以测定抽成共中心点道集的航线数据和近似相等中心点的各道的 *NRMS* 不可重复性，用来比较的各道的中心点位置应该充分靠近以避免引入目标窗口的构造差异。通常这个距离要比正常的面元尺寸小很多，例如 5 ~ 10m。如果构造复杂还要进行倾角时差校正。

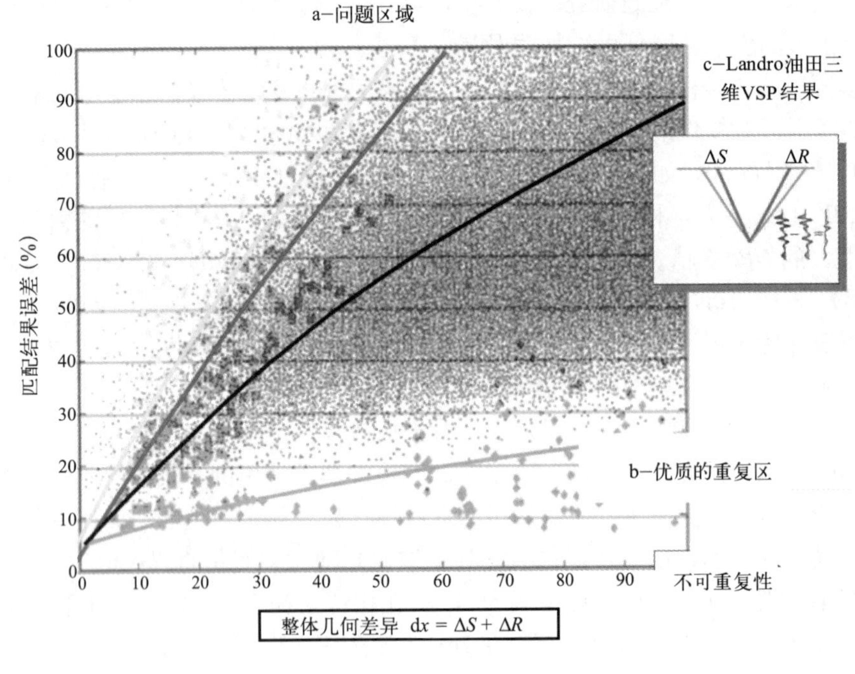

图 4.2　数据方差图

图 4.2 为来自相对浅水区域的时移地震勘探实例。图中尽管如此在几何重复性很好的情况下它们都具有同样高的可重复性。在本图和其他图中 ΔR 是检波器之间的距离，ΔS 是炮点之间的距离。

（4）羽角的控制。研究表明，随羽角的变大不可重复性快速增加，使得散射能量在多次勘探之间不相关。通过简单的一维正演模拟技术就可说明这个问题。采用最佳的正常时差校正，不考虑噪声影响，并且使得炮线横穿过具有 5000m 长电缆的可变羽角的采集平面，然后计算做模拟的响应。当有 1° 的羽角，不可重复性 *NRMS* 的值就已达 20%；当羽角 3° 时，*NRMS* 增加到 30%。

（5）构建雪茄图。分析在震源和检波器位置在 1ms 雪茄内重复时采集数据，也就是对 100m 水深雪茄半径应为 17m，对深水区雪茄半径应为 50m。这样的采集方案可以获得很好的野外时移地震数据。这种概念现在是理论物理模拟的前沿，以费马路径积分和声波波动方程形式出现的，在简单的模型中相干能量传播的区域是椭圆的雪茄形状（图 4.3），路径都是具有最小时间路径的 1/4 波长的长度。

在计算雪茄的尺寸时可以做一些基本的先验预测值。图 4.3 中展示了在低速（2500m/s）介质中 2000m 深度左右的一个反射界面的双程旅行时间的结果。

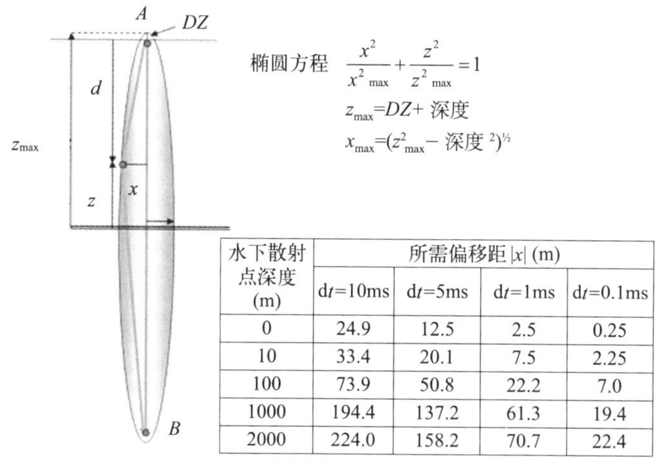

水下散射点深度(m)	所需偏移距 |x| (m)			
	d*t*=10ms	d*t*=5ms	d*t*=1ms	d*t*=0.1ms
0	24.9	12.5	2.5	0.25
10	33.4	20.1	7.5	2.25
100	73.9	50.8	22.2	7.0
1000	194.4	137.2	61.3	19.4
2000	224.0	158.2	70.7	22.4

图 4.3　反射波惠更斯雪茄分析图

对于 25Hz 的地震子波和给定深度的散射点，表中给出了产生散射路径时间差所需的最小偏移距

图 4.3 给定深度散射点的最小路径的偏移距和散射路径时间差的关系。10ms 的列表示了 25Hz 时的相干信号的尺寸。1ms 的列表明几何变化比 $|x|$ 大的 s 将不重复。这里的 $|x|$ 是最小时间路径 s 的偏移距的绝对值。

对于具有 10ms 最小时间的路径，有效的采集频率在 25Hz 以下，得到的雪茄尺寸是地表 25m，深度 100m 处为 75m，深度 1000m 处为 200m，深度 2000m 处为 225m。这表明在具有近地表差异的陆地，炮点或检波点的组合大于 25m(对低速要更小) 可以给出相消干涉。在水深 100m 可以用 75m 的组合，在更深的水域中，200m 的组合也可以接收。

这些就是 25Hz 的数据叠加的要求。对于 50Hz 的数据，相应的应该是在地表达到 12.5m，在 100m 深处达到 50m，在 1000m 深处达到 140m，这些是工作人员已经通过实践发现的合理的组合长度和点距。

时移地震差值的对雪茄的要求也是很严格的。如图 4.1 中，在时间上 1ms 的差别会在 50Hz 给出很大的可测差值。在 1ms 时，雪茄尺寸在地表是 2.5m，在 100m 深处是 22m，在 1000m 深处是 61m。这意味着在陆地应在 2.5m 以内重复震源—接收点的几何关系，在水深 100m 处（如崖城），几何关系在 22m 以内；在深水区，则在 61m 以内。然而由于非均匀的覆盖层的影响，50Hz 的不可重复性非常严重。

在可能得情况下，应该把测得的可靠计时差异限制在 0.1ms 或更小。对于陆上勘探那可能是 25cm 的位置重复性，需要固定的检波器和固定的震源位置。在北海 100m 深的水，在重复性勘探中应保持 7m 的精度。这就需要 OBC 或 OBS 节点检波器和精准的震源定位，在水深 1000m 时，要求有 19m 的精度，应采用 OBC、OBS，这样可以操纵的抵消羽角的拖缆。

(6) 可以测量的相干距离 L 可能是 10ms 雪茄半径的一倍或二倍，该距离对陆上勘探 5～10m，对 100m 水深 50～100m，对 1000～2000m 水深为 200～400m。需要注意的是，重复性良好的单次覆盖道可以有 6% 的 *NRMS*，重复性（几何差异）大于 L 的道因叠加而降低噪声，即

$$\frac{1}{\sqrt{\dfrac{X_{max}}{L}}}=\sqrt{\frac{L}{X_{max}}}$$

式中，$\frac{X_{max}}{L}$ 是沿着偏移距 X_{max} 被 L 除的独立于叠加个数，因此可重复性良好的固定的观测系统可以与常规多覆盖次数移动观测系统方法相媲美。

（7）电缆长度的影响。由于海流影响，海上时移地震采集时往往难以保证两次拖缆定位是一致的，所以海上地震资料采集可以采取的主要措施有：采用相对较短的电缆长度，保持观测系统相对稳定的方法来维护两次采集数据的可重复性。开展短电缆时移地震采集研究的前提条件是不降低地震对储层变化的响应，用相对短的电缆进行监测地震测量，不仅可以降低采集处理费用，缩短周期，还可以较容易实现地震采集的可重复性。大量实际测量结果表明，虽然在短长度电缆资料上可以看到时移地震的响应，但同相轴的连续性变差，解释更加困难，长、短电缆测量结果差异明显。

4.4 海上时移地震采集设计原理

海上油气田时移地震数据采集仍然以拖缆采集为主，尽管以拖缆采集方式实施时移地震存在较多的缺陷，但拖缆时移地震采集的优点也多，譬如采集技术成熟、可利用性高、成本低等，而且研发了具有一致性良好的震源—检波器耦合，这些都是其他地震采集方式如海底电缆等所不具备的。在时移地震可行性研究的基础上，采用拖缆地震采集数据也可以满足时移地震成像与解释的要求。

在时移地震采集设计上，要求两次地震采集的检波器以及炮点尽量保持一致，GPS 空间定位技术的发展使这种一致性比较容易达到，条件具备时，可以在实验室中制作按实际比例缩小的海上采集物理模型的数据采集试验，通过改变环境因素来测试、调整可重复性因子，可以大幅度增强实际数据采集的有效性，并且降低成本。

4.4.1 关于拖缆地震采集的一些问题

4.4.1.1 噪声控制

电缆在波浪流环境下被物探船拖曳着作业，显然不是一个理想的数据采集状态，特别是噪声控制方面。然而，要把它当作一个系统工程来做，可以做得较好。应用压力传感器和多缆多次覆盖测量，风浪流对拖缆作业产生的随机噪声被大部分叠加掉了。

4.4.1.2 拖缆地震采集的定位技术

目前应用拖缆的时移地震采集最头痛的问题是还是两次采集的炮—检位置不能完全重复。特别是受海流的影响，使检波器偏离设计轨迹。像 WesternGeco 的 Q-Marine 这种可控拖缆可以在满足地震采集噪声标准的情况下，校正拖缆羽角 2°～ 3°。在强海流的影响下，通常会出现大于 10°的拖缆羽角，结果导致在 6000m 长的拖缆上远道检波器的坐标偏离设计轨迹可能大于 600m。

在潮汐规律性比较强的地方，地震采集设计可以具有可预测性的优势，尽量平行水流放置电缆。

利用拖缆地震采集，获得重复性较好数据的办法是采用一束拖缆接收，以便获得具有良好可重复性的地震数据。

这一思路体现在图 4.4 中。图中左边的两个炮集的位置图，一个灰色的没有羽角和另一个绿色的有羽角。在阴影区域存在可重复的检波器位置，资料处理时可以在设想的位置上插入道集。

如果羽角太大，可以适当减少设计线距或设计炮线间隔。

在图 4.4 的右边，画出在相同的羽角条件下的普通地下覆盖，一个水平反射界面的地下覆盖在沿测线和横测线方向将是表面覆盖的一半。拖缆羽角是对拖缆地震采集可重复性的一个严重制约。只有在有限的区域中才能实现重复覆盖，即使是多拖缆束也一样。在炮线间距和长偏移距检波器位置的可重复性之间有个折中。

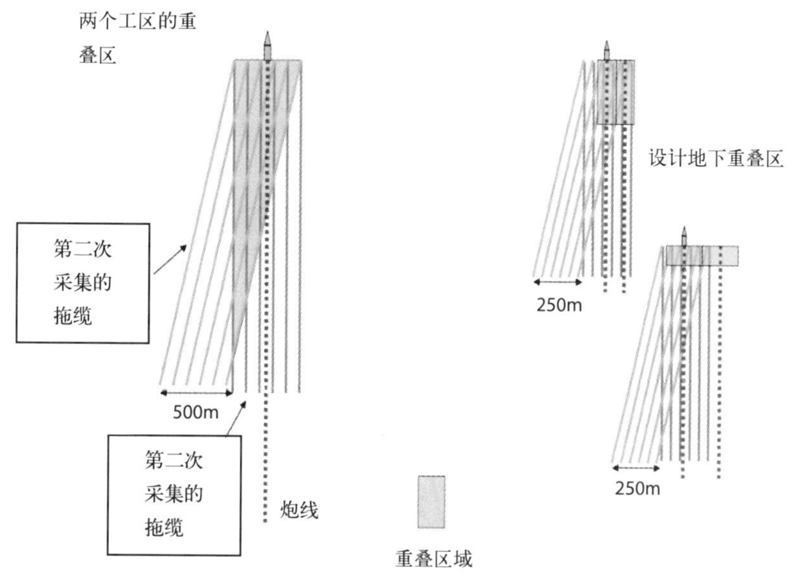

图 4.4　拖缆存在羽角时的时移地震采集重叠示意图

参见书后彩图

在设计炮线间隔时，可采用折中的办法。根据油气藏地质的需求，选择合理的偏移距范围，结合海流的大小和流向，设计炮线间隔，保证时移地震（四维地震）可重复性。一旦发生不可预见的海流，造成电缆的羽角过大，超出设计的偏移距范围，那么这个拖缆采集的地震数据很难保证它的有效性。单缆方法采集的地震资料只在特定环境情况下才有效。

4.4.2　双船激发接收技术

双船激发技术可以有效地分离震源和拖缆船，如图 4.5 中所示。如果使用两艘船作业，可以按期望的坐标放置震源，依据油气藏地质的需求，选取最合理的偏移距范围，结合海流造成的羽角大小设计测线间距的宽窄。使用双船激发接收，可以容易获得设计偏移距范围内的数据，并提高采集效率，同时容易实现在设计的偏移距内放置震源和检波器。这个办法也可以应用到三船的作业中，如图 4.6 所示。

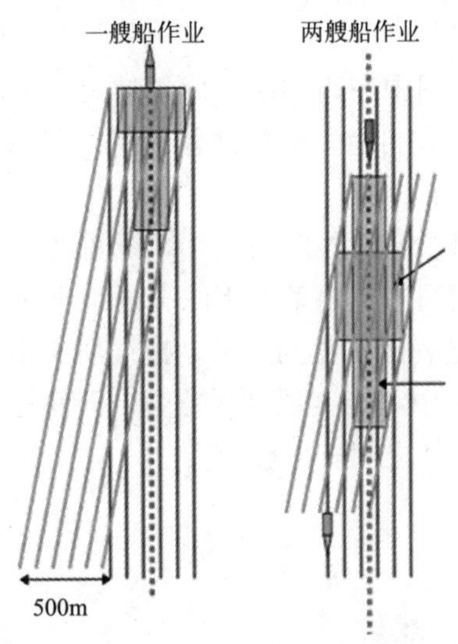

图 4.5　双船采集时移地震数据示意图

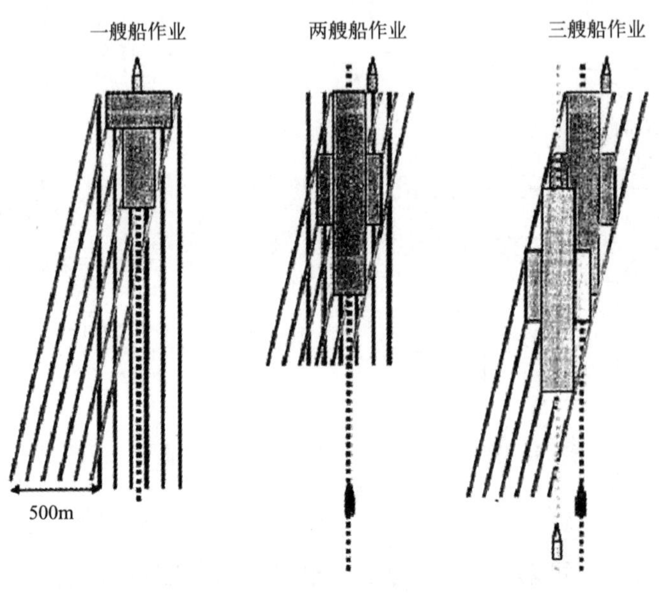

图 4.6　三船采集时移地震示意图

可以根据船、舵和天气情况经不断努力在沿着纵测线小于 1m 范围内或横测线 3m 多的范围来布置震源，这时具有 50m 电缆距的检波器位置将会在一个常规位置的 25m 之内，这些距离需要在上述技术规范要求之内。可控拖缆允许必要的操作来保持拖缆相邻和平行，可控电缆的另一个优点是它们通过固定基建结构的航行很安全，而且在勘探中只留下很小的缺口。

4.4.3　拖缆采集注意事项

通常情况下，不同航向采集的地震资料不能得到好的重复数据，原因如下：

(1) 在倾斜地层条件下，震源组合响应和检波器组合响应不同，倾斜地层响应也不同。

(2) 拖缆在水中移动，如果震源—检波器位置要重复它们在零时刻的位置，并且船在相反方向以 5kn[①]的速度航行，检波器的位置偏离率为 6m/s，存在 24m/4s 的不可重复。

（3）图 4.7 描述了不同时间正反两个方向采集的地震资料，不能给出可重复结果。这是因为几何射线路径即使在很近的情况下也不能重复。甚至即使震源线和检波器线重合，定位和偏移距分布特征看起来很正常，但震源—检波器方位会不相同，也会产生数百米的偏差。

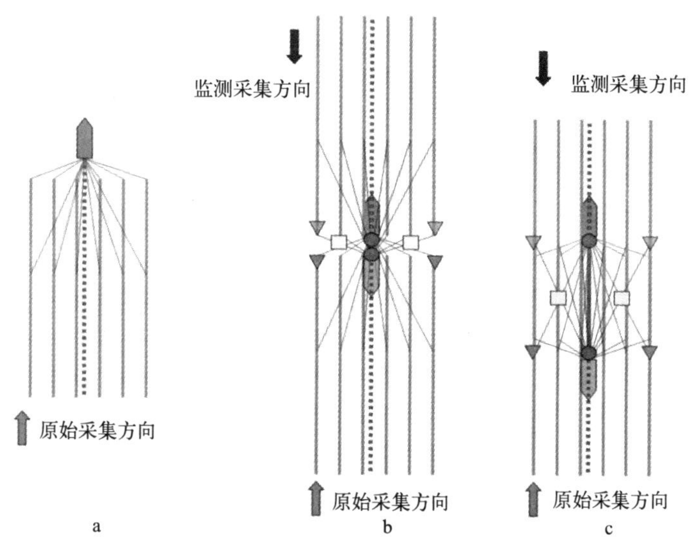

图 4.7 时移地震不同采集方向对比示意图

如果在时移地震数据采集沿震源偏移距航行，并试图按常规把中心放置在正常排列片的中心，这的确可以给出最好的三维覆盖和面元偏移距的分布，但是它会使两次勘探变得更难重复（图 4.8a）。

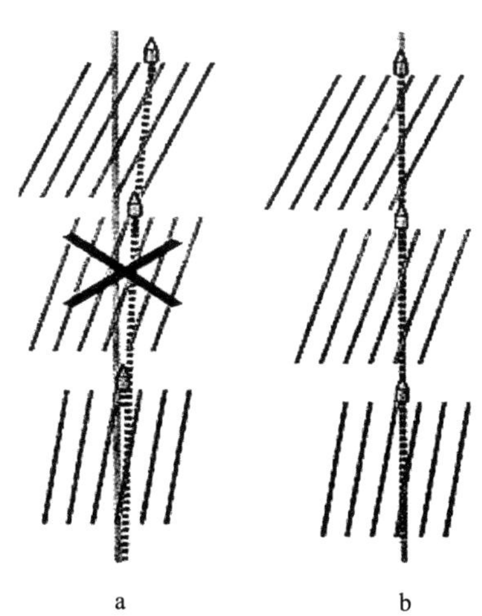

图 4.8 两种震源位置对比图

正确的步骤是把震源放在它们正常的位置，即排列的中心（图 4.8b），这样采集资料可

① 1节(kn)=1海里/小时=(1852/3600)m/s。

以很容易地被重复，且将最大可能地得到重复的地震道。实际上，所有在三维勘探中精细划分面元的技巧如从其他的航线上取得地震道方法等最好都不要用于时移勘探工作。通常，如果羽角非常严重以至于最近的道是来自其他航线，会造成很差的重复性。

在好的条件下，拖缆勘探可以产生处理结果是保证不可重复性度量（*NRMS*）值在 20% ~ 10% 之间。

4.5 海上时移地震数据采集质量监控

为确保重复采集的地震数据能应用于油气田的开发监测和评估，研究认为在进行了充分的论证、理论分析和实验室实验的基础上，仍要对野外实际采集过程进行系统的质量监控，监控内容主要包括：

（1）地震资料采集作业船船载设备的检查。需要对作业船的震源系统、接收系统、记录系统、甲板动力系统、导航定位系统、安全环保系统等进行逐项检查，特别是尽可能采用与基础测量时所用的仪器类型和参数保持一致。

根据工区的地理位置、渔业活动和海况，以及作业量的大小，合理地选择作业时窗、补给港口和护缆船，以便提高资料的采集质量和效率。在开始作业前选派经验丰富的专业代表上船组织施工，严格按采集参数施工，控制资料的采集质量。

（2）环境因素监控与噪声控制。对于不可控制的环境因素可采取避让的办法，以保证两期采集的数据所受到的环境因素影响是一致的。同时，由于地层的滤波作用，除浅层外，中深层地震发射高频成分的能量十分微弱。虽然为了保证记录到能量较弱的高频成分，应用了瞬时动态范围较大的 24 位数模转换的地震仪，如果高频成分的能量小于或等于噪声的能量，即使记录下来，也是徒劳的，因为没有办法将有用信号从噪声中分辨出来。因此，实际数据采集时对于噪声的控制十分重要。

（3）电缆羽角控制。由于海流的原因，不能控制电缆完全沿测线展布，随着侧向海流和偏移距的增大，电缆的羽角增大。虽然理论上，三维地震采集质量受羽角的影响较小，但羽角过大，造成补炮工作量增加，影响工作效率。更重要的是，由于海流和作业船拉力造成电缆受不同方向力作用而产生的噪声，会影响资料的信噪比和分辨率。因此，作业前应在电缆上安装罗盘，随时记录和监测不同电缆段羽角情况，将羽角控制在 10° 以内。

（4）定深器翼角控制。理论上所要求的电缆沉放的深度，在实际操作中不容易达到。正式作业前如果没有严格按照电缆沉放深度的要求充放电缆油，电缆会处于充油量过于饱和或不足的非均衡状态，虽然靠电缆上的定深器能够将定深器所在电缆段控制在预期沉放深度，但由于定深器的翼角始终保持在较陡的程度，整条电缆处于“蛇”形状态，在海水的冲击下，产生振动，形成噪声源，造成资料的信噪比和分辨率减低。作业前进行了反复试验，充分利用电缆油来保持电缆的平衡，作业中始终将控制电缆的定深器翼角控制在 3° 以内。

（5）船速控制。虽然地球物理勘探船是根据地震采集而设计成的驱动系统是变螺距的，但船速过快，由于船体本身和螺旋桨的抖动，会产生较强的低频水波干扰，形成噪声；电缆本身产生拖缆噪声；同时由于电缆具有一定的弹性，在船速过快的情况下电缆尾标会处于张弛状态，造成原本就接收到有效信号较弱能量的远道被水波干扰的噪声淹没。总之船速过快会减低资料的信噪比和分辨率。作业中始终将船速控制在 4 ~ 5kn（相对海水速度）。

(6) 气枪震源同步。对于相干组合气枪阵来说，气枪是否同步严重地影响激发子波的延续长度、频宽和能量，造成气枪不同步的原因有两个方面：一是由于单枪本身的机械原因造成气枪激发的提前或延迟；二是由于气枪控制器控制精度的原因，无法在精度内调节各枪的激发误差时间。高精度的气枪控制器一般都有传感装置控制气枪，监测各枪和枪阵的激发能量与子波，只要能量和子波符合作业标准，前者可以通过关枪来规避。如果由于气枪控制器控制精度的原因，只有更换成高精度的气枪控制器了。作业中使用了高精度的气枪控制器，气枪同步控制在 0.3 ～ 0.5ms 以内。

(7) 多源多缆的网络定位。本气田采用双源双缆作业，源间距 50m，缆间距 100m。缆间距和源间距能否保持在预定的范围是面元覆盖均匀的关键，缆间距和源间距太宽或太密会使有的面元覆盖次数严重低于设计标准，而有的面元覆盖次数远远超过设计标准，造成气田区的面元覆盖极不均匀，结果是要么扩大面元，降低分辨率；要么增加补炮工作量，增加采集成本，这都不是所希望的。因此，需要严格控制电缆和震源的间距，保证采集质量。

采集过程中震源和电缆上各检波点的位置通过综合网络定位系统、导航系统统一控制，网络定位系统由尾标 RGPS、激光、声学和罗盘组成，前网络由 RGPS、激光和声学系统构成，主要确定震源位置和电缆前部的间距和检波点位置；中网络由声学系统组成，用来确定电缆中部的间距；后网络由尾标 RGPS 和声学系统构成，用来确定电缆尾部间距和尾标位置；网络中的电缆形状由罗盘控制。作业中实时显示各网络的工作状况，确定缆距和源间距，严格控制电缆和震源的间距，保证采集质量。

为了进一步提高信噪比，需要控制接收器干扰，定位系统干扰和震源干扰。

(1) 接收器干扰的控制。

用常规的拖缆地震采集系统在实际的采集条件下对于接收信号来说存在两种最显著的干扰即波浪噪声和传感器灵敏度。由于海况在拖缆内产生的波浪噪声是影响地震资料品质的一个主要制约因素。为压制波浪噪声，人们设计了常规的模拟组合，然而一种用于资料自适应性相干噪声衰减的新技术对于空间采样密集的单传感器资料显示出更强的噪声压制能力。该方法通过在相邻的道组合内寻找相干低频低速的噪声波长而产生作用，然后定义一个合适的多道滤波器，从而在保护反射信号资料的同时衰减噪声。

组内不同的水下检波器具有不同的灵敏度，这主要依赖于设计规格的误差。检波器组的响应将会随着入射波前视波数的变化而变化，因此造成表层不一致。单个探测器的漏码在模拟组合内是很难探测到的，且会进一步影响组合响应的标定。这些问题在新的单个探测器拖缆中可以通过使用较高的制造公差规格和很好地表示老化情况的剖面图来解决。海上标定法能够探测到总的灵敏度变化，无效的响应可以立即在地震资料上清楚地以归零道显示出来。

考虑了接收器的移动对记录的地震资料的影响，通过研究发现这种影响是成功地进行成像的一种相关因素，尤其是在同一次勘探中相邻的方向相反的线束范围内，以及在基线勘探与重复性勘探之间沿着相反的方向采集的同一线束中出现。

(2) 定位干扰的控制。

从一次勘探到另一次勘探之间采集位置的变化依赖于某特定勘探中的定位精度，排列范围内的相对定位精度是由 GPS 节点、水下声波仪、激光测距器、罗盘，以及网络解算器的性能共同决定的。横测线的精度要比纵测线的精度差，并且现在的定位系统在横测线上具有误差，声波波节之间的误差可高达 12m，在时移地震勘探中定位误差达到时就很难进行校正了，而且会带来严重的噪声。通过分析相对和绝对定位误差对三维成像误差造成的影响表明：2 ~ 3m 的目标精度要求将时移地震信号中的非重复性干扰减小到其他误差源以下的水平，相对和绝对定位误差是倾角和频率的函数。

（3）震源干扰的控制。

估算震源组合远场输出的方法属于 Notional 的震源法。该方法使用类似于每一个空气枪或空气枪组合的声压场进行记录，并且为有效的震源输出进行转换。Notional 震源法自公布以来已不断地得到了改善。而且近来算法有了进一步发展，通过使用装在浮子上的差分 GPS 接收器探测每个细小组合的位置和方位角从而弥补震源组合图形中的变化。该方法的附加部分考虑到了水深十分浅时对震源信号的估算，此时用近场水中检波器记录海底反射。

将 Notional 震源方法进一步实施可以对远场信号在不同的方位角和出射角进行估算，空间扩展的空气枪组合一般用于优化近距离的各个方向特性，以及远场纵波和气泡脉冲比。随着不同的空气枪体积在空间上的分布而交替使用这些方法，空气枪的体积受到施工的限制。另外，海面反射给震源组合输出增添了方向性响应。常规的空气枪组合的方向性特性对于浅的目的层且频率高时在大偏移距处最敏锐，这种方向特性所产生的误差在浅层分析中将是最明显的，震源组合的方向响应可以通过震源信号道与道的反褶积来减弱。

5 海上时移地震数据处理技术

理想情况下，时移地震的差异成像可以直接地反映由于油气藏开发引起的油气藏内部物性参数（流体饱和度、压力和温度等）的变化，并据此追踪流体运移的前缘，从而对油气藏进行动态监测与管理。但在实际问题中，时移地震数据是间隔性采集和处理的，由于时间的差异，在环境变化、噪声源、近地表影响、记录仪器、采集参数、处理参数、处理软件，以及采集、处理人员等方面的不同，导致了采集和处理的差异，从而带来了时移地震剖面上的非地质因素差异，具体表现在地震波在到达时间、振幅、速度、频率和相位等方面存在误差。因此直接比较两个地震数据体不太可能得到真正由于油气藏内部油气水变化引起的地震响应差异，必须对两个地震数据体进行归一化或互均衡校正处理，均衡后的两个时移三维或二维等数据体才有合理的同一性和差异性。

时移地震资料处理就是要得到油气田开发过程中引起的有地质意义的变化。与地震数据采集相比，时移地震数据处理带有更多的主观性，影响处理的因素涉及每一个细节，如静校正、切除参数、道均衡、多次波压制、速度的拾取、偏移方法的选择等。因此，在数据处理过程中，应仔细找到时移地震资料之间的差异，从而有效地解决非地质因素引起的差异，增强时移地震资料处理的质量监控技术。通过优化和特定的处理技术，进一步提高时移地震资料的重复性，这意味着时移地震数据处理应该坚持两个基本原则，其一是不使用破坏重复性的技术，例如应尽可能采用确定性的补偿技术来提高分辨率（如 Q 补偿）而避免使用统计性处理技术（如统计子波反褶积）；其二是加强使用提高重复性的处理技术，例如提高信噪比的保真压制噪声处理和高分辨率的偏移处理等。

时移地震数据处理包括常规的地震处理技术和与时移地震属性特征有关的特殊处理技术。时移地震数据处理主要内容包括：保持面元网格一致、保持相同的偏移距范围和覆盖次数；原始数据规则化、对数据进行面元中心化校正；噪声压制处理；叠加速度及偏移速度的建模；互均衡处理等。尽管对于不同的油气藏地区或不同的数据采集模式时移地震数据的处理会有一定的差异，但是，时移地震资料处理的基本流程一般均应包含如下过程：预处理—噪声和多次波压制—子波处理—道均衡—数据规则化—速度分析和叠加—叠前偏移—互均衡处理。

5.1 时移地震资料品质评估

品质评估是时移地震数据处理的基础，只有对时移地震数据的品质有了明确的认识才能确定有效的处理流程。

四维地震是最为常用的时移地震技术，四维地震对于地震资料品质的要求最具有代表性，它在实施中对储层条件、注采方式和地震采集方式本身都有不同的要求。当油藏储集特性、注采方式均满足监测条件时，地震资料的品质直接决定了四维地震监测的结果。表 5.1 列出了四维地震监测对地震资料的限制条件。

表 5.1　四维地震监测对地震资料的限制条件（据 Lumley 等，1997）

参数	要求
地震成像质量	叠加或偏移数据信噪比高（大于 1）；储层反射成像清晰；油藏地震振幅可靠和有意义；油藏反射未受多次波和相干噪声污染；油藏反射未被浅层气、静态四维或速度异常弄模糊
地震分辨率	震源主频要高；油藏厚度能够分辨（分辨率不少于 1/4 波长），若在 4 倍地震分辨率以上最好
地震流体界面	至少有一个地震流体界面是可见的，若全部界面均可在平面作图为最好
地震可重复性	采用同样的采集设备观测；使用永久性震源和检波器排列装置；按规范标准精确定位；相同的炮检方向；同样的面元、炮检距和方位角
阻抗变化	应当大于 4%（经验法则）
旅行时变化	应当大于 4 个时间采样间隔（经验法则）

在上述地震采集参数中，地震资料的可重复性是最关键的，四维地震监测要求不同时间采集和处理的地震资料要有一致性或可重复性。不一致或不可重复的部分应当是由油藏引起的真实变化，不是由于采集或者处理过程中人为因素所造成的。但实际生产中两次采集很难保证完全一致，海流的变化、海浪的强弱不一会造成环境噪声的不一致，震源组合、空间集合状态、瞬时位置或组合震源的非同步会造成能量分布的不一致，采集仪器的不同会造成不同的仪器噪声和不同的频谱特征，观测系统的差别会导致两个数据体难以比较等。

所有这些不一致都会造成地震数据成像结果之间的差异可能仅表现为噪声信号而无实际物理意义。特别是由于设备、采集与处理技术的进步，时移监测地震数据不可能与原有的基础地震数据采用同样的采集参数和处理参数，这就决定了监测地震研究必须在采集和处理两个方面都精细化和系统化，以将各种非地质因素引起的不一致降低到最小的限度。

此外，由于流体注入和开采而引起的储层特性差异是否能引起稳定而可信的地震特征差异是四维地震监测所面临的又一主要困难。地震观测的是油气藏与盖层（或围岩）的波阻抗差异产生的反射信号。由于注采而引起的油气藏变化最终都将反映到油气藏的地震波速度和密度的改变上，从而引起反射系数和地震反射特征的变化。只要这一变化特征足以在地震资料上检测出来，就可以通过四维地震监测油气藏流体的改变，当然前提是要求地震资料必须有足够的分辨率、信噪比和较高的保真度。

由此可见，四维地震资料总的要求是相对振幅保持处理、高信噪比处理和一致性处理，其中一致性处理的难度最大，也最为关键。

表 5.2 至表 5.4 分别给出了油气藏评分标准、地震评分标准和时移地震技术风险定量评价表。

表 5.2　油藏评分标准

分数	5	4	3	2	1	0
干岩石体积摸量（GPa）	< 3	3 ~ 5	5 ~ 10	10 ~ 20	20 ~ 30	> 30
流体压缩系数变化（%）	> 250	150 ~ 250	100 ~ 150	50 ~ 100	25 ~ 50	0 ~ 25
流体饱和度变化（%）	> 50	40 ~ 50	30 ~ 40	20 ~ 30	10 ~ 20	0 ~ 10
孔隙度（%）	> 35	25 ~ 35	15 ~ 25	10 ~ 15	5 ~ 10	0 ~ 5
阻抗变化（%）	> 12	8 ~ 12	4 ~ 8	2 ~ 4	1 ~ 2	0
旅行时变化（采样点数）	> 10	6 ~ 10	4 ~ 6	2 ~ 4	1 ~ 2	0

表 5.3　地震评分标准

分数	1	1	1	1	1	0
地震成像质量	叠加或偏移信噪比高	油藏反射层反射清晰	油藏振幅可靠有意义	油藏反射未受多次波或相干噪声污染	油藏反射未被浅层气、静态时移或速度异常模糊	条件均不成立时
地震可重复性	采集设备相同	永久震源检波器排列	精确定位	放炮方向相同	同样的面元、炮检距和方位角	
分数	5	4	3	2	1	0
地震分辨率	< 1/4*H*	1/4*H* ~ 1/3*H*	1/3*H* ~ 1/2*H*	1/2*H* ~ *H*	*H* ~ 2*H*	> 2*H*
地震流体界面	全部均可在平面成图	有若干个界面可在平面成图	有一个可在平面成图	有若干个界面可见	至少有一个界面可见	不可见

注：*H* 表示油藏厚度；地震分辨率 = 1/4 波长。

表 5.4　时移地震技术风险定量评价表

参数		理想分	实例			
			印度尼西亚	墨西哥湾	西非	北海
油藏	干岩石体积摸量	5	5	4	3	2
	流体压缩系数变化	5	5	4	3	4
	流体饱和度变化	5	5	5	4	3
	孔隙度	5	5	4	4	3
	阻抗变化	5	5	4	3	3
	油藏总分	25	25	21	17	15
地震	成像质量	5	4	5	4	3
	分辨率	5	5	4	3	1
	流体界面	5	4	4	4	2
	可重复性	5	5	4	4	2
	地震总分	20	18	17	15	8
总分		45	43	38	32	23

当油藏地质条件达到门槛值时，才能进行地震参数评分。地震条件至少通过满分 60%的门槛，才可以进一步评估时移地震的可行性。监测地震资料的品质主要通过 3 个可量化的物

理参数来描述：信噪比、分辨率和能量强度。

基础地震数据可大致划分为三类。第一类属于高信噪比、高分辨率和能量较强的地震数据，这类数据信号稳定、质量可靠，有多次重复处理的意义，可以很好地应用于时移地震分析，完成油气藏评价和监测任务；第二类地震数据在信噪比、分辨率和信号能量等方面良好，这类资料可以重新处理，但可靠性不强，应用潜力有限；第三类地震资料在信噪比、分辨率和能量方面都较差，不足以用于重新处理和时移地震，使用时就要十分谨慎，条件允许时应重新采集地震资料。地震资料品质评价的传统方式是人工定性评价，主要依赖评价人员的技术经验，通过观察地震记录上的各种波形、信号和噪声的能量分布特征来进行评价，这种方法的优点是分析比较细致灵活，能充分运用经验，但缺点是难以定量分析、主观性强，对地震记录的内涵参数(信噪比、主频、频宽等)难以做出量化估算，因此，在大部分情况下应选择利用定量和定性相结合的地震资料评价方法。

地震勘探资料品质的定量评估需要通过信噪比、分辨率、中心频率、能量强度等参数来确定，下面就这一问题进行详细讨论。假设在某一特定的时空范围内给出一组地震记录道，这些记录道是由相同的信号和不同的附加噪声所组成，即

$$x_j(t)=s(t)+n_j(t)\ (j=1,2,\cdots,N)$$

式中，j 为记录道的道序号；$s(t)$ 为地震信号；$nj(t)$ 为第 j 道的附加噪声，$nj(t)$ 为均值为零的遍历平稳过程，且 $nj(t)$ 与 $s(t)$ 不相关，以及道与道间的噪声分量是互不相关的。在这些假设条件下，可以导出如下的公式，即

$$r_{xx}(t)=r_{ss}(t)+r_{nn}(t) r_{x_ix_i}(t)=r_{ss}(t)\ (i\neq j) \tag{5.1}$$

式中，$r_{xx}(t)$ 为地震记录道的自相关函数；$r_{x_ix_j}(t)$ 为第 i 道和第 j 道记录的互相关函数；$r_{ss}(t)$ 为信号 j 的自相关函数；$r_{nn}(t)$ 为附加噪声的自相关函数。根据傅里叶变换，将上面的式转换到频率域中可得如下关系，即

$$\begin{gathered}P_x(f)=P_s(f)+P_n(f)\\P_{x_{ij}}(f)=P_s(f)\end{gathered} \tag{5.2}$$

式中，$P_s(f)$ 为地震记录道的功率谱；$P_{x_{ij}}(f)$ 为第 i 道和第 j 道的互功率谱；$P_s(f)$ 为信号的功率谱；$P_n(f)$ 为干扰的功率谱。最后，利用统计平均的方式，可以得到下面估算信号功率谱和干扰功率谱的方法。

假设地震记录道的频谱为

$$X_j(f)=a_j+\mathrm{i}b_j \tag{5.3}$$

式中，a_j，b_j 分别为频率 f 的实函数。对 N 道记录和频谱求和，即

$$\sum_{j=1}^{N}x_j(f)=\sum_{j=1}^{N}\left(a_j+\mathrm{i}b_j\right) \tag{5.4}$$

再进行下面计算，即

$$\left[\sum_{j=1}^{N}x_j(f)\right]\left[\overline{\sum_{j=1}^{N}x_j(f)}\right]=\left[\left(\sum_{j=1}^{N}a_j\right)+i\left(\sum_{j=1}^{N}b_j\right)\right]\left[\left(\sum_{j=1}^{N}a_j\right)-i\left(\sum_{j=1}^{N}b_j\right)\right]$$
$$=\left(\sum_{j=1}^{N}a_j\right)^2+\left(\sum_{j=1}^{N}b_j\right)^2 \tag{5.5}$$
$$=\sum_{j=1}^{N}\left(a_j^2=b_j^2\right)+\sum_{j=1}^{N}\sum_{j=1}^{N}\left(a_ja_k+b_jb_k\right)$$

由上式右端可以看出，它包括两项：第 1 个求和号是 N 道记录的功率谱之和，第 2 个求和号是 $N(N-1)$ 个互功率谱之和。于是可以根据每个记录道的傅里叶变换，求出 N 道记录的平均功率：$\overline{P_x(f)}=\frac{1}{N}\sum_{j=1}^{N}\left|x_j(f)\right|^2$。

同时还可以求出平均的信号功率谱，即

$$\overline{P_x(f)}=\frac{1}{N(N-1)}\sum_{j=1}^{N}\sum_{k>j}^{N}\left[x_j(f)x_k(f)\overline{x_k(f)}+\overline{x_j(f)}x_k(f)\right] \tag{5.6}$$

然后，利用 $\overline{P_x(f)}=\overline{P_x(f)}-\overline{P_s(f)}$ 作为平均的干扰功率谱，并把它视为干扰的功率谱。通过上面的计算，获得了信号功率谱与干扰功率谱。因而就可以对评价地震勘探资料品质高低的几个参数：信噪比、分辨率、中心频率、能量等进行计算。下面给出这些参数的计算公式，即

$$R(f)=\frac{\overline{P_s(f)}}{\overline{P_n(f)}} \tag{5.7}$$

信噪比的计算公式为

$$\frac{S}{N}=\frac{\sum_{f=0}^{N-1}R(f)\overline{P_s(f)}}{\sum_{f=0}^{N-1}\overline{P_s(f)}} \tag{5.8}$$

分辨率的计算公式为

$$R_{sov}=\frac{\sum_{f=0}^{N-1}\overline{P_s(f)}}{\left(\sum_{f=0}^{N-1}\sqrt{\overline{P_s(f)}}\right)^2\Delta f} \tag{5.9}$$

中心频率的计算公式为

$$F_{\text{mid}}=\sum_{f=0}^{F}\overline{P_s(f)}(f)=\frac{1}{2}\sum_{f=0}^{N-1}\overline{P_s(f)} \tag{5.10}$$

式中，F 为所求中心频率对应的样点序号；F_{mid} 为所求中心频率；Δf 为频率采样间隔。

在进行量化分析研究之前，要分别建立数学模型分析各项评价标准，如原始单炮记录的主频、信噪比、能量等，确立量化的尺度，研究评价算法，分别建立数学模型。综合量化评价研究，进行实现评价原始单炮记录量化分析的智能化，进行综合评价；进行实验分析，确定不同地质条件下地震资料取得最好资料的指标。

5.2 时移地震数据的预处理

预处理是要把在野外采集到的时移地震资料（地震信息和定位信息）格式转换成适合计算机处理的格式并对资料做相应编辑和校正。它包括解编、道编辑、球面扩散补偿、建立适合时移地震资料处理的观测系统、初至切除、静校正、滤波等。

在预处理的过程中，主要是要解决诸如时移地震资料的空间位置和地震记录的对应关系问题，分析时移地震资料“采集脚印”的空间相关噪声和随机噪声影响的程度。预处理的主要内容有：

(1) 数据解编。在时移地震资料解编阶段，资料要转换到室内处理系统内部的记录格式，通过解编把时移地震原始资料归类标识清楚并存储到计算机硬盘上，解编后，认真检查资料的道头信息（如炮号、记录长度、道数、采样间隔、振幅值等关键的道头字是否齐全），核实地震记录与班报记录的对应情况。

(2) 道编辑。在道编辑阶段，各种坏炮、坏道、死道、反道、野值需要删除，选择最相近激发震源和最合理偏移距范围的时移地震记录道，对时移地震资料重复性有重大影响的道也要给予删除，如基础地震测线与监测地震测线的夹角相差很大的记录道。

(3) 球面扩散补偿。通过给资料加一增益恢复函数，补偿球面扩散对地震振幅的衰减损失。

(4) 面元网格重置。建立统一的观测系统，进行面元网格重置，对于时移地震资料处理是非常重要的。因为在时移地震勘探中，往往重复测量得到的时移资料是采用了不同的观测系统、定位坐标和采集参数，使得多次采集的时移地震资料不在同一个反射面元网格范围内，因此，要分析时移地震资料采集设计的面元大小，建立一种新的按线内 CMP 间距和反射面元线间距划分一致的面元网格（海上主要有 Xline12.5m × Inline25m，Xline25m × Inline25m，Xline25m × Inline50m 的网格面元），将它们的面元网格定义到相同的参考坐标系下和面元大小，选择那些具有最相近的重复观测系统的地震道，这样也许得不到好的偏移距的分布，但能得到具有很好的噪声及误差（剩余多次波、噪声压制中产生的误差）重复的资料。

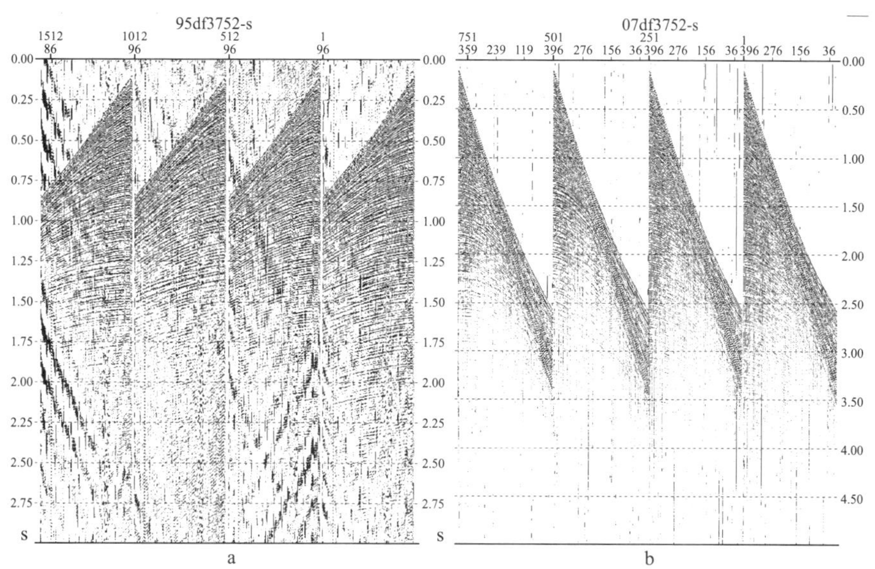

图 5.1　面元网格重置前基础地震资料（a）与监测地震资料（b）的炮集对比图

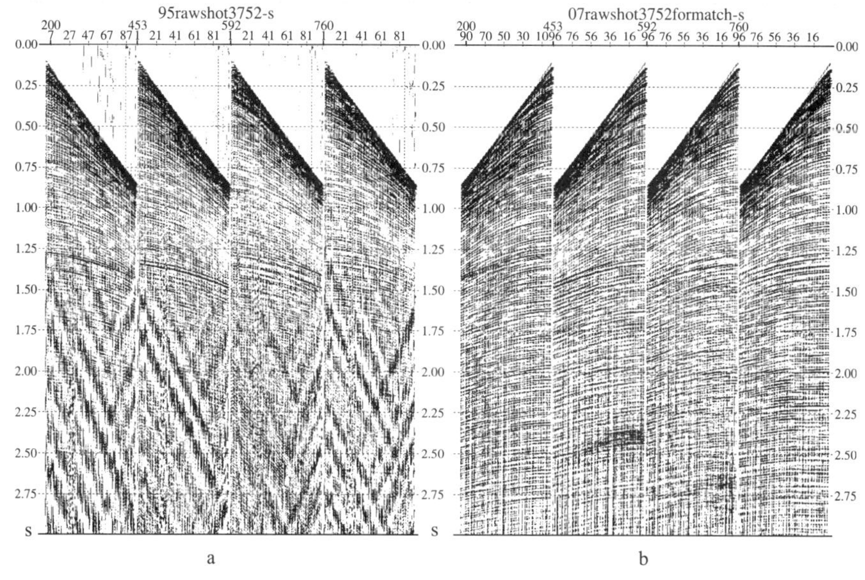

图 5.2　面元网格重置后基础地震资料（a）与监测地震资料（b）的炮集对比图

面元网格重置前（图 5.1）基础地震资料与监测地震资料的炮集因炮间距、接收道数、记录长度等不一致，导致时移地震资料难以对比分析，经过预处理后，进行了位置、记录长度、道的选择，时移地震资料的重复性得到了改善（图 5.2）。

（5）切除。通常切除处理包括初至切除和动校拉伸切除，此外切除的方式还有内切除和外切除。因直达波、浅层折射波和浅层折射多次波会在地震资料采集中被记录到，它们能量强，影响浅层反射信号及后续的能量均衡、反褶积处理等。这些类别的干扰需要通过细致的分析，如果地质构造模型单一，浅层反射是平层，可以利用压制线性噪声的技术；

对于有倾角的变化或横向速度变化大的反射层，一般采用速度控制下的空变的外部切除的技术。不管采用何种切除技术，处理中应该把握的度是在叠加前尽可能多地保留有效信息。为了保险起见，现代处理可以把切除区域的原始资料保存在数据库里，方便后续处理调配使用。

(6) 静校正。静校正的目的是将由于激发和接收因素对地震波传播时间的影响给予消除，校正到一个统一的基准面上。在预处理阶段，海上时移地震资料处理需要做海平面静校正。即要消除震源深度、检波器深度、周期性的潮汐、季节性的温度、海水的矿化度、天气涌流等的综合影响，如果还存在激发的延迟（接收仪器开始记录，震源晚几十毫秒才激发）也要做校正，因此，总校正量等于震源深度、检波器深度静校正、监测得到的双程海底走时（如果不能直接测量，则可以从潮汐表或横测线不同的静校正估算所得）和激发延迟校正。对时移地震资料一般各自独立完成静校正（个别如激发深度、接收深度或激发延迟这些项是相同的量，可以是相同的静校正值），否则不能使用相同的校正值进行校正。图 5.3 即是东方 1-1 气田总体校正前后时间切片效果对比图，图中显示校正的效果非常好。

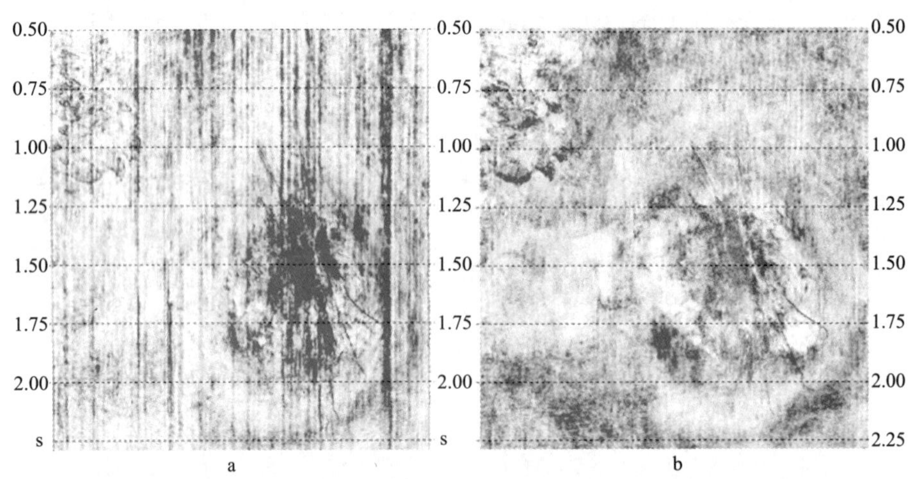

图 5.3　实施总体静校正前（a）后（b）地震数据体时间切片效果对比图

(7) 地表一致性振幅校正。地震波在地下传播过程中，由于波前扩散、地层吸收等原因，使其能量随传播时间的增加而减少，造成资料浅层能量大，深层能量小。海上时移地震资料存在由球面扩散造成的能量损失，海水分层及吸收效应等影响，对于某些地区还需要考虑崎岖海底的振幅一致性校正等处理。此外，不同震源、不同检波器得到的资料的振幅能量也不一致，这就需要进行地表一致性振幅校正，使得资料间的能量级别达到一致。通过应用地表一致性振幅校正补偿激发、接收条件引起的地表一致性能量差异消除这些因素的影响，达到能量统一的目的。通过地表一致性振幅校正后所得到的是一个高、中、低频能量的总和的相对平衡数据，在这总和的平衡中频率越接近主频其能量占有的比例越大。

5.3　噪声和多次波压制处理

海上地震数据干扰波比较特殊，一般都需要采用多种去噪组合技术来压制各种干扰。对于在频率域与反射信号有明显差异的强能量干扰，如甚低频干扰，通常采用高通滤波技术压制如 5Hz 以下的涌浪的噪声；此外，宽频带通滤波处理也广为使用，特别是对于随机噪声的消除。

时移地震资料的噪声和多次波压制需要各自独立完成，主要原因是自由表面下存在不均质性的问题，人们通常把问题归结为水层性质的时变性，此外采集环境的差异，噪声的类型及干扰程度也不一样（图 5.4 和图 5.5），因此在这个环节需要配套的高精度噪声压制技术，在压制噪声的同时，不能破坏有效信号。

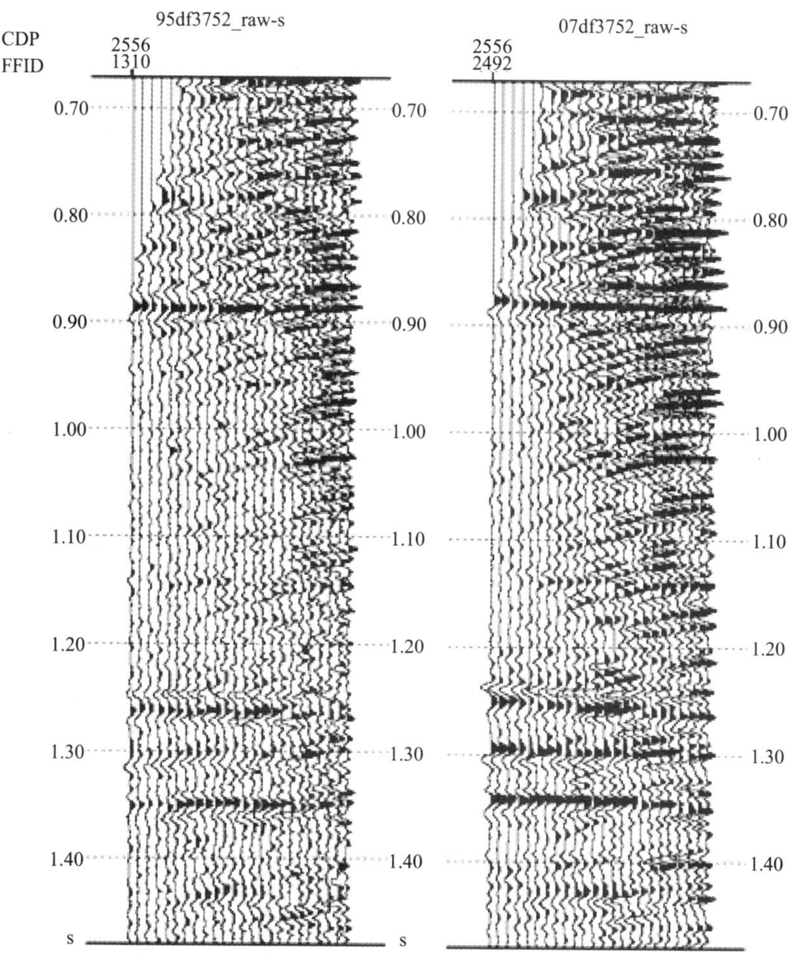

图 5.4　基础地震资料与监测地震资资料未压制多次波前 CMP 道集对比

当前利用 LIFT（Leading Intelligence Filter Technology，简称 LIFT）思想压制噪声的技术得到广泛应用，其原理如图 5.6 所示。LIFT 技术不是一个具体的模块，而是一种去噪思路，总体来说，对原始数据 A 进行去噪处理，获得信号模型数据 B 和噪声数据 C=A−B，对信噪分离后的噪声数据 C 再次进行信噪分离，最终从噪声数据 C 提取得到的剩余信号 D 回加到 B 中。该技术通过应用多种信号和噪声分解技术组合来达到压制噪声的目的。正如早期所用的分频去噪技术那样，利用噪声在不同的频带范围内影响的程度不同，先在噪声集中的频带内想办法把噪声衰减掉，然后进行数据重构，从而达到衰减噪声的目的，最大限度保留有效信号。LIFT 技术的思路是在去除的噪声中再提取非常微弱的有效信号，然后重构数据，其关键点是采用什么技术可以在去除的噪声中把有效信号提取出来，做法是可以反复多次，直到认为把噪声衰减到一个可以接受的程度，无疑它是一种典型的高保真减去法压制噪声的技术（图 5.7 和图 5.8）。

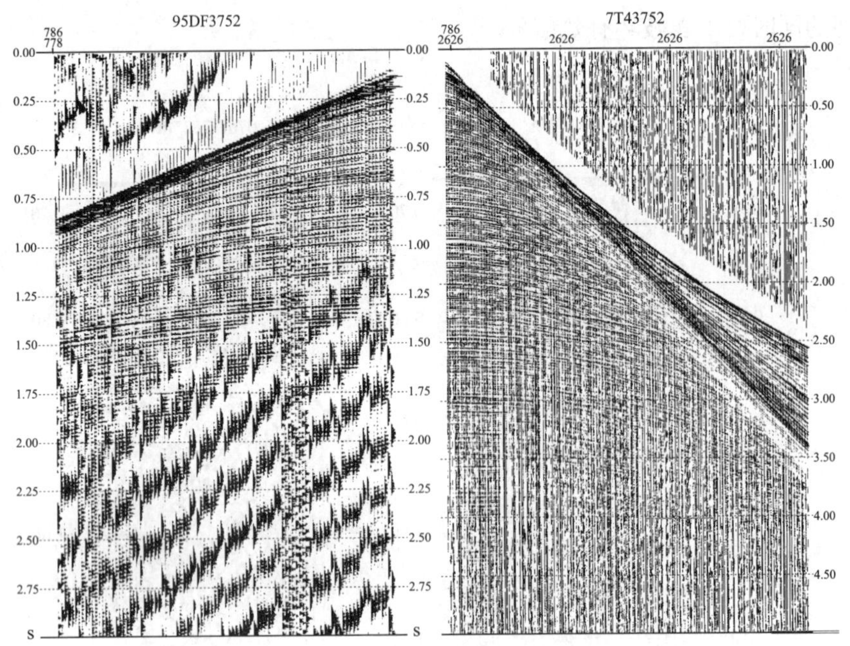

图 5.5　基础地震资料与监测地震资料未压制噪声前炮集对比

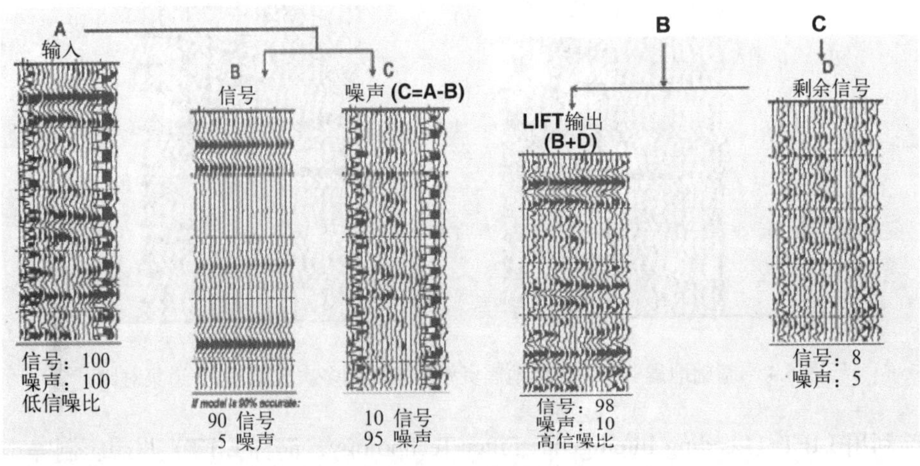

图 5.6　LIFT 压制噪声原理图

在时移地震资料处理中，在道集上进行去噪处理也非常的重要，图 5.9 展示了 LIFT 去噪技术的针对道集的去噪应用情况。其中，图 5.9a 所示为 1995 年地震数据的去噪结果，图 5.9 b 则是 2007 年重复采集的地震数据的 LIFT 去噪处理结果。

多次波消除也是海上时移地震应用中的一个重要处理环节。如果地震资料重复性足够高，多次波在时移地震数据处理中可以采用不压制的方式，但多次波的强度和周期性随着时间等因素变化往往还是有差异的，如果在差异分析时不能完全去掉多次波，就需要对基础和监测测线的地震数据分别做好保真去多次波处理，对于不同类型的多次波可分别采用反褶积、SRME 等处理方法。图 5.10 和图 5.11 分别描述了 1995 年和 2007 年采集的地震数据叠后去多次波处理结果。

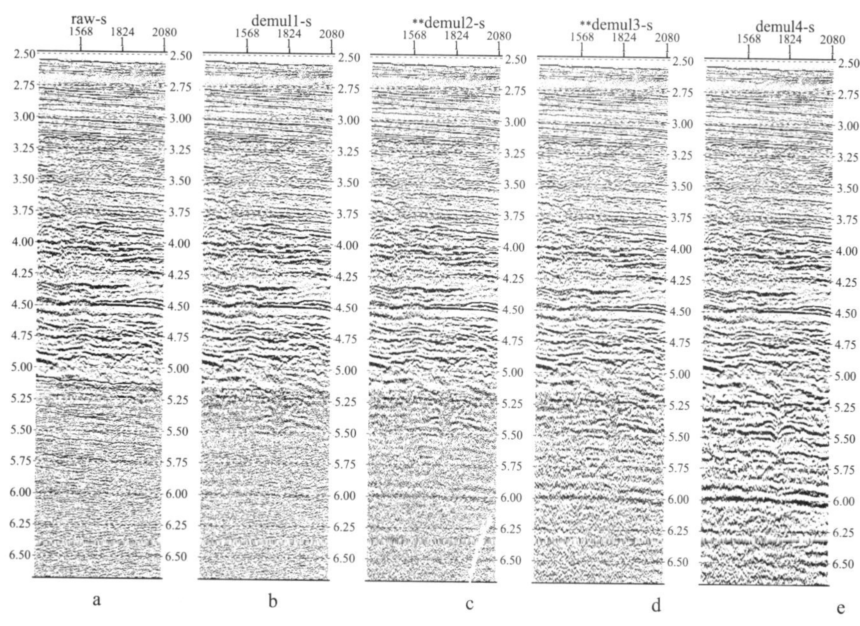

图 5.7 LIFT 去噪实例

a—原始数据；b—第一次衰减结果；c—第二次衰减结果；d— 第三次衰减结果；e—第四次衰减结果

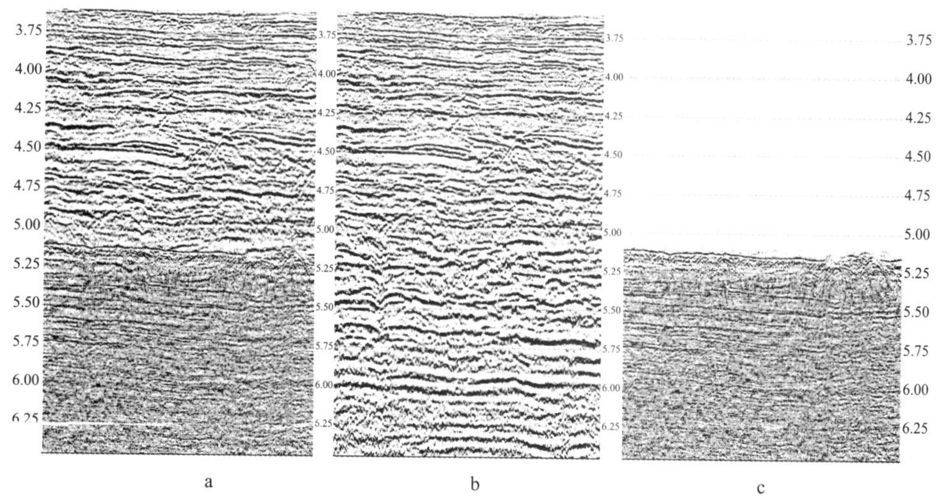

图 5.8 LIFT 去噪实例

a—原始数据；b— LIFT 技术衰减噪声结果；c— 减去得到的噪声

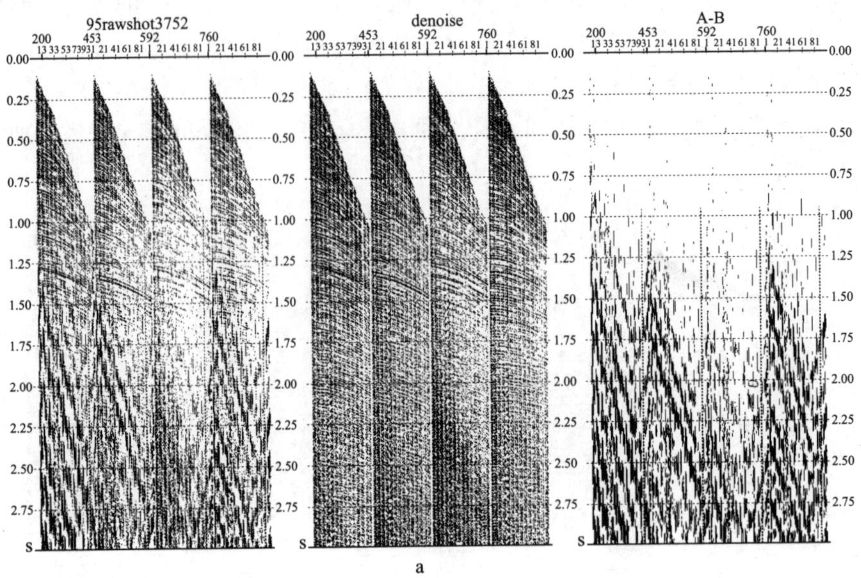

a

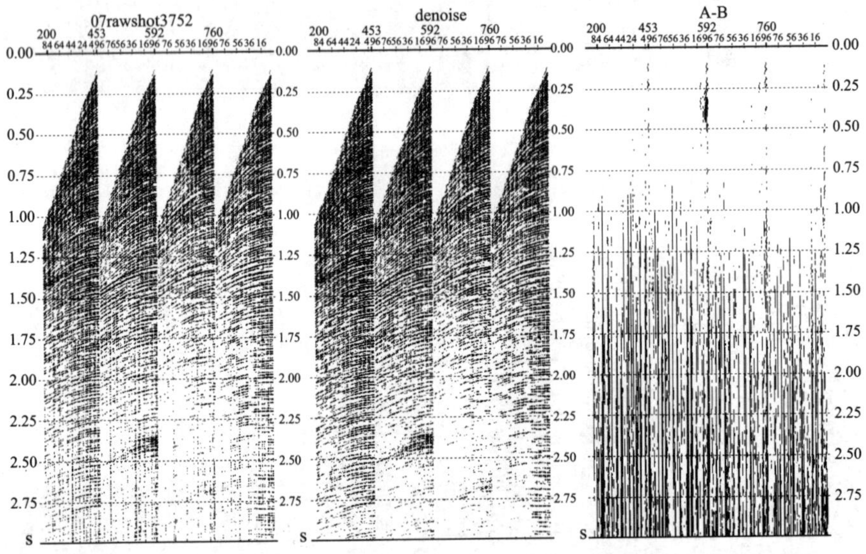

b

图 5.9　时移地震数据 LIFT 去噪对比

a—1995 年地震数据；b—2007 年地震数据

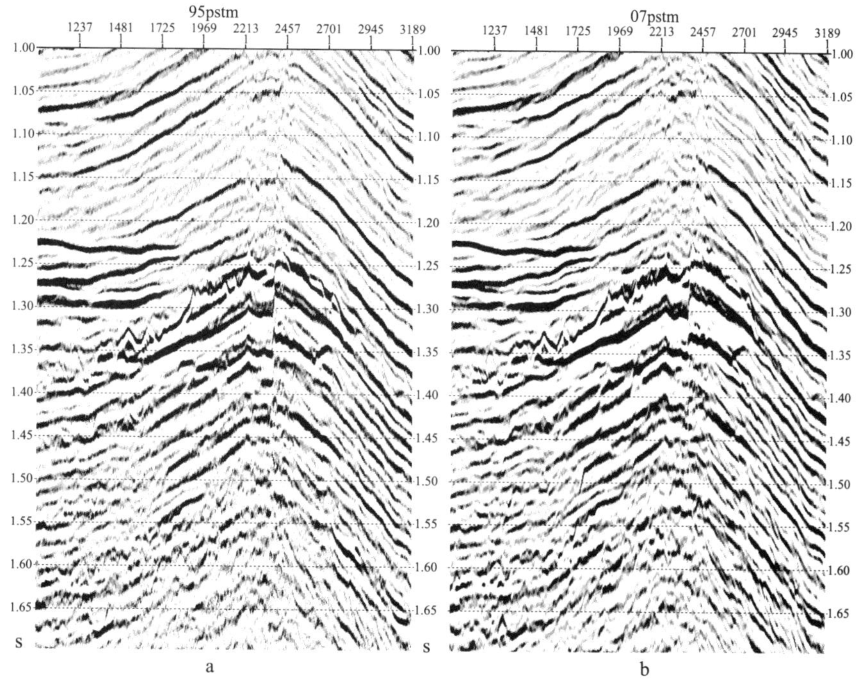

图 5.10　1995 年采集地震叠加剖面（a）及去多次波处理（b）

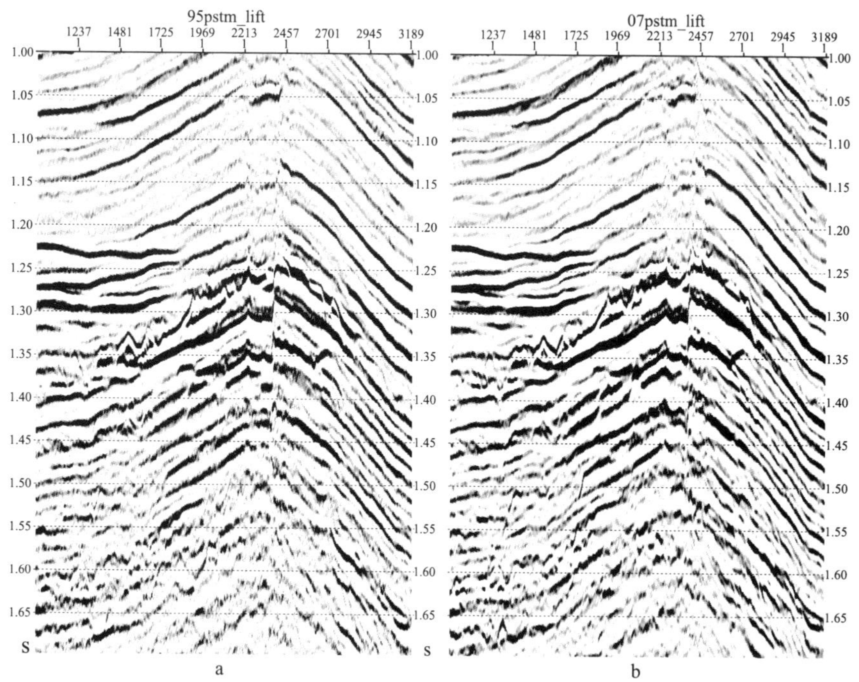

图 5.11　2007 年采集地震叠加剖面（a）及去多次波处理（b）

5.4 子波处理与反褶积

子波处理是海上时移地震资料处理最基本、最重要、同时也是争议较多的内容之一。由于各种采集因素造成的不仅仅是基础地震数据和监测地震数据间的波形差异，甚至这些基础地震数据或监测地震数据本身的子波波形都有差异，这些差异是非常复杂的，也就导致了子波处理的复杂性。目前，子波处理分为确定性和统计性两种方法，纯统计性或纯确定性方法在实际应用中并不能取得好效果，实践表明运用地表一致性限制条件提取反褶积算子越来越普及，利用确定性与统计性相结合的方法效果较好。

5.4.1 影响地震子波波形的因素

目前，以褶积模型为基础的地震记录模型仍是主流。在此模型中，一般假设地震子波是最小相位且时不变的，反射系数具有白噪分布性质，地震记录表示为地震子波与反射系数的褶积与各种噪声之和的形式。但实际地震记录一般不满足这些假设，因此直接进行常规的反褶积处理就很难得到预期的效果。显然，地震子波从震源出发，在传播过程中经过了大地滤波的作用且是时变的，并且要经过检波器接收、仪器记录和数据处理的多次改造，整个过程中，其波形有很大的变化。

真正的系列的基础测量滤波过程为：

震源（Ws1）——反射层（We1）——检波器（Wg1）——记录仪（Wr1）——资料处理（Wp1）。

第二次监测测量滤波过程为：

震源（Ws2）——反射层（We2）——检波器（Wg2）——记录仪（Wr2）——资料处理（Wp2）。

影响子波波形的因素可归结为以下几类：

（1）与震源有关的因素有震源类型、枪阵组合方式、枪阵同步性、沉放深度、虚反射的强度、震源子波的时差、气泡振动等。

（2）与反射层有关的因素有海底反射系数的变化、水层的温度及矿化度、季节性的海况、地层结构等。

（3）与接收系统有关的因素有检波器的类型、检波器的组合形式、电缆沉放深度、系统响应等。

（4）与资料处理过程有关的因素有处理的全过程，如子波处理、动校正、噪声压制等都有可能改变波形。

5.4.2 子波求取的方法

地震子波的求取方法多种多样，但总体上可分为确定性子波提取方法、统计性子波提取方法两大类。确定性子波提取方法不需要对反射系数序列的分布作任何假设，能得到较为准确的子波，但很容易受测量条件的影响；统计性子波提取需要对地震资料和地下反射系数序列的分布进行某种假设，所得到子波精度与假设条件的满足程度有关。目前，具体做法主要有室内理论模拟、在采集的过程中记录每一炮的子波、在地震资料上选取反射稳定的标志层(如海底、基岩)、直达波等。下面介绍几种常用的方法。

（1）气枪的远场震源信号法。其原理是在较深（最好水深大于 500m）的海域内，用特定的方法测试震源的子波，然后再评估各个环节对波形的改造作用，求得所需的子波。远场震源信号的求取和测试需要标准的检波器、重鱼、信号记录仪，以及在海流、船向、船速变化的情况下震源中心和检波器处于相对静止状态，并保证检波器位于枪阵中心下方。目前，由于室内模拟远场信号子波接近远场实测子波，因此处理上大都使用理论模拟 。

（2）从已钻井实测地球物理资料出发提取子波。这是比较直接的方法。由测井所得的声波速度及密度资料相乘，得到声阻抗曲线。当没有密度测井曲线时，可用速度与密度的经验函数关系公式求得，一般用 Gardner 公式。经过一次深度—时间转换，把深度坐标转化为时间坐标，可以得到反射系数的时间序列。将它作为输入，以井旁记录曲线作为期望输出，用最小二乘法即可求得子波波形。

（3）从 VSP 中求子波。垂直地震（VSP）是在海水中设置震源激发地震波，在井筒中设置检波器进行接收，即在垂直方向观测的人工地震波场。在 VSP 资料中，主要利用上行波。为了 VSP 资料更好地与井旁地震剖面对比，常进行垂直求和处理：先排齐上行波，再将所有道的数据按等时间线相加在一起，得到一个输出道。为使垂直求和的 VSP 资料只含有上行一次波，把含有大量上行多次波的区域进行切除，剩余的区域形状很像一个走廊，这种垂直求和又形象地称为走廊叠加。将求和输出的单道资料作为井旁地震道，采取与从已知钻孔出发提取子波方法中同样的处理流程，求取地震子波。

（4）同态反褶积方法。子波估算的另一种方法是由 Oppenhem（1965）提出的同态反褶积方法。它是从复赛谱域中分离子波，对地震子波不作最小相位假设。前提是认为子波比较光滑（以低频为主），而反射系数则很不光滑（以高频为主），从而在复赛谱上能够将两者分开。在复赛谱中，子波的信息集中在低频域中，而反射系数的信息集中在高频域中。因此通过低通滤波可以分离出子波信息，通过高通滤波可以分离出反射系数信息。实质上两者是部分重合的，为此国内外许多学者利用多时窗随机叠加的方法来提高估算精度。

5.4.3 时移地震资料子波处理

从影响子波波形的因素可以看出，年代久远的时移地震资料，室内可以比较的就是从基础地震资料和监测地震资料的实际地震记录统计出子波波形。

如何消除基础地震资料和监测地震资料的子波波形的差异，需要制定详细的解决方案，选择好标志层和期望输出的子波波形（图 5.12）。对于后续的反褶积处理，建议采用恰当的地表一致性反褶积。

图 5.13 和图 5.14 分别展示了 1995 年度和 2007 年度采集的地震数据叠后反褶积处理结果，首先在分辨率方面使得两次采集的数据得到基本一致，为后期的求差处理和资料解释打下了基础。图 5.15 和图 5.16 分别为反褶积处理前后的频谱，图中显示反褶积前后资料的频谱也基本一致。

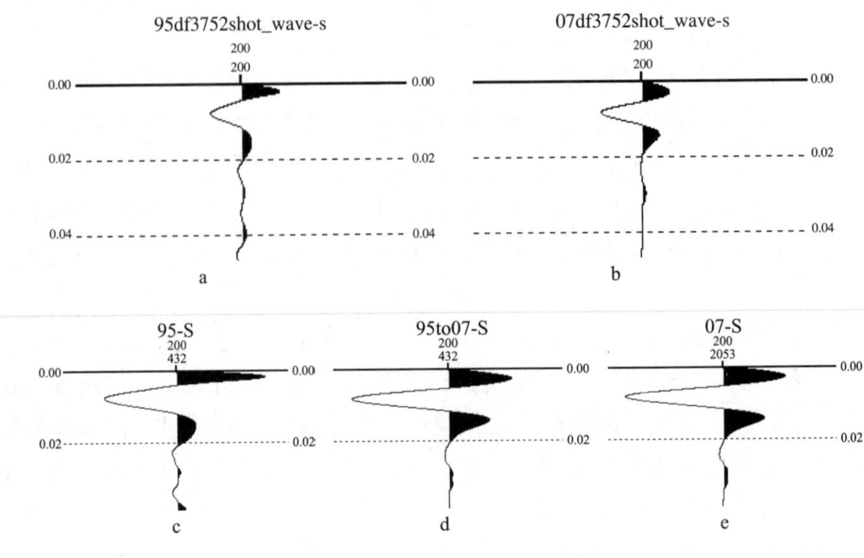

图 5.12　子波匹配对比图

a—基础地震资料子波波形；b— 监测地震资料子波波形；
c—基础地震资料子波；d—基础地震资料与监测地震资料匹配子波；e— 监测地震资料子波

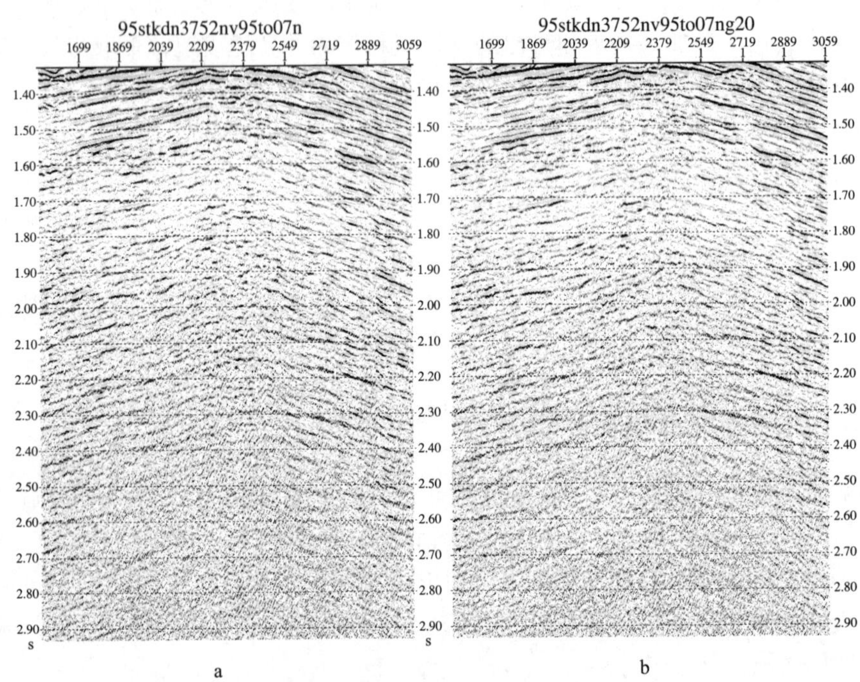

图 5.13　1995 年地震数据反褶积前（a）后（b）对比

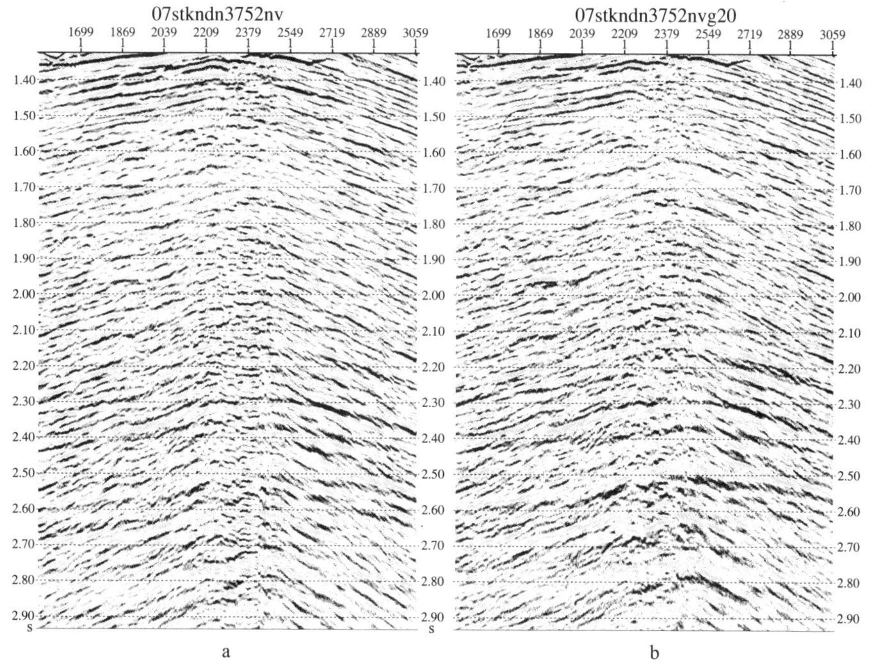

图 5.14　2007 地震数据反褶积前 (a) 后（b）对比

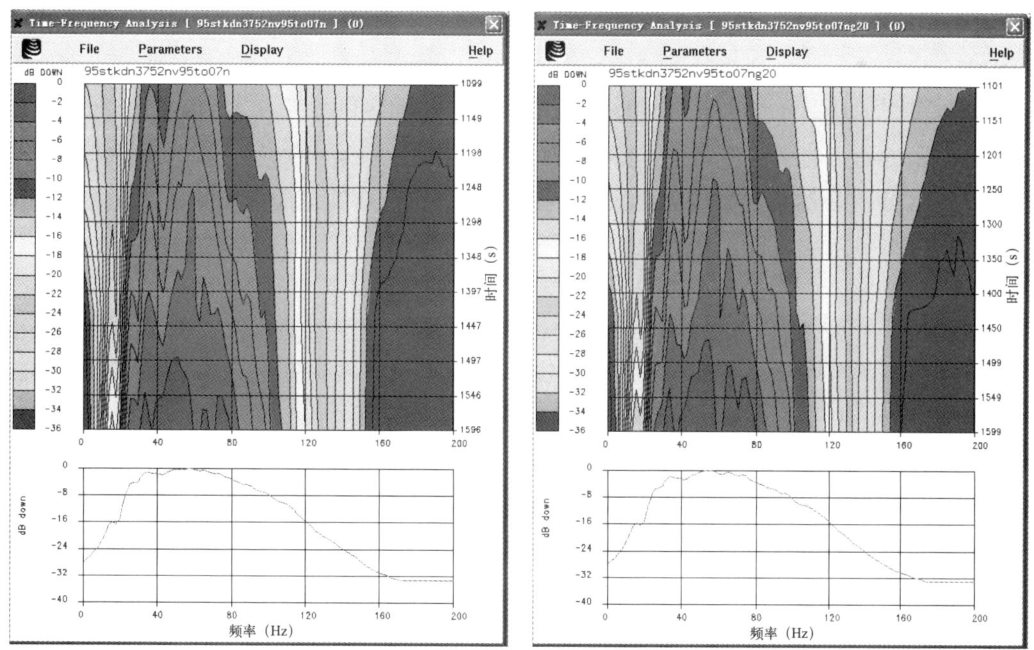

图 5.15　1995 数据反褶积前后频谱对比图

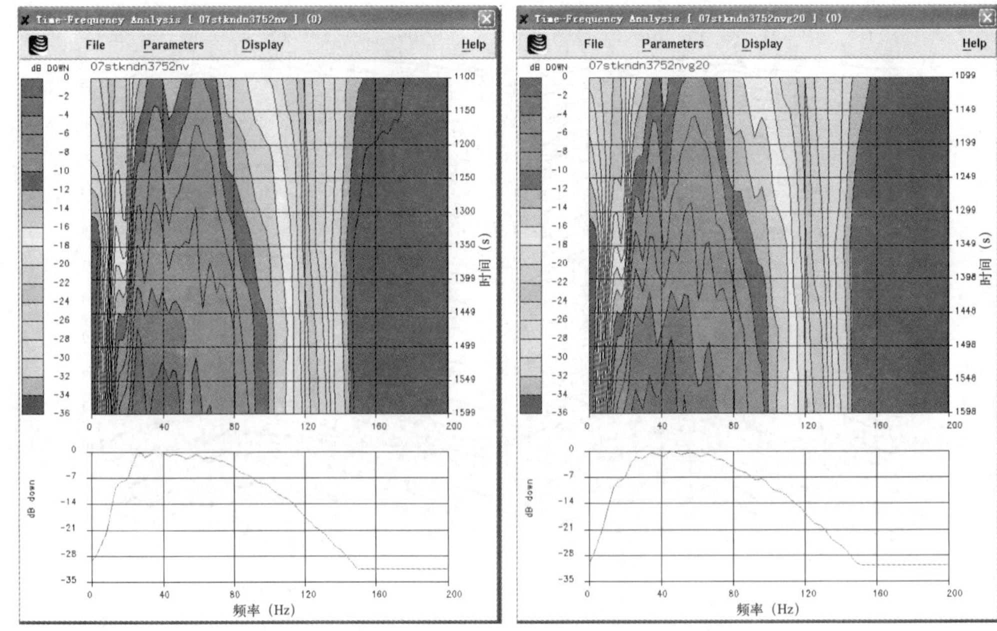

图 5.16　2007 数据反褶积前后频谱对比图

5.5　速度分析与成像处理

速度分析依赖于反射地震法中单点激发多道接收的观测方式。在地震剖面上可以得到反射波的旅行时，但从单个旅行时外推反演地层速度及界面深度时存在着多解性问题。只有存在多个偏移距的信息时，才能根据地震道所蕴涵的时间、速度和深度信息对地层速度进行分析。因此速度分析必然要利用叠前地震资料进行。经同一点的地震波具有不同的射线路径，具有不同的旅行时间，包含了速度模型的信息。从这些不同的旅行时中，反演出地质模型的速度结构。

在时移地震资料处理工作的每一个阶段，速度都是至关重要的因素。不同的动校正速度和偏移速度会引起地震反射同相轴在旅行时深度及空间位置发生变化。这种变化在整个数据体中具有时变性。对于常规的二维或三维地震剖面解释，这种变化是不会带来多少困难的，但对于时移地震而言，非常小的时移都会在差异剖面上产生假的异常。因此做速度校正是非常必要的。速度延拓和叠后剩余偏移都能在不同偏移速度之间做影射，可以用来做速度校正。但由于无法精确求取用于动校正和偏移的速度场，以及所用偏移算法的不同，使得确定剩余偏移算子变得十分困难。

消除倾角、方位角等的影响是时移地震速度分析关键的一步。当前，人们普遍的做法是利用统一的速度分别对新旧资料进行偏移归位，进而提高速度分析和成像的精度，而且利用叠前偏移道集进行更多的属性分析。

对标志反射层的 AVO 进行跟踪标定，对叠前道集进行速度分析并动校正，然后利用叠加技术来检验时移地震资料反射同相轴的变化情况，具体步骤包括：

（1）选好偏移距范围和控制反射角度大小（如 30°）；

（2）速度差异对比分析，得出校正量的大小；

（3）动校与反动校对比分析，确定动校精度要求，是否需要高阶动校技术；

（4）优选时移资料叠加对比分析（如选择优势频带、偏移距、角度等）。

地下构造的复杂程度决定了成像方法的选择，速度模型的精度直接决定了成像的好坏。目前，我们还主要应用模型驱动的偏移成像方法。宏观速度模型加上叠前成像的结果代表了对地下构造的某种认识。当然，这样的构造是地震波“看到”的，不是其他的物理场“看到”的。常规处理使用叠加速度或 DMO 速度进行地震波成像，这适用于速度横向变化不大或地质构造比较平缓的探区；叠前时间偏移与偏移速度分析相结合的处理流程已逐步进入常规处理领域，这对于速度横向变化较大或地质构造比较复杂的探区有很好的适应性；而叠前深度偏移与偏移速度分析相结合的处理方法则是对复杂构造成像的有力工具，它能很好地适应于速度横向变化剧烈或地质构造相当复杂的探区。速度模型的建立与叠前深度偏移应该是一个统一的过程。速度是波动方程叠前深度偏移成像的核心，偏移是检验速度正确性的工具。三维波动方程叠前深度偏移是一个系统工程。总的来说，叠前时间偏移的应用是为了解决倾斜地层存在时的成像问题，而叠前深度偏移则是为了对横向速度变化的复杂构造进行精确成像。这两类偏移方法处理目标的不同，使得他们具有不同的速度分析能力。当偏移作为一种速度分析手段的时候，其所产生的共反射点道集或共成像点道集因为包含了偏移距或者入射角度之类的信息而可以被加以利用。对于时移地震资料成像处理而言，振幅保持是至关重要的。Jousset 在 1999 年提出在振幅保持中结合 Kirchhoff 叠前时间偏移的时移处理流程，应用加权标量法进行叠前深度偏移处理。由于 ADA (Acquisition Dependent Amplitude) 偏移要求直接利用实测的震源和接收点位置，偏移前不再做数据规则化处理，从而降低了采集脚印的噪声，该技术用于时移地震资料是很有利的。

5.6 时移地震数据归一化处理

归一化是针对时移地震数据的时间、振幅、频率和相位方面的差异，利用多个校正归一化算子分别对地震剖面的主要差异方面逐个进行匹配校正。处理方法是寻找一种最佳匹配滤波器，对每条测线的有效震源信号整形，使其与参考测线的震源信号相同，求出对应的校正匹配算子，再进行校正。校正归一化算子可以是一个全局滤波器在所有的测线和所有的道集上整体完成匹配两个数据体，也可以是单线单道上进行局部化校正得到局部滤波器。

振幅、频率校正在两个三维或二维地震数据体经过道重新编辑后进行。由于两个数据体之间的振幅与频率存在着明显的差别，无法描述油藏部分引起的地震差异，两个数据集必须具有相同的频带宽度和相同尺度的振幅值，即进行频率和振幅匹配。对于振幅校正，采用整体归一化方法，在地震剖面上获得校正因子，频率校正则通过带通滤波实现频带宽度的一致，并通过功率谱比较进行频率补偿与校正。

同样，为了分析油藏部分引起的相位差异，必须对非油藏部分进行相位校正处理。采用局部归一化方法，对每条测线的每个地震道进行相位校正，每一道都可以得到一个相位归一化因子。因此，整个三维地震或二维数据体就可以得到一个对应于地震数据体的相位归一化算子族。

5.6.1 归一化基本原理

设同一地区不同时期，$Y1$ 和 $Y2$ 得到的地震数据分别为 $G^{Y1}(t)$，$G^{Y2}(t)$，相应的第 Y 年份第 i 条测线，第 j 道的地震记录记为 $G_{i,j}^{Y}(t)$。取 $Y1$ 年份的地震记录为参考原始地震道，使 $Y2$ 年份相应道的地震记录与之匹配。因此选取归一化算子 P 使得目标泛函极小，即

$$E(t)=\left\|G^{Y1}(t)-PG^{Y2}(t)\right\| \tag{5.11}$$

对于整体归一化的振幅校正，可以通过极小化泛函〔式（5.11)〕得到全局的归一化算子 P，而对于进行局部归一化的相位校正，则可以通过极小化泛函组

$$E_{i,j}(t)=\left\|G_{i,j}^{Y1}(t)-P_{i,j}G_{i,j}^{Y2}(t)\right\| \tag{5.12}$$

得到算子族$\left\{P_{i,j}\right\}$构成的算子$P=\left\{P_{i,j}\right\}$。为求式 (5.11) 或式 (5.12) 极小，考虑离散化处理方法，求一长度为 L 的匹配滤波器$\left\{P(m)\right\},m=1,2,\cdots,L$。使

$$E=\sum_{k}\left[G^{Y1}(k)-\sum_{m}P(m)G^{Y2}(k-m)\right]^{2}=\min \tag{5.13}$$

计算泛函 E 关于 $P(n)$ 的 Frechet 层数 $\dfrac{\partial E}{\partial P(n)},n=1,2,\cdots,L$ 。令 $\dfrac{\partial E}{\partial P(n)}=0$ ，则得到

$$\sum_{k}\left[G^{Y1}(k)-\sum_{m}P(m)G^{Y2}(k-m)\right]\bullet\left[-G^{Y2}(k-n)\right]=0,n=1,2,\cdots,L$$

化简成

$$\sum_{k}G^{Y1}(k)G^{Y2}(k-n)-\sum_{k}\left[\sum_{m}P(m)G^{Y2}(k-m)G^{Y2}(k-n)\right]=0,n=1,2,\cdots,L$$

因此得到关于求解匹配滤波器$\left\{P(m)\right\},m=1,2,\cdots,L$ 的 L 个方程的方程组

$$\sum_{m}P(m)\left[\sum_{k}G^{Y2}(k-m)G^{Y2}(k-n)\right]=\sum_{k}G^{Y1}(k)G^{Y2}(k-n),\quad n=1,2,\cdots,L \tag{5.14}$$

求解上述方程组，则可以计算得到匹配滤波器 $\left\{P(m)\right\},m=1,2,\cdots,L$ 。

$$G_{nor}^{Y2}(k)=\sum_{m=1}^{L}P(m)G^{Y2}(k-m) \tag{5.15}$$

校正相应的地震剖面。上述归一化理论其实也就是子波匹配理论，归一化形式可以是将基础数据和监测数据同时归一到一个标准子波，也可以是基础测线数据和监测数据互为输入输出。

匹配滤波可以使得不同时期采集的地震数据体中与油气藏物性变化无关的部分达到最佳的拟合，消去子波与剩余静校正量引起的差异，使地震子波趋于一致，使剩余静校正误差减小，同时还可使反射振幅得到校正。不过振幅校正可能受噪声的影响较大。从本质上看，匹配滤波实际是带宽、振幅和相位的均衡。

5.6.2 子波匹配

子波处理是时移地震数据处理的重要组成部分，其目的是通过匹配处理，使时移基础地震与时移监测地震资料之间的子波在频率、振幅等方面相匹配，达到提高时移地震资料处理效果，为后续的处理和解释提供更可靠的时移地震资料。

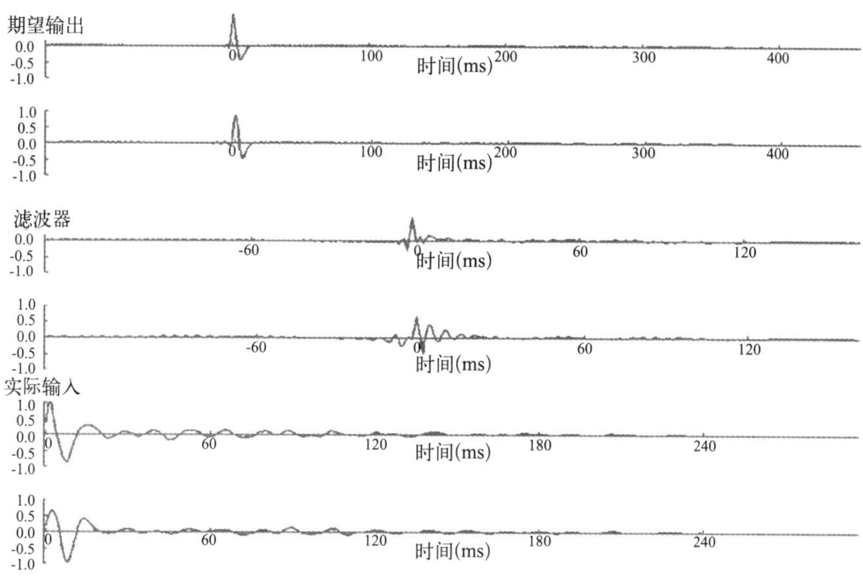

图 5.17 将基础地震数据子波和监测地震数据子波同时归一到 80 Hz 的 Ricker 子波
子波整形为 Ricker 80Hz 的子波

图 5.17 是时移基础资料和监测资料地震子波整形成 80Hz Ricker 前、后的对比图，图中显示，整形处理后，基础资料和监测资料的子波一致性取得了很好的效果。图 5.18 是把时移基础地震和时移监测地震的子波均整形试验后的时移地震资料对比图，图中显示通过整形后两批资料一致性也得到了明显的改善。

在实际时移地震资料处理中，子波的匹配往往会选择将时移基础地震的子波向时移监测地震的子波靠，或将时移监测地震的子波向时移基础地震的子波靠（图 5.19 和图 5.20）的情况，当然具体的选择方案需要根据具体的地震资料品质来分析。

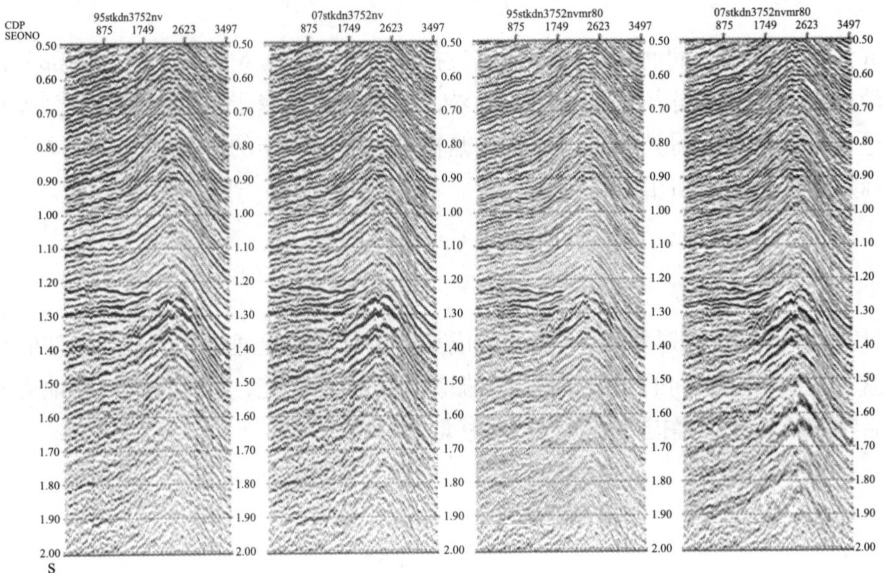

图 5.18 将基础地震资料与监测地震资料匹配到同一个期望输出子波整形为 Ricker 80Hz 后的叠加剖面对比

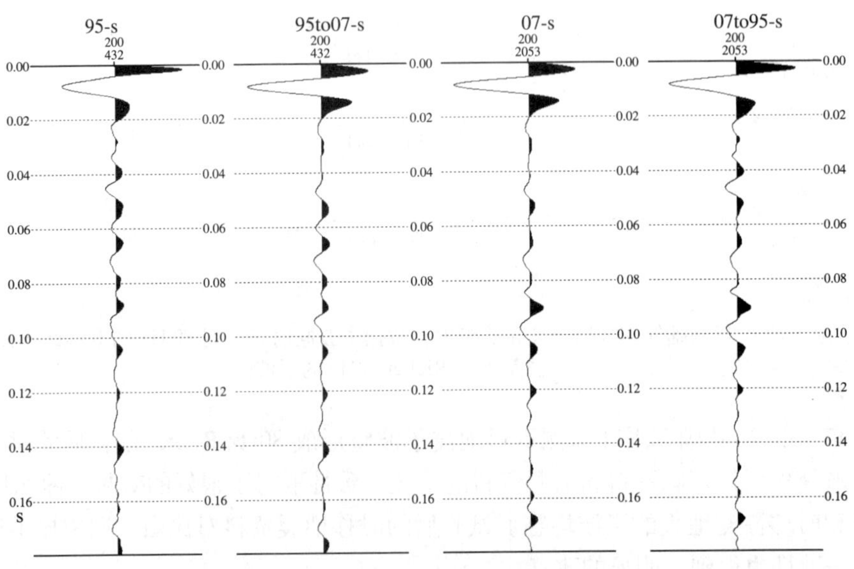

图 5.19 第 200 炮处子波匹配处理前后对比

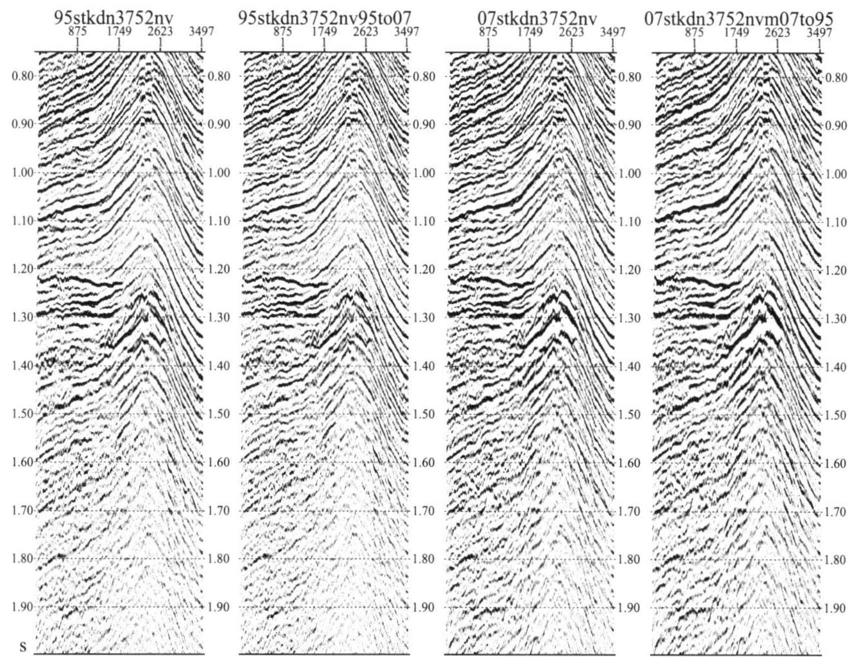

图 5.20　基础地震数据和监测地震数据互为输入输出效果图

5.6.3　相位校正处理

子波处理通常需要相位校正，同样可将基础地震资料和监测地震资料均匹配到零相位（图 5.21），也可互为输出（图 5.22）。

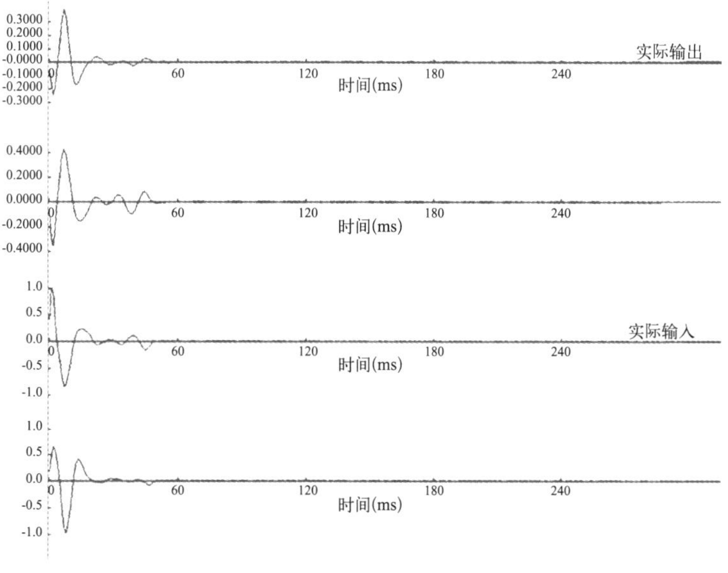

图 5.21　子波相位校正处理

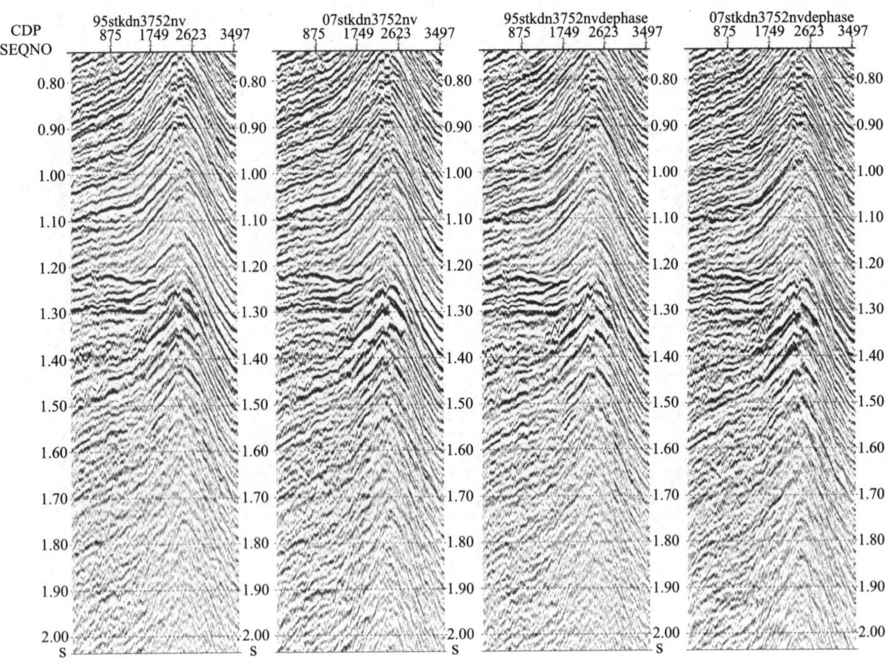

图 5.22 去相位前后比较图

表 5.5 总结了海上时移地震数据处理中子波匹配处理的一些情况。

表 5.5 子波匹配小结

类型	实际输入子波	期望输出子波的类型	结论
1	基础地震数据或监测地震数据	标准雷克子波 (60Hz 主频或 80Hz 主频)	主频突出，频带不足
2	基础地震数据或监测地震数据	巴特沃斯子波 (带宽 150Hz)	带宽突出，主频不足
3	基础地震数据或监测地震数据	零相位子波 (去相位)	有一定的现实意义，需要进一步开发利用
4	基础地震数据（1994, 1995, 2001, 2004）	监测地震数据（2007）	2007 年度地震资料信噪比高，子波稳定性好，子波特征较好。2001 年度、2004 年度同 2007 年度相近
5	监测地震数据 (2007)	基础地震数据（1994, 1995, 2001, 2004）	1995 年度地震资料子波稳定性较 2007 年度差

5.7 时移地震数据互均衡技术

导致海上气田时移地震数据不一致性的主要因素有：(1) 环境因素，包括天气状况，海水状态 (潮汐、海水的季节性温度、盐度变化等)；(2) 仪器因素，包括震源系统参数、接收系统参数、导航系统参数、记录系统参数的变化；(3) 测线设计因素，包括测线方位角、检波器间隔；(4) 不同处理流程等。

从地震信号的角度来看，上述不一致因素引起时移地震信号的差异体现在以下四个方面：(1) 信号的时间延迟；(2) 信号的能量差异；(3) 信号的带宽差异；(4) 信号的相位差异。理论上，地震信号就是由上述四个因素唯一确定的，任何两道信号如果在时间延迟、能量、带宽、相位中有任何一方面差异，那么这两道信号的差值显然不会为零。从图 5.21 中可以看出，当雷克子波分别在时间延迟、振幅、频谱、相位等四方面有任何一项出现差异时，二者相减的结果都会严重影响其差值。

互均衡处理是减少或削弱时移地震不可重复性噪声、提高时移地震资料一致性的最为有效的技术。互均衡处理的基本思路也是利用设计校正算子对基础地震数据和监测地震数据进行归一化处理，算子设计的准则是将两次或多次地震观测的基础地震数据作为依据，将监测地震数据的振幅、时间、相位、频率等校正到与基础地震数据一致，然后将求出的校正算子应用于监测地震数据的互均衡处理，改善基础地震数据与监测地震数据叠后地震资料之间的一致性。

互均衡处理主要包括空间校正、匹配滤波、振幅均衡和速度校正四个基本内容。振幅均衡的目的是想使不同时间测量的地震数据处于同一能量水平，振幅均衡具有时间和空间变化的特性，但这种变化应当是非常缓慢的，这样既可消除产生假异常的振幅差异，又能使与油气藏物性变化有关的振幅差异不受影响。一种比较简单的振幅均衡方法是基于均方根能量做振幅标定，首先假定基础地震数据与监测地震数据之间噪声能量相同，或干扰波与有效信号相比量度非常小，然后分别对基础与监测地震数据做振幅归一化处理。频率校正则需保持两期地震数据带宽一致，通过功率谱比较进行频率补偿与校正。对于非油气减少引起的相位差异，由于每一道都可以得到一个相位归一化因子，这样对于整个三维或二维地震数据体就可以得到一个相位归一化算子族，因而可采用局部归一化方法对每条沿线的每一道进行相位校正。

5.7.1 互均衡方法原理

时移地震监测技术还处在研究阶段，国际上到现在为止尚未研发出一套完整成熟的数据处理方法，包括互均衡处理方法也还在完善阶段。但从前文分析可以看出，互均衡无非就是要针对前文提到的四个因素进行校正，以期达到尽量消除资料中的非重复性因素的影响。通常，互均衡可以概括为以下几个步骤：

(1) 资料的时间平移；

(2) 均方根能量补偿 (振幅均衡) ；

(3) 带宽均衡；

(4) 相位均衡。

把作为参考标准的一组资料称为基础资料，要校正的资料称为监测资料，那么互均衡的基本步骤可以描述如下：

首先，在基础资料和监测资料中不包含地下油藏属性变化的区域内取一个时间窗；然后，在此时间窗内让两种资料尽可能匹配，计算出匹配滤波器；最后，用此滤波器作用于监测资料记时间域的监测资料为 T_{mon} 经过滤波的监测资料为 T_{cseq} 基础资料为 T_{be}，匹配滤波器为 f_{match}，那么 $T_{cseq}=T_{mon}*f_{match}$，$f_{match}=f_{ts}*f_{bw}*f_{ph}*f_{amp}$，其中 f_{ts}，f_{bw}，f_{ph}，f_{amp} 分别代表时移滤波算子、带宽滤波算子、相位滤波算子和振幅滤波算子，即匹配滤波器可以看作是时移滤波算子、带宽滤波算子、相位滤波算子和振幅滤波算子之间的褶积。

为了求取时移均衡算子 f_{ts} 可以对两组资料进行互相关运算，求出互相关函数峰值对应的时间，也就求出了两组资料的相对时间延迟。为了求取振幅均衡算子 f_{amp}，可以分别计算基础资料和监测资料各道均方根振幅，求出校正因子。在时间域，带宽和相位是耦合的，带宽、相位的互均衡可以有很多不同算法，一种常用的方法就是最小平方意义上的维纳滤波器。仍然用 T_{mon} 表示监测资料的一道信号，用 T_{bs} 表示基础资料的信号，也就是 T_{mon} 经过滤波后的期望输出值，f_{wn} 表示维纳滤波器。监测资料经过互均衡校正之后实际输出结果是 $T_{cseq}=T_{mon}*f_{wn}$，那么，实际输出与期望输出之间的差为 $T_{cseq}-T_{mon}*f_{wn}$。

利用最小平方法

$$\frac{\partial}{\partial f_{wn,i}}\sum_{j=0}^{k}\left(T_{cseq,j}-T_{mon,j}\right)^2=0$$

$$i=0,1,2,\cdots,n$$

式中，k 和 n 分别是滤波算子的长度和设计滤波算子所选取的时间窗的长度。对上式进行运算，可以得出如下标准方程，即

$$\begin{bmatrix}\phi_{mm}(0) & \phi_{mm}(-1) & \cdots & \phi_{mm}(-n)\\ \phi_{mm}(1) & \phi_{mm}(0) & \cdots & \phi_{mm}(1-n)\\ \vdots & \vdots & \ddots & \vdots\\ \phi_{mm}(n) & \phi_{mm}(n-1) & \cdots & \phi_{mm}(0)\end{bmatrix}\begin{bmatrix}f_0\\ f_1\\ \vdots\\ f_n\end{bmatrix}=\begin{bmatrix}\phi_{mb}(0)\\ \phi_{mb}(1)\\ \vdots\\ \phi_{mb}(n)\end{bmatrix}$$

式中，ϕ_{mm} 和 ϕ_{mh} 分别代表监测资料信号的自相关函数和监测资料信号与基础资料信号的互相关函数。解此方程组就可以求出维纳滤波器 f_{wno}。

根据时间域的褶积运算等价于频率域的乘积运算，也可以在频率域求取互均衡的滤波算子。由于在频率域带宽和相位分别代表信号的模和幅角，因此它们是独立的，这就表明可以在频率域对信号进行带宽均衡，而在时间域进行相位均衡。

处理方法是寻找一种最佳匹配滤波器，校正归一化算子可以是一个全局滤波器在所有的测线和所有的道集上整体完成匹配两个数据体，也可以是单线单道上进行局部化校正得到局部滤波器。

5.7.2 全局匹配技术互均衡处理

采用上述互均衡处理技术对海上气田时移地震数据进行了测试处理，其中，基础地震资料为 1995 年度采集，监测地震资料为 2007 年度采集数据。图 5.23 为信号频谱的特征与均衡匹配情况。图 5.24 为 4105 测线基础地震剖面、监测地震剖面和均衡匹配处理结果。注意到，图 5.24c 至图 5.24e 共有三次均衡剖面显示，由图可以看出，第三次匹配处理的结果明显优于前两次结果，这说明，互均衡处理是可以迭代进行的，迭代次数则取决于原始地震数据的品质。图 5.25 至图 5.28 进一步描述了互均衡处理的意义和作用，图 5.25 为没有进行互均衡处理的差值剖面；图 5.26 为第一次均衡后的差值剖面及对应的匹配算子；图 5.27 为第二次均衡后的差值剖面及对应的匹配算子；图 5.28 为第三次均衡后的差值剖面及对应的匹配算子。通过对比分析可以发现，三次均衡处理迭代后油藏部分的时移地震差异更加明显，而非油藏部分的差异则相对弱化，这充分显示出迭代互均衡处理的优点。

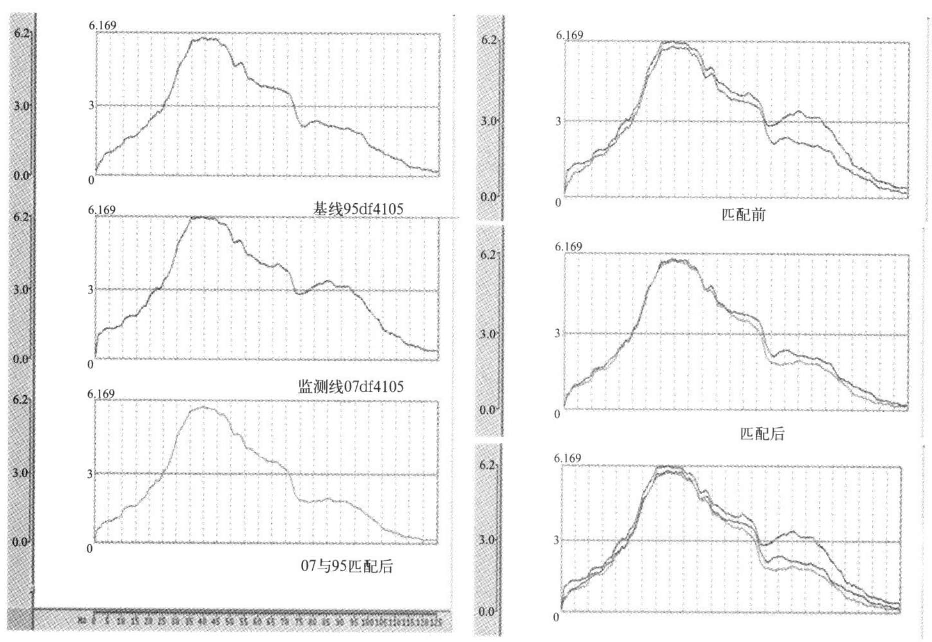

图 5.23 互均衡技术在 4105 测线频率匹配处理中的应用

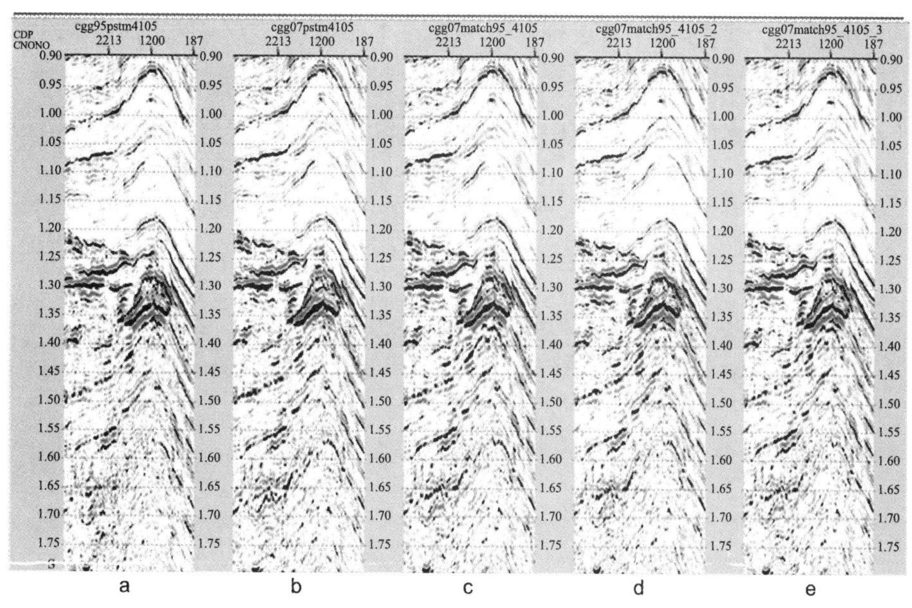

图 5.24 互均衡技术在 4105 测线剖面匹配处理中的应用

a—基础地震数据；b—监测地震数据；c—第一次均衡处理；d—第二次均衡处理；e—第三次均衡处理

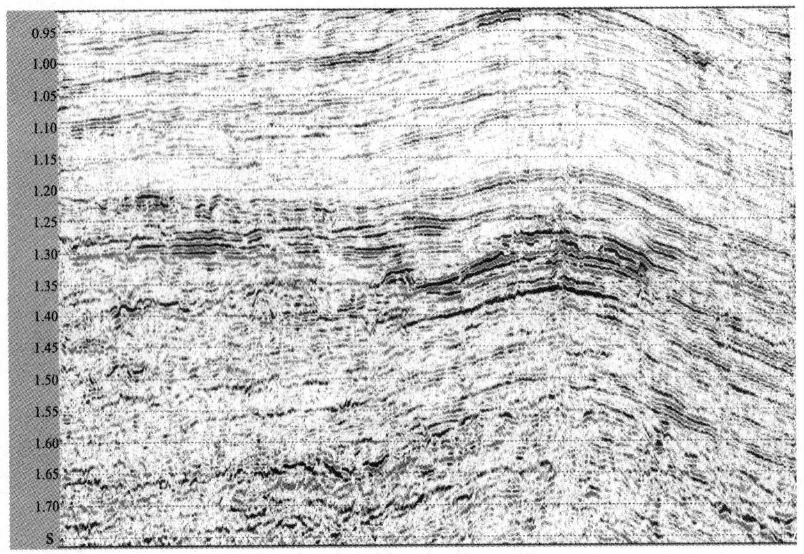

图 5.25　未作互均衡处理的差值剖面

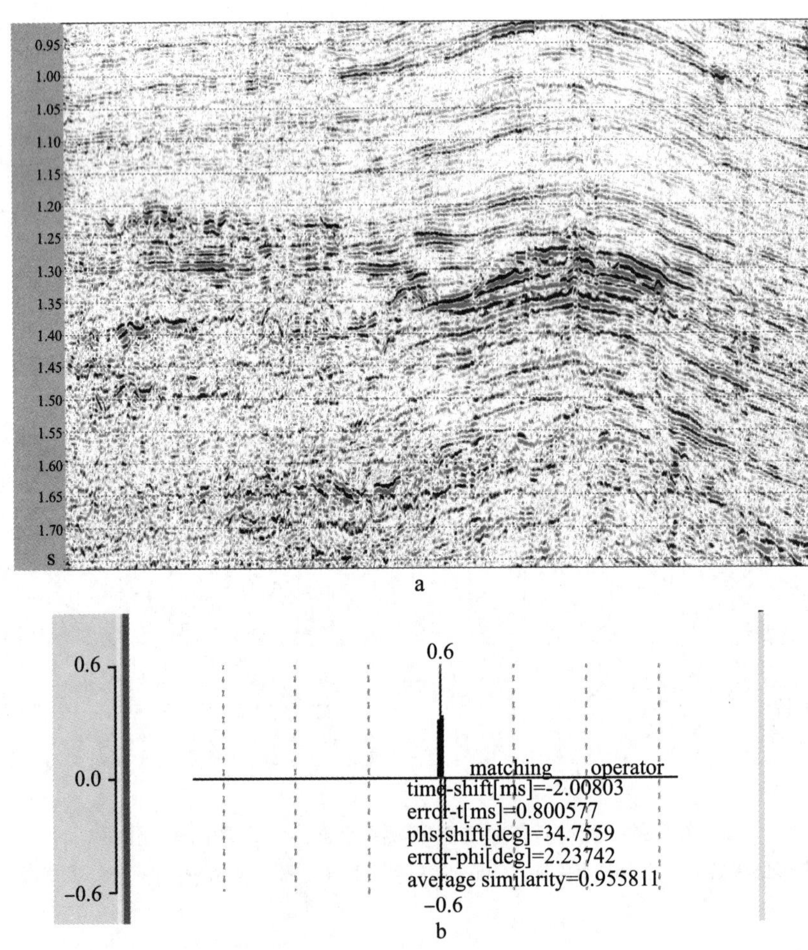

图 5.26　第一次互均衡处理后差值剖面（a）及互均衡算子（b）

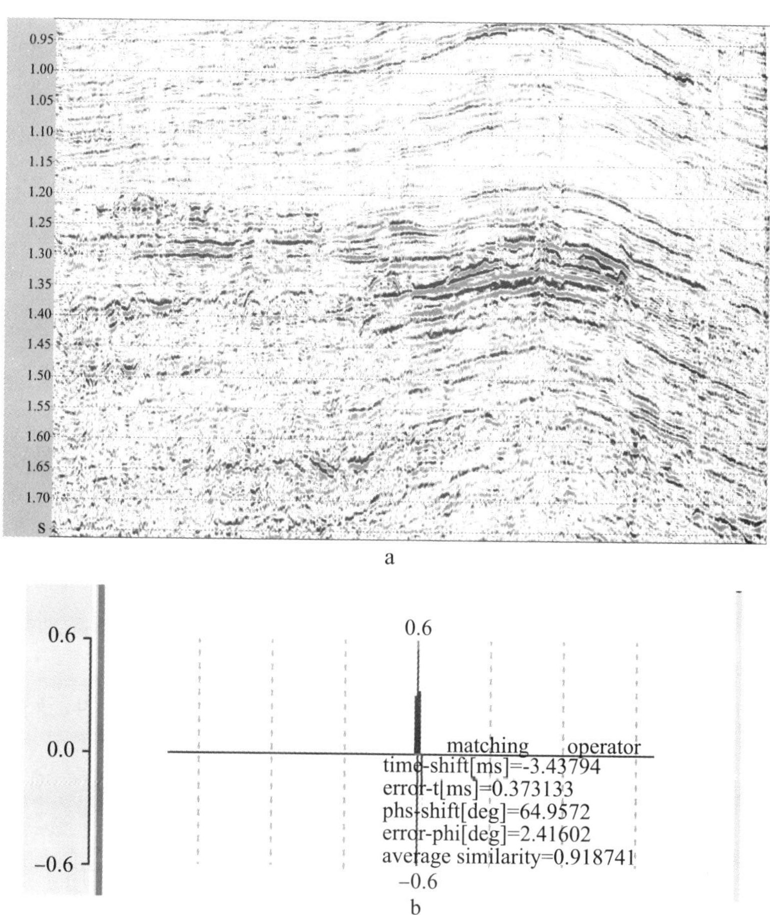

图 5.27　第二次互均衡处理后差值剖面（a）及互均衡算子（b）

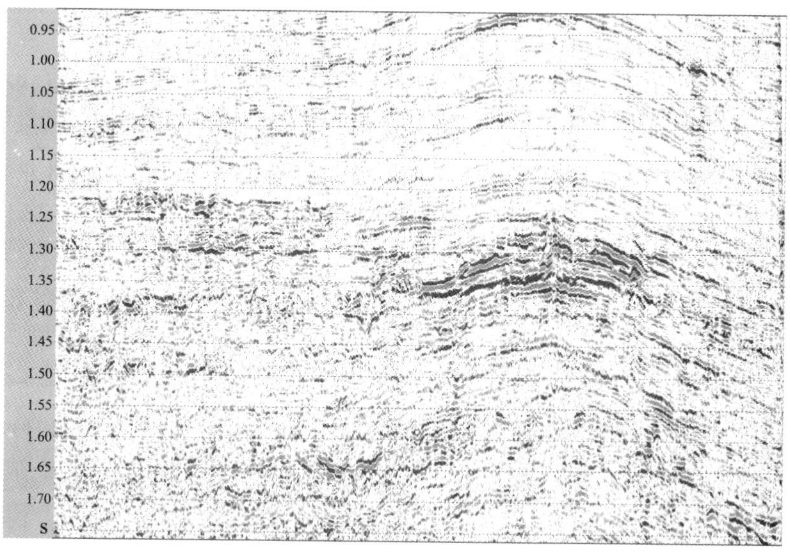

a

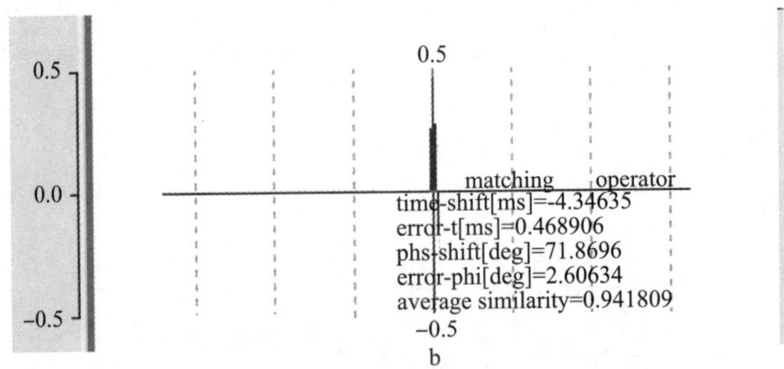

图 5.28 第三次互均衡处理后差值剖面（a）及互均衡算子（b）

互均衡处理的算法有很多，作为一类面向实际资料的处理方法，各种具体的互均衡处理方法应该针对它作用于不同的实际资料的效果来评判，到目前还没有一套成熟的固定处理流程，以下问题还需要在今后的工作中深入研究：

(1) 互均衡作用的目的是让两组资料在认为不包含油藏变化相关信息的时间窗内匹配，也就是让两组资料尽可能地相似。那么“相似”的准则是什么呢？究竟是利用差异信号的 L1 范数最小，还是 L2 范数最小来评价？

(2) 为了让两组资料互相匹配，究竟应该以时间上靠后还是靠前的资料作为监测资料，或者找一个中间模型，让基础资料和监测资料都向此中间模型靠拢呢？

(3) 用来设计滤波算子的数据时间窗在时间轴以及空间轴上的位置、长度，也有很大的自由性。在时间窗内逐道求出滤波算子之后，应该将这些滤波算子逐一作用于监测资料各道，还是应该将其按一定准则平均，求取一个平均滤波算子之后，再作用于监测资料呢？

5.8 时移地震数据求差处理及分析

时移地震差异分析方法，就是采用一定的方法手段来反映油气藏开采引起的差异，目前国内外众多学者已对时移地震差异分析方法做了一定的研究工作。

最早的时移地震是在北得克萨斯州的 Hotl 储层上进行的，Grevaes 等（1987）记录了监测记录，其中采用了沿层位提取振幅求差反映油藏开采情况。Catherine Lewis（1997）在模型研究的基础上，利用基于时移差异资料以及时移地震资料提取属性和属性求差来分析油藏开采引起的变化；TuckerBurkhart 等（2000）对墨西哥湾 SouthTimbalier295 区块浊积岩储层进行时移地震监测研究，利用差异资料中提取振幅差异剖面来监测油藏开采情况，指导油藏开发下一步的开发计划。Smiht（2001）等利用北海 Snoerr 油田 1983 年和 1997 年两次时移地震资料来开展时移监测，其中用到了宽度为 8~24ms 的时窗计算的均方根振幅来检测是否能够观察到开采引起的差异，得出的结论是肯定的，另外还用到一个储层顶界面的相对振幅差异，试图利用振幅变化的相对情况来解释气体流动。R.Sparr（2003）等在 Andrew 油田上利用波阻抗属性差异对储层进行了详细的评价并成功监测了流体流动方向。Yip-Chnoeg kok（2005）等人对蒸汽驱的碳酸岩储层进行理论模型研究，利用基于时移地震剖面来研究流体流动。

综合起来看，目前用来表征时移地震差异的方法可以分为两类 6 种。

第一类是基于定性描述的时移地震差异分析，它可细分为 3 种：

(1) 基于剖面求差；

(2) 基于沿层切片相减；

(3) 基于时移前后地震剖面对比。

这类方法主要是用来分析油藏开采后储层哪些地方发生了变化，哪些地方没有发生变化。

第二类是基于定量表征的时移地震差异分析，它也可细分为 3 种：

(1) 基于时移前后地震属性对比；

(2) 基于差异数据体的差异属性；

(3) 基于时移前后地震属性的差异。

这类定量表征时移地震差异分析的方法可以一定程度上更好地反映出油藏开采情况，但其在应用方面有其适应条件，对于基于时移前后地震属性对比，这种方法适用于油藏注采引起的变化要相对大，否则地震属性对比往往不能够反映出油藏注采引起的变化。对基于差异数据体的差异属性，这种方法适用于油藏注采后引起地震波速度的变化不足以引起储层同相轴的抬升或降低的情况。如果油藏注采导致了同相轴的抬升或降低，则这种方法存在点差问题，其差异不能够反映出储层的真实情况。对于基于时移前后地震属性的差异方法，该方法是采用时移前后采用不同层位来提取地震信息，这种时移属性包含了时移前后完整的储层信息，利用这样的时移属性求差能够很好地反映储层动态注采情况，可以用来很好地指导数值模拟。

通过对楔状模型、单层水平层状模型、多层薄互层模型时移地震差异的研究分析，可以得出如下规律性结论：

(1) 在地震波速度变化相同的情况下，储层厚度与时移地震差异之间往往不存在正向关系。

(2) 厚度和速度调谐效应的出现，造成的时移地震差异往往很大。

(3) 平均能量差异与时移前的平均能量比值可大于 1。

(4) 开采造成的地震波速度减小在平均能量差异图上表现为正异常。

(5) 开采造成的地震波速度增大在平均能量差异图上表现为负异常。

用于油气藏监测的时移地震技术的核心问题是如何正确合理地解释地震数据的差异变化，弄清地下油藏的变化及其剩余油的分布。合理的差异变化是地下流体驱替、地层温度、压力变化，以及岩石物理特征变化的综合反映。时移地震属性差异分析是在进一步压制地震匹配数据噪声的基础上，分析储层物性参数的变化趋势，从而指示油田开发后区域上油藏参数发生的变化，指导油藏动态模拟的模型建立，以使数模反映的结果能更加接近于真实的地下储层开采的情况。

地震差异剖面及对比分析都是在经过了互均衡处理后的匹配数据体上进行的，这就要求时移地震的基础数据有可靠的可重复性。在理想情况下，由于开发开采导致的目标油气储层岩性综合变化形成的地震波场差异是肯定存在的，但其强度应远远小于目的层的信号强度。由于互均衡匹配处理时主要针对时移地震前后的标志层振幅、频率和相位来进行，这对于其下覆目的层的地震能量及属性参数也有一定的损伤。因此，时移属性差异分析主要针对振幅类地震属性开展研究工作，主要方法有：

（1）层间时间差分析法。在强化采油所涉及的储层中，由于储层中流体特性及储层特性的变化，时移地震波的层间旅行时会发生变化，一般计算时移地震中同一层位的旅行时的差值或比值，就可能估算出强化采油驱替的范围及运动方向。若建立起含气量（含气饱和度，一般含气砂层时间延迟比较明显）与时差或比值的关系，进而还可以确定储层注气量的分布图。

（2）振幅分析法。在油气藏生产开采中，储层的物理性质会发生变化，与地震反射最直接相关的是波阻抗和反射系数的变化，从而引起反射波振幅的变化。振幅是进行油气藏地震解释最重要的特性之一。

（3）速度分析法（波阻抗反演法）。反演波阻抗可以直接与储层的岩性、孔隙度和饱和度相关。伪速度测井曲线可直接与声波测井资料对比，进而可以与其他测井资料和岩心资料对比。

（4）频谱分析法。在地震剖面上沿层选择三个时窗用于谱分析，它们分别位于储层之上、储层内和储层之下。时窗的大小和位置可根据实际储层的厚度及特性来进行选择，选择原则如下：①为了使结果稳定，时窗应尽可能地大些；②主要有意义的反射层应包含在时窗内；③储层上下之时窗应不涉及储层内的反射。

差异成像剖面是时移地震监测的最终地球物理成果，可靠的时移地震差异成像才能够为开发方案的调整提供有意义有价值的指导，反之将会带来严重的后果，甚至带来巨大的损失。

5.9 特殊处理技术

除了归一化及互均衡处理技术外，海上时移地震还有另外一些特殊处理内容，根据勘探监测条件的不同和任务要求不同，需要采用一些特殊处理技术。

5.9.1 震源信号匹配处理

海上使用的震源有炸药震源、电火花震源、空气枪震源和无气泡震源。不同的震源激发不同的地震子波，对地震资料的影响也各不相同。因此，需要对不同震源激发的震源信号进行匹配处理，这个过程可以在前述的归一化或互均衡处理中统一进行，也可以根据已知的震源子波信息独立完成。

5.9.2 拖缆对时移地震的影响及校正

海上采集时，电缆定位精度受海流影响较大，开展短电缆时移地震采集研究的目的就是要在不降低地震对储层变化响应的前提下，用比较短的电缆进行监测测量，这不仅可以降低采集处理费用，缩短周期，还可以改进采集的可重复性。但实际测量结果表明，虽然在短电缆资料上可以看到时移地震的响应，但同相轴的连续性变差，解释更加困难。资料对比表明，长、短电缆测量结果差异明显，因此，需要研究电缆长度影响校正因子来处理不同长度拖缆问题。

海上拖缆的定位误差影响三维勘探的分辨率和成像精度，对时移地震勘探来说，这种影响是十分严重的。定位误差的大小取决于多种因素，包括测量仪器的性能，测量的密度和结构（拖缆的长度和宽度），以及环境因素，如海流影响等。Musser 等通过海上声系统的理论分析，研究了如何降低海上拖缆定位误差的问题。在早期，为了降低拖缆缠结的风险，拖缆间的间隔较大。随着在拖缆前部和尾部浮标上使用 GPS 接收器及在拖缆前部、中部和尾部安置声系统，拖缆的定位精度得到了很大提高。近年来，随着测量技术的进步及声系统可靠性的提高，定位精度得到大幅提高。理论研究表明，通过使用全声波十字形系杆定位系统可以有效地消除引起定位误差因素的影响，有利于拖缆调整、保证排列稳定，极大地改善地震监测测量的可重复性。

5.9.3 观测系统校正

由于两次采集处理过程中会有很多参数不同，甚至网格亦不相同，因此，首先必须进行面元的重置，也称为空间校正。基本做法是用高空间采样率的采集数据（一般是监测地震采集数据）去拟合低空间采样率的数据（一般是基础地震采集数据）。设计一个线性插值算子作用于高空间采样率数据使之与低空间采样率数据相匹配。最后，对重采样数据做空间去假频滤波，以消除空间重采样产生的空间假频（图 5.29 和图 5.30）。校正方法主要有以下 3 种：

（1）线性插值法。这种方法认为新的面元上的振幅值是邻近道振幅的线性组合。由于临近道之间的相位差足够小，没有假频现象，因此，新的网格结点上的值是其他网格结点的某种线性插值。

（2）相关抽道法。如果一个三维体相对另一个三维体的网格足够小，那么，粗网格上的道就应该接近细网格上最近道或者最像的那一道的响应，这样就相当于细网格道的位置平移。

（3）频域插值法。该法和线性插值法类似，但是这种插值方法是在邻近道的频域中进行的，其插值包括振幅和相位的插值。

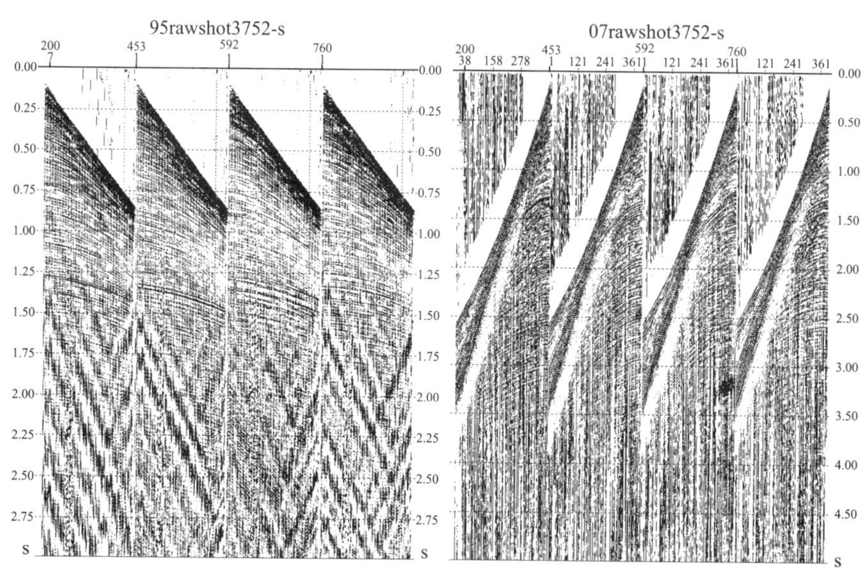

图 5.29a 叠前空间匹配处理前

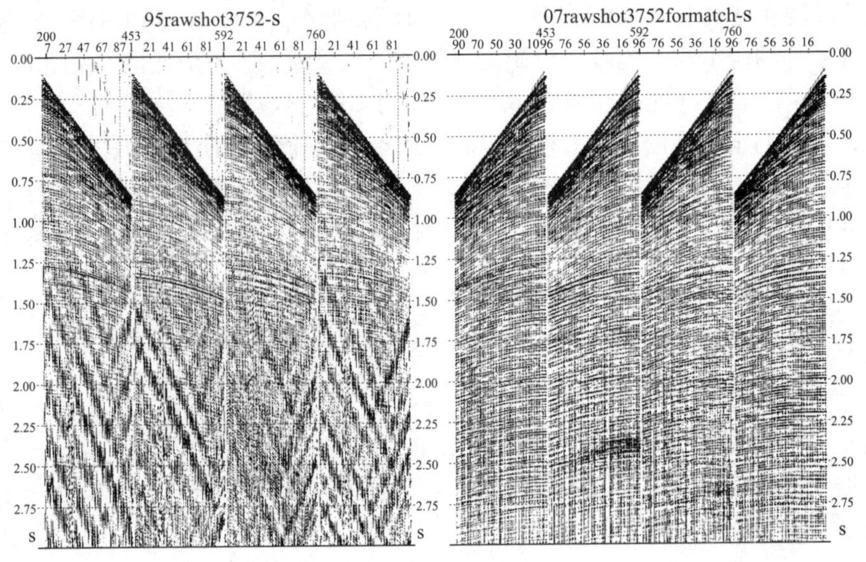

图 5.29b 叠前空间匹配处理后

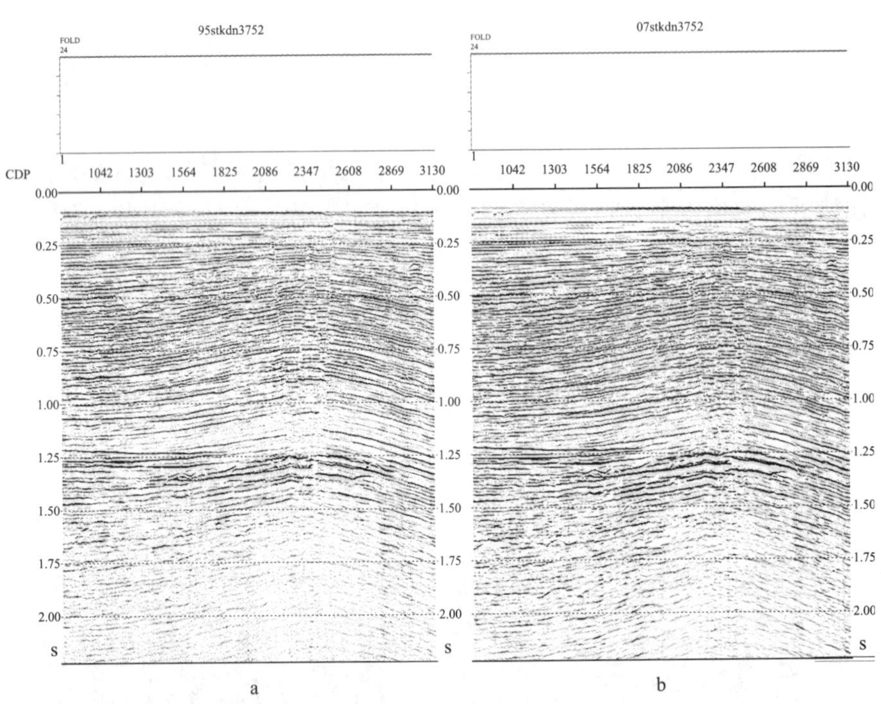

图 5.30 面元网格、炮间距、激发震源、记录长度、接收道数、接收电缆和偏移距匹配处理前（a）后（b）对比图

5.10 时移地震数据处理新方法简介

时移地震技术已被广泛接受为是一种监测油气藏中流体的流动情况、优化油藏管理、提高采收率的有效手段。随着时移地震技术研究和应用程度的提高，以及新方法、新技术不断涌现。Korneev 等探索了把过去认为是干扰的管波用于井间时移地震监测。Zhao Bo 等把常规

地震解释中常用的谱分解技术运用到了时移地震资料的分析中。由于碳酸盐岩储层刚性系数大，在注水采油过程中流体替换引起的弹性参数变化小，再加上气油比低、无气泡存在、地层水矿化度变化等因素可能导致时移地震信号很弱。Dasgupta 研究了用微地震做碳酸盐岩油藏监测的可能性，并提出可用微地震记录与重复 VSP 相结合的方法来解决中东地区碳酸盐岩储层的监测问题，这里仅简单介绍海上时移地震的几种新技术。

5.10.1 时移 VSP 储层监测

Blanco 等介绍了在法国西南部 Aquitaine 盆地进行的油藏监测试验。储层为断裂背斜构造中的含水未固结始新世砂岩，深度约 500 m，厚度在 50 ~ 80 m 之间。孔隙度和渗透率分别约为 30 % 和 10 D。每年的春天和夏天，把天然气注入储层中，到秋季和冬季则将天然气回采。初始压力约为 6 MPa，年压力变化为 1. 5 MPa。含气饱和度为 35 % ~ 90 %。在该气藏开展时移地震研究的目的是通过地震技术监测气水接触面和气泡的位置。

为保持时移基础地震与时移监测地震采集参数的一致性，提高时移地震资料的可重复性，以达到检测浅层气储层的细小地震变化的目的，此项目采用了永久布设的 Bragg 光栅三分量传感器接收方式。图 5.31 是 11 月份最大天然气注入阶段的基准测量与在冬天天然气回采后重新注入过程中于次年 7 月份采集的变偏移距 VSP 测量的对比。两次测量在储层区域外一致性很好，在监测测量的变偏移距 VSP 资料上，可以清楚地看到气水接触面上移不到 20 m。由于储层中存在泥岩夹层，也可以观察到尖灭现象。用红线标出的气水接触面位置是经过同期采集的中子测井资料标定的。气饱和度和压力变化使得时间向下移动约 0. 7 ms。本项目的效果充分说明，利用时移 VSP 资料处理能够监测到油气藏中的“微小”变化，该项技术为今后时移地震技术的研究和发展提供了新的思路。

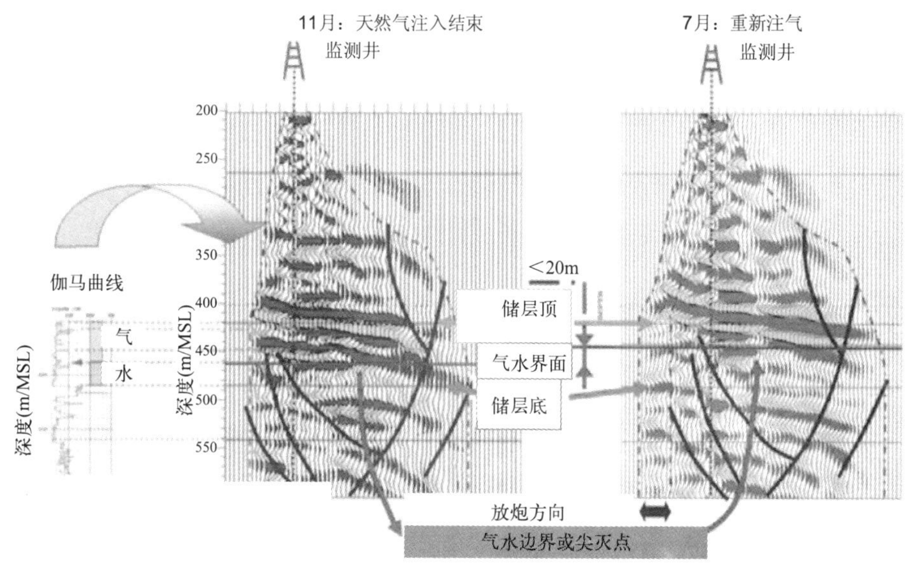

图 5.31 VSP 时移地震监测 (秦绪英，2007)

参见书后彩图

5.10.2 时移地震的谱分解技术

谱分解技术已广泛应用于储层预测研究。近年来正逐步向时移地震领域进展。谱分解技术用于监测注水开发是2006年SEG年会上出现的特色技术之一。谱分解是把宽带地震数据显示为单个频率成分的一种方法技术。分析频率谱和单个频率成分的数据体，可以获得比数据常规分析更多的信息。Zhao Bo等研究了谱分解技术用于时移地震数据分析的可行性。数据来自挪威北海的Jotun油田，差异结果（图5.32）表明P波阻抗变大的区域是水驱替油的部位。在驱替区域外，基准测量和监测测量的谱很相似，说明时移测量的可重复性很好。谱属性与储层流体变化、厚度、岩性等有关，因为谱分解可以揭示基准测量和监测测量之间的时移变化。

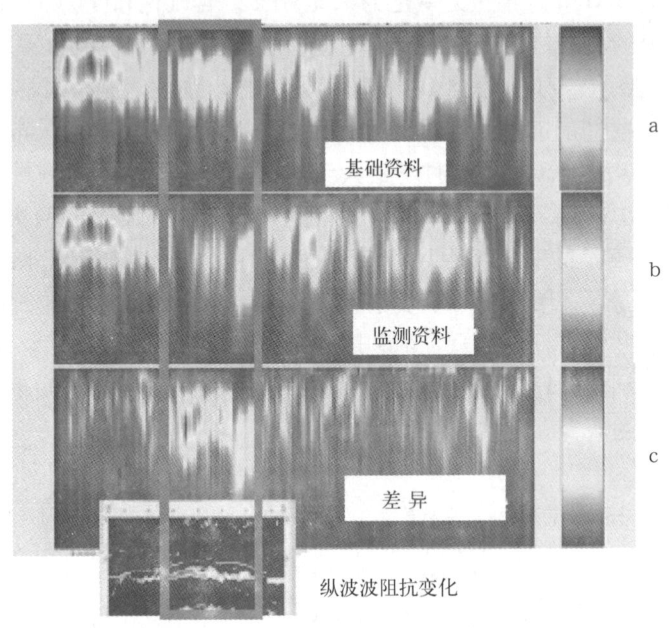

图5.32 基础测线（a）、监测测线（b）的谱分解和差异图（c）
黑色矩形框内异常显示了水驱油产生的P波阻抗升高。参见书后彩图

5.10.3 在逆数据空间进行时移地震处理

A.J.Berkout等（2007）提出了在逆数据空间进行时移地震处理的优势。使用逆数据空间的优势在于来源于储层变化的响应（时移信号）可以从来自采集系统和地表状况的变化的信号（时移噪声）中分离出来。这种方法需要对地震数据矩阵进行反演。在这种迭代矩阵反演算法中，反演解释了正数据空间中在这些地表的点（数据被记录的点）。通过这种方式，可以处理稀疏数据模型，从而将在正数据空间中的不规则的几何形状变换为在逆数据空间中的规则网格。通过使用逆空间，在基础和观测数据的复杂地表多分量在t=0处被绘图，它们可以被轻松地从反射数据中移出。另外，空间变化子波包括方向性可以被确定。回到正空间中，子波被从数据中移走，然后计算一个最小平方差异，来补偿覆盖层的差异。

逆数据空间时移地震处理流程：

(1) 通过矩阵反演将数据移入逆数据空间；

(2) 从反射数据中分离地表算子（A，A'）；

(3) 将反射地震数据变换回正空间，约束于 P_0 和 P_0'；

(4) 确定地下传递函数 X_0 = $-AP_0$ 和 X_0' = $-A'$ P_0'；

(5) 通过最小平方算法计算差异数据，约束于 $\delta X_0=X_0-FX_0'$

处理结果如图 5.33 所示。

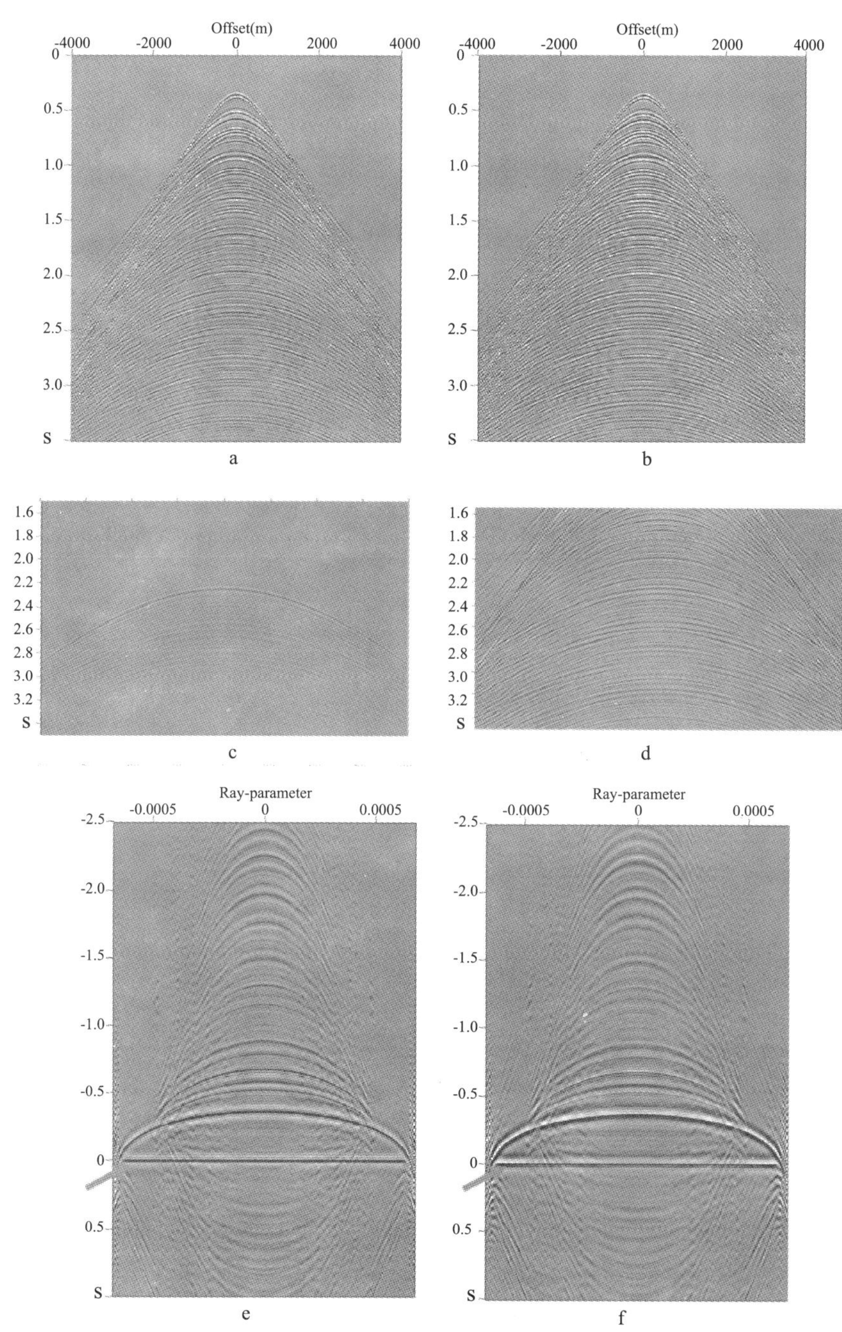

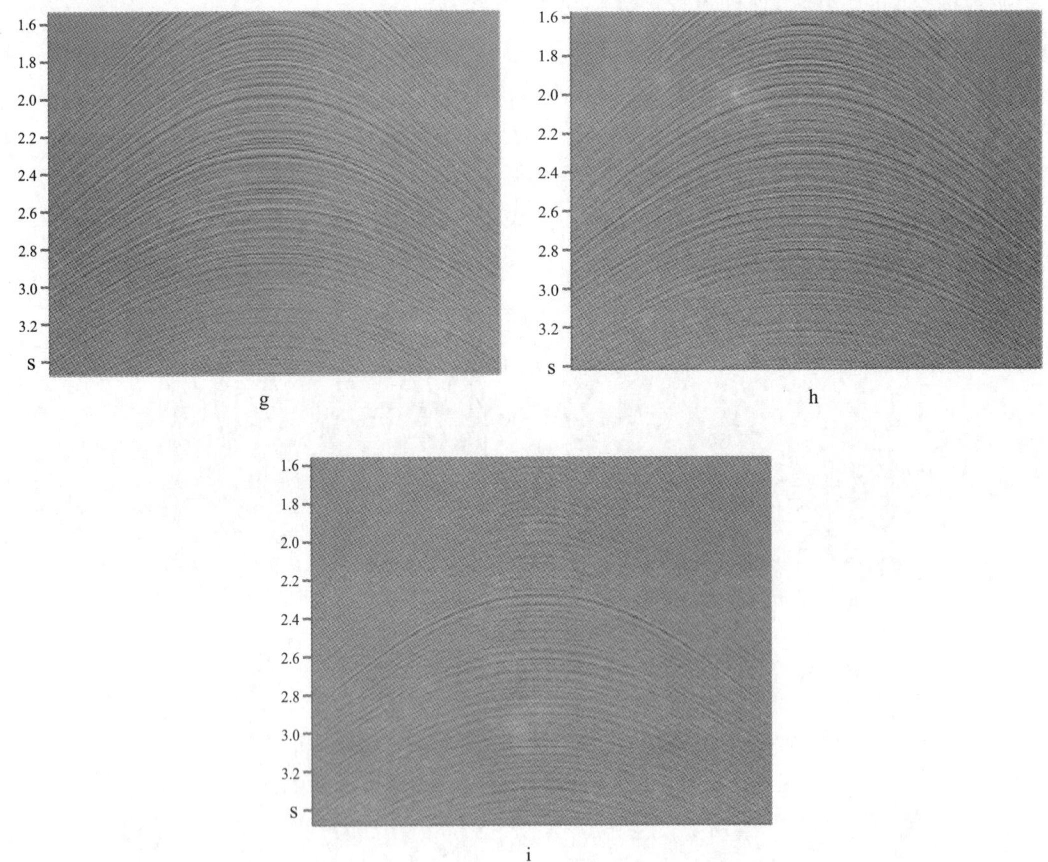

图 5.33　逆数据空间时移地震处理结果

a—基于测井资料的水平层介质多重模型的基本采集数据；b—使用不同原始属性（子波波形和方向性）的多重监测数据；c—没有子波变化和地表多重影响的期望时移差异；d—实际时移差异；e—基本测线数据 a 在反数据空间（线性拉东变换后）；f—监测数据 b 在反数据空间；g—a 经多重移除和全子波反褶积后的结果；h—b 经多重移除和全子波反褶积后的结果；i—估计的时移区别（h 和 g 经最小平方相减后）

6 时移地震资料解释

6.1 时移地震资料的响应特征

在油气藏开发生产过程中，不同的时间重复进行三维地震采集，地震响应随时间的变化可以表征油气藏性质的变化（岩石物理性质、流体运移、压力、温度），而地震响应的变化和油气藏的变化均需要经过综合的分析和解释来确定。

时移地震数据经过处理后，计算数据差异即可确定对应油藏的地震响应变化。如何把这些变化和油藏工程的信息结合起来去解决油藏工程中的问题是时移地震的关键。Huang 等(1997) 提出了用时移地震约束动态历史拟合的技术和思路，得到了学术界和工业界的广泛支持和认同。其解释方法主要分为以下 4 类。

(1) 人工解释法。即对时移的差异性进行人工解释，解释时联合地质、地球物理和石油工程专家对差异性进行分析，最后指导油藏的开发过程。

(2) 基于物质平衡方法的解释。即认为两次测量中的流体和压力之间满足物质平衡关系，再结合岩石物理模型，确定出流体或压力的分布。

(3) 基于油藏数值模拟的解释方法。在此过程中，以时移地震的差异性作动态历史拟合的约束，并不断修改模型，直至满足动态历史和时移地震的差异性。这种方法的好处在于，只要时移地震的差异反映了油藏变化的模式即可作为约束，而剩余油气是通过数值模拟产生的。

(4) 叠前的分析方法。通过叠前属性的分离，可以分离流体性质变化和压力变化，这种思路最早由 Norway 技术大学的 Martin Landro 提出，随后 Dave Lumley 等人对此技术进行了修改。该方法的优点是直接得到流体和压力变化的信息，但对数据的品质要求比较高。

6.2 差异地震属性与分析原则

时移地震属性分析技术是 20 世纪 80 年代末期随着时移地震监测技术的发展而发展起来的，它以地震属性分析技术为基础，但又在很大程度上不同于地震属性分析技术，可以说它是地震属性分析技术的继承和发展。

时移地震属性分析技术不仅包括了地震属性分析技术的一些方法，还包括了其他一些方法。它是以时移地震资料为基础，在此基础上提取时移地震属性（包括常规地震属性和时移前后地震属性之间的相关运算得出的属性，比如时移前后属性求差、时移前后属性相关），并结合地质、钻井、测井、岩石物理测试、开发等资料，然后采取一定的方法对储层进行预测及差异分析。

时移地震属性分析技术与地震属性分析技术之间有许多相同之处，也有许多不同之处，它们之间的相同点与不同点大体如下。

相同点：

(1) 对地震资料提取地震属性；

(2) 基于静态资料的灵敏地震属性分析；

(3) 对储层参数进行预测；

(4) 结合地质、钻井、测井、岩石物理测试、开发等资料来进行综合解释。

不同点：

(1) 提取的属性略有不同，时移地震分析技术除了包括提取的常规地震属性外，还包括了对常规时移属性之间进行运算获得的属性；

(2) 涉及的资料不同，地震属性分析技术只涉及某次的静态资料，而时移地震资料涉及了时移前后的地震资料，它是一种动态资料；

(3) 在分析方法上也存在很大的差异，地震属性分析技术主要是针对储层预测问题，因此，其技术主要是针对储层预测的技术，而时移地震属性分析技术不仅包括了储层预测技术，还包含了时移地震差异分析技术；

(4) 最终的成果有所不同，地震属性分析技术侧重于储层参数的空间展布特征，而时移地震分析技术除了包括储层参数的空间展布特征外，它更侧重于剩余油气的分布。

差异地震成像解释的第一步通常是标定，即把地震数据的时延变化与其他类型油气藏数据(测井曲线、岩心测量数据、压力或温度数据、生产史数据等)的时移变化关联起来。在标定时，通常根据井数据来模拟地震数据，以确认时移地震变化是真实的还是非重复性采集和处理方法引起的假象。一旦标定后，就可以带着“这些时移地震异常意味着什么”这一问题对时移地震数据进行解释。这一阶段的多数据体解释是定性的，从某种意义上讲，异常经常会被推测为油、水或气饱和度的变化所引起。然而，当其他动力学特性发生变化，如气饱和度、压力、温度和压实或压裂引起的不期望有的孔隙度或压缩系数等地质特性变化时，会使解释变得复杂化。

差异地震成像解释的第二步是属性分析。为了降低解释的模糊性，最好将时移地震数据直接反演为动力学特性变化图，然后进行定量解释。为此，需作时移地震属性的分析。目前研究分析比较多的属性有瞬时属性，如反射强度、反射强度的斜率、瞬时频率的斜率等对油气水饱和度变化敏感的地震属性。还有气油比、油水界面、气水变化，以及由产油引起的压力差均通过油气藏边界声阻抗的改变而影响地震振幅，因此，利用地震振幅变化进行声波阻抗反演成像将是时移地震的重要属性。

地震属性生成后，差异地震属性可以描述和解释油藏流体变化，并通过计算机可视化技术实现多种形式的计算机数据体的动态与切片显示，这样就可使油藏工程人员从不同角度，不同时间连续地观察油气藏内部油气水变化和运移情况，从而实现对油气藏的监测。

在我国油气田实际区块的研究中，通过对时移地震资料作属性分析，发现波阻抗属性与差异反射强度属性基本上反映了时移地震剖面的同一性与差异性。

时移地震解释和分析后必须提出油藏管理建议。因此，工作流程中最后也是重要的一步是根据地震分析提出油气田开发调整的建议。这些调整建议包括优化修井方案、通过调整生产井和注入井配置来提高采收率、优化注蒸汽的布局、根据时移地震结果设计水平井来开采死油、避开水浸层等。

6.3 开发生产动态资料与时移地震的适配性

时移地震主要由地震响应的变化反演油藏特性随时间的变化，然而，由于注采所造成的地震响应的变化，因油田而异，因储层而不同。只有储层的所有变化的综合效应在给定的地震分辨率范围内存在稳定可信的地震差异时，时移地震才可得到成功的应用。换句话说，时移地震的实施对储层条件、注采方式、地震方法本身都有不同的要求。

6.3.1 储层条件

时移地震并非适用所有的储层，要进行时移地震监测，油气藏本身必须满足特定的条件。表 6.1 给出了各种可能的储层参数并简要分析了其对时移地震监测的影响。

表 6.1 有利于时移地震实施的储层参数分析表

参数		说明
静态参数	埋深	浅层比深层有利。浅层岩石固结性差，孔隙度高，孔隙流体变化影响大。且浅层地震资料质量好，分辨率高
	泡点	指特定温度下，溶解气开始汽化的压力，地层压力大于泡点压力时原油因溶解气含量高，压缩系数大，孔隙流体差异大
	储层厚度	厚度越大越有利，最小厚度应不小于半个地震波长
	岩石	未固结或固结较差、具有连通裂缝或张裂缝、孔隙纵横比较小、粒间接触或弱颗粒连接均有利
	上覆地层压力	低上覆地层压力对应于低骨架应力，储层物性参数受流体饱和度和地层压力变化的影响较大
动态参数	孔隙度	孔隙度高时，孔隙流体变化相对于岩石骨架变化来说，要比低孔隙油藏明显
	渗透率	渗透率决定了流体的流动性。低渗透储层不利于流体的移动，地震特征变化较小，稳定而均匀分布的渗透率较有利于监测
	干岩石体积模量	具有低骨架弹性特征的岩石称为软岩石，其孔隙度一般均较大，孔隙流体变化能引起地震特性的明显变化
	气油比	含高汽油比原油速度、密度较低，孔隙流体差异较大
	流体饱和度	开发初期的饱和度与要监测的饱和度的比越大越好
	流体可压缩性	孔隙流体可压缩性差异越大越好
	温度	温度改变将引起岩石骨架和孔隙流体特性的变化。高温时油比水更易于压缩，对监测更有利
	孔隙流体压力	高孔隙压力可使原油溶解较多的气，使孔隙流体差异增大
	阻抗	显示上述各因素的综合效应，阻抗变化越大越好

相比之下，低骨架弹性特征是时移地震监测得以实现的第一必要条件；孔隙流体压缩系数的明显差异是时移地震成功的第二必要条件；孔隙流体可压缩性差异较大的几种情况见表 6.2。

表 6.2　孔隙流体可压缩性差异较大的几种情况

储层流体	变化	储层流体
液体（油、水）	⟵　⟶	气
油 / 水	⟵　⟶	CO_2（液体或气）
活　油	⟵　⟶	水 / 淡水
油	⟵　⟶	高矿化度盐水
活　油	⟵　⟶	死油
低温油	⟵　⟶	高温油

由表 6.2 可见，适于时移地震监测的较为理想的油藏条件是：孔隙度要大岩石要疏松；埋藏深度要浅；厚度要大；原油的油气比要高；流体饱和度变化要大等。

6.3.2　注采方式

尽管储层地震特性的变化与开发 / 开采过程有关，但并不是所有的采油过程都能进行地震监测。因此，充分认识开采过程与储层地震特性之间的关系，了解采油方式引起油藏特性的变化对时移地震监测的实施显得非常重要。

在采油过程中，油藏压力下降有时是很明显的，这会使储层岩石骨架应力增大，进而引起岩石速度、密度增加，时移地震应当有能力监测油藏衰竭过程。

在注水或水驱过程中，如果油是轻油或活油，油与水之间的压缩系数之差较大，有利于时移地震的实施；如果储层孔隙中含的是重油或死油，其与水的压缩系数之差较小，这将不利于监测的实施。

在热采 (注蒸汽、火烧) 过程中，随着储层温度的增加，孔隙流体黏度降低，岩石和孔隙流体的压缩系数增加，从而导致岩石速度、密度的明显降低。特别是对于浅层稠油热采，时移地震监测几乎总是可行的。

在溶解驱和非溶解驱开采过程中，由于注入流体 (CO_2 或天然气) 的可压性远远高于储层流体的可压性，且注入流体使得孔隙流体黏度减小，并驱替了原始孔隙流体，时移地震的监测应当是可行的。

由此可见，时移地震适用于水驱和溶解气驱，且水驱采油最好是轻油或气；热驱采油应当是重油。在碳酸盐岩地区，时移地震适用于气驱、CO_2 驱、蒸汽驱和溶解气驱储层。

6.3.3　地震条件

当油藏特性、注采方式均满足监测条件时，地震资料质量的好坏直接决定了时移地震监测的成败。表 5.1 列出了四维地震监测对地震资料的限制条件。

6.4　时移地震资料解释方法

时移地震资料经互均衡等流程处理后，基础数据与监测数据已经具备了可比性，所有可以用于常规地震解释的方法都可以用于时移地震解释，时移地震解释时涉及 3 个地震数据体，即基础数据、监测数据和差异数据体。

从资料使用的角度来看，时移地震解释方法可以分为三大类：(1) 以差异数据体为基础的解释方法，它可以使用部分常规油藏描述的方法，如地震属性分析等，但应注意此时使用的资料是两次数据的差，是差异的属性。(2) 以两个数据体油气藏描述结果的差为基础的解释方法，即单独使用基础或监测数据体进行常规油气藏描述，利用两次油气藏描述结果的差异，来体现油藏的动态变化，这类方法可以使用所有常规油气藏描述的方法。与常规油气藏描述相比，它的优越在于：有不同时间的油藏描述结果互相约束、互相对比分析，这样不但可以搞清油藏的动态变化，还可以改善常规油藏描述的精度。例如，靠基础数据统计分析得出的孔隙度图无法剔除流体的影响因素，有了监测数据后就可以分离出流体成分，获得更准确的孔隙度图。(3) 以两个数据体混合使用为基础的交互解释方法，如交互模式识别技术，它利用基础数据和当时已知井的样本进行训练，得到判别准则，然后，利用该判别准则对监测数据进行判别分析，通过两次判别分析结果的差反映油藏的变化。此外，在时移地震解释方法中还有一个值得注意的方向就是地震油藏模拟，它将多次采集的、经过互均化处理后的地震数据作为油藏数值模拟的约束条件，从而提高了油藏数值模拟的精度和预测能力。下面对时移地震中常见的油藏描述方法进行简要介绍。

6.4.1 地震属性分析

时移地震属性分析技术主要被用来解决三个方面的内容：一是获得一次静态储层参数纵横向展布特征；二是获取现今剩余油分布状况；三是获得可靠的时移地震差异。围绕这三个方面的内容，形成了一系列的时移地震属性分析技术，主要包括了 7 个方面。

(1) 敏感属性优选技术。

利用该技术可以优选出与储层参数相关的地震属性，有利于解释人员直接利用该敏感属性来初步定性分析研究工区储层横向分布特征，同时为进一步的储层预测提供可靠的地震属性。

(2) 属性降维压缩技术。

通常情况下，优选出的敏感属性中有一些存在相关程度大的属性，直接利用选出的属性进行高维空间的模式识别，往往影响模式识别的速度，因此人们研究了一些属性降维压缩技术，比如 K-L 变化、主成分分析等，这些方法的应用加速了模式识别的速度。

(3) 典型样本的选取。

储层预测中典型样本的选取对预测结果也是至关重要的，选择不好会导致模式识别不易聚类，最终会影响预测效果。

(4) 多属性无监督聚类分析技术。

该技术是利用聚类方法对优选出的敏感属性进行聚类分析，使得人们更加容易了解储层横向分布特征。

(5) 定量预测技术。

该技术是以优选出的敏感属性集或压缩后的属性集作为输入、以样本井参数作为输出，利用线性、非线性等方法来进行储层定量预测，使解释人员更加直观地了解储层参数的横向展布情况。

(6) 定量剩余油分布预测。

利用时移地震属性研究剩余油分布，是从时移地震属性的角度结合定量储层预测技术来获得剩余油气分布。

(7) 可靠时移差异分析技术。

该技术主要是针对匹配后的时移地震资料采取一系列方法来获得可靠差异，以期利用该技术确定流体流动情况、剩余油的分布、死油区等。

6.4.2 地震反演

波阻抗与沉积岩石物理性质和孔隙中的流体有直接的关系。时移地震反演技术是连接反射地震差异与储层流体变化的一个“桥梁”。在油藏强化开采过程中，油藏特性的变化首先表现为储层岩石速度、密度或波阻抗的变化。利用地震反射波形反演得到的波阻抗或速度变化可以直接与井中测量的岩石物理特性的变化联系起来。与振幅不同，声阻抗可直接与储层的岩性、孔隙度和饱和度等联系，伪速度测井曲线可直接与声波测井资料进行对比。如果在前期的岩石物理实验（或岩心分析）和理论研究中已经建立了速度与地层压力、温度、流体替换的定量关系，那么就可以用该方法进行流体压力、温度以及饱和度等的定量分析。在具体实现时，分别对基础数据和监测数据地震资料进行反演，求取波阻抗或伪速度测井曲线，然后将所求的对应于基础数据的波阻抗数据与对应于监测数据的波阻抗数据相减得到时移地震波阻抗（或速度）差值数据体。据此便可进行注入流体波及范围、前缘位置等储层动态特性的识别与分析。时移波阻抗使时移地震的解释更加定量化。原则上讲，一切能用于常规地震资料的反演都可以用于时移地震。但要注意以下几点：(1) 已知储层位置；(2) 注意子波的时变性；(3) 反演中的约束条件应具有一致性。

6.4.3 动态油藏描述

由于地下油藏中的流体和岩石物理性质在油田开发过程中是随时间变化而变化的，因此油藏描述也应该是动态的。过去地震资料仅用于静态油藏描述。现在，随着时移地震技术的运用，使得利用时移地震资料描述油藏的动态变化成为可能。

所谓的油藏动态描述就是利用岩石物理分析、储层描述、地震模拟和储层模拟等手段，综合地震监测、测井和开发生产等资料建立不同时期的油藏模型，对油气藏进行立体的、动态的描述。其目的是获得油藏流体驱替和泄油路径的信息，识别剩余油气位置，合理地管理油藏，为油田开发服务。动态储层描述的核心是建立一个共享的油气藏模型，如图 6.1 所示。时移地震资料解释以此模型为基础，借助于静态油藏描述、地震模拟、油藏数值模拟和地震史拟合等关键技术，最终获得一个合理的随时间变化的油藏地质模型。

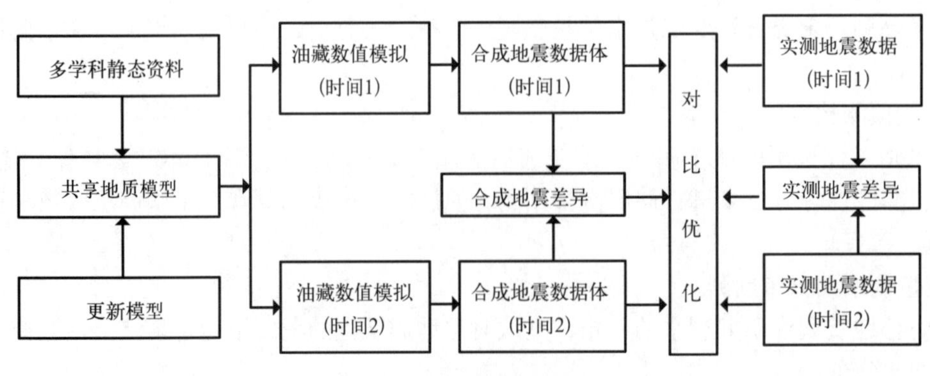

图 6.1 动态储层描述框图

7 海上气田时移地震实践

本章着重介绍海上气田开展时移地震技术应用的实例经验，主要以东方 1–1 气田开展的时移地震工作为主，最后介绍崖城气田的时移地震研究。

7.1 东方 1–1 气田概况

东方 1–1 气田位于南中国海北部莺歌海海域，距海南省东方市约 110km。地球物理勘探始于 1990 年，先后采集了 2km × 2km 常规二维地震资料、1km × 1km 二维高分辨率地震资料、三维高分辨率地震资料。从 1992 年开始共钻探井、评价井 11 口个。气田自 2003 年 8 月份投入开发，开发分两期实施，共钻开发生产井 44 口，其中一期生产井 16 口，二期生产井 28 口。

7.1.1 构造特征

莺歌海盆地由莺东斜坡、中央坳陷和莺西斜坡三个构造单元组成。东方 1–1 构造位于中央坳陷底辟构造带北缘，为大型短轴背斜构造。背斜形成早，继承性强，总体各构造层叠合性好，但各气组有所区别。主力层Ⅱ$_{下}$、Ⅲ气组是大型简单短轴背斜构造，构造中心部位由于底辟活动，形成了一组近南北向的中央底辟断裂复杂带，多数由底辟向构造翼部延伸。Ⅱ$_{上}$气组由于受水道冲沟的影响，构造东部砂体基本缺失，仅残存北部及西部，背斜构造形态不完整，但南北向背斜构造轮廓依然存在。Ⅰ气组受岩性控制，分 3 个井区，其中东方 1–1 气田 5 井区和东方 1–1 气田 9 井区构造形态基本为向西倾斜的单斜，东方 1–1 气田 7 井区则向西北倾斜，基本继承了下部主力层背斜构造的倾斜方向。

7.1.2 储层特征

构造演化和地震沉积研究。东方 1–1 气田储集层为新近系莺歌海组二段，为滨外浅滩和滨外砂坝相沉积，以极细粒石英砂岩为主。从地震和钻井的岩电资料分析，自上而下可将储层划分为Ⅰ、Ⅱ、Ⅲ、Ⅳ、Ⅴ共 5 个砂层组，各砂组之间均有厚度大于 9m 的泥岩隔层。Ⅰ、Ⅱ、Ⅲ砂组为主要储层，鉴于部分区域在Ⅲ砂组中间存在泥质或致密砂岩及Ⅱ砂组存在上下两套砂层，又将Ⅱ、Ⅲ砂组细分为Ⅱ$_{上}$、Ⅱ$_{下}$、Ⅲ$_{上}$、Ⅲ$_{下}$4 个亚砂组。Ⅰ、Ⅱ、Ⅲ$_{上}$砂组为主要气层。

气田储层岩石物理性质总体表现为中高孔、中低渗的特点。孔隙度分布范围为 15% ~ 34%，中值为 24%；渗透率分布范围为 0.3 ~ 640mD，中值为 27mD。Ⅰ气组储层孔隙度分布范围为 20% ~ 30%，中值为 24%；渗透率分布范围为 0.2 ~ 160mD，中值为 10mD。Ⅱ$_{上}$气组储层孔隙度分布范围为 22% ~ 32%，中值为 26%；渗透率分布范围为 0.2 ~ 640mD，中值为 59mD。Ⅱ$_{下}$气组储层孔隙度分布范围为 12% ~ 32%，中值为 24%；渗透率分布范围为 0.1 ~ 160mD，中值为 26mD。Ⅲ$_{上}$气组储层孔隙度分布范围为 14% ~ 30%，中值为 22%；渗透率分布范围为 0.3 ~ 160mD，中值为 13mD。

7.1.3 流体性质

本气田共取天然气样品 79 个，其中探井、评价井 35 个；一期生产井 16 个，二期生产井 28 个。根据天然气样品分析，非烃占一定比例。全气田各井组分统计见表 7.1。

表 7.1 东方 1-1 气田单井组分数据表

井号	气组	纯烃（%）	N_2（%）	CO_2（%）	备注
2	Ⅱ$_{下}$	79.07	20.07	0.86	
	Ⅲ$_{上}$	29.55	5.66	64.79	
3	Ⅰ	84.04	15.31	0.65	
	Ⅱ$_{下}$	37.91	7.03	55.06	
	Ⅲ$_{上}$	24.25	4.75	71	
4	Ⅱ$_{上}$	73.04	26.77	0.18	
	Ⅱ$_{下}$	73.35	26.4	0.25	
5	Ⅰ	72.68	27.15	0.17	
	Ⅱ$_{上}$	68.58	31.12	0.21	
7	Ⅰ	37.8	5.2	57	
	Ⅱ$_{上}$	42.4	6	51.6	
8	Ⅱ$_{上}$	81.02	18.63	0.35	
	Ⅱ$_{下}$	84.58	15.04	0.37	
9	Ⅰ	76.4	23.4	0.2	
	Ⅱ$_{上}$	81.4	18.2	0.4	
D1	Ⅰ、Ⅱ$_{下}$、Ⅲ$_{上}$	36.00	7.05	56.94	
D2	Ⅱ$_{下}$	84.04	15.18	0.78	
D3	Ⅲ$_{上}$	28.96	5.60	65.45	2 个样品平均
D4	Ⅱ$_{下}$	30.03	5.83	64.14	2 个样品平均
D5	Ⅲ$_{上}$	24.18	4.61	71.20	
D6	Ⅲ$_{上}$	28.21	5.52	66.27	
D7	Ⅱ$_{下}$	57.41	13.50	29.09	2 个样品平均
D8	Ⅱ$_{下}$	78.57	19.02	2.40	
E1	Ⅱ$_{下}$	34.42	7.20	58.38	
E2	Ⅱ$_{上}$、Ⅱ$_{下}$	65.98	15.32	18.70	
E3	Ⅰ	81.41	17.90	0.67	
E4	Ⅱ$_{上}$	34.92	6.94	58.14	
A1h	Ⅱ$_{下}$	73.85	25.83	0.34	两个样品平均
A2h	Ⅱ$_{下}$	73.53	26.05	0.44	两个样品平均
A3h	Ⅱ$_{下}$	73.77	25.88	0.37	两个样品平均
A4h	Ⅱ$_{上}$、Ⅱ$_{下}$	74.2	25.47	0.33	两个样品平均
A5h	Ⅱ$_{下}$	72.09	27.58	0.35	两个样品平均
A6h	Ⅱ$_{下}$	75.6	24.08	0.34	两个样品平均
A7h	Ⅱ$_{上}$	73.89	25.39	0.74	两个样品平均
A8h	Ⅱ$_{上}$	75.85	23.79	0.38	两个样品平均

续表

井号	气组	纯烃（%）	N_2（%）	CO_2（%）	备注
B1h	Ⅱ$_{上}$	66.54	33.2	0.27	两个样品平均
B2h	Ⅱ$_{上}$	66.24	33.51	0.26	两个样品平均
B3hb	Ⅰ	75.14	24.64	0.24	两个样品平均
B4h	Ⅰ	82.57	17.21	0.23	两个样品平均
B5h	Ⅰ	74.19	25.53	0.28	两个样品平均
B6hb	Ⅱ$_{上}$	65.71	34.03	0.28	两个样品平均

从表 7.1 中可以看出以下特点：

(1) 天然气中烃类以 CH_4 为主，C_2 以上组分含量较少 (0.63% ~ 2.61%)，属干气。

(2) 天然气非烃含量具有下列特征：

通常具有 CO_2 气组分高时 N_2 气组分低、CO_2 气组分低时 N_2 气组分高的表面特征。

东方 1-1 气田 3、4、5、7、8、9 井在测试过程中均产出少量凝析油 (小于 10g/m^3)，其相对密度为 0.77 ～ 0.81，地面黏度为 0.63 ～ 1.0 mPa·s。

气田 7、8 井对水层测试，取到具有代表性的水样。地层水总矿化度在 32160 ~ 35487mg/l，氯根含量 17305 ~ 18152 mg/l，水型为 $NaHCO_3$ 型。

7.1.4 气藏温压系统

东方 1-1 气田Ⅰ、Ⅱ、Ⅲ气组属正常压力系统 (图 7.1)，压力系数 1.03 ~ 1.14。

利用东方 1-1 气田 FMT 和 DST 测试结果，分别进行回归，水线方程为：

断层东区 $P = 0.2457+0.01002H$，$R = 0.9989$；

断层西区 $P = 0.01033H-0.2648$，$R = 0.9975$。

以上两个方程相同深度的压力略有差别，认为这是测量的系统误差造成，应是同一水压系统，但在确定气水界面时，东区、西区仍分别使用各自的压力方程。

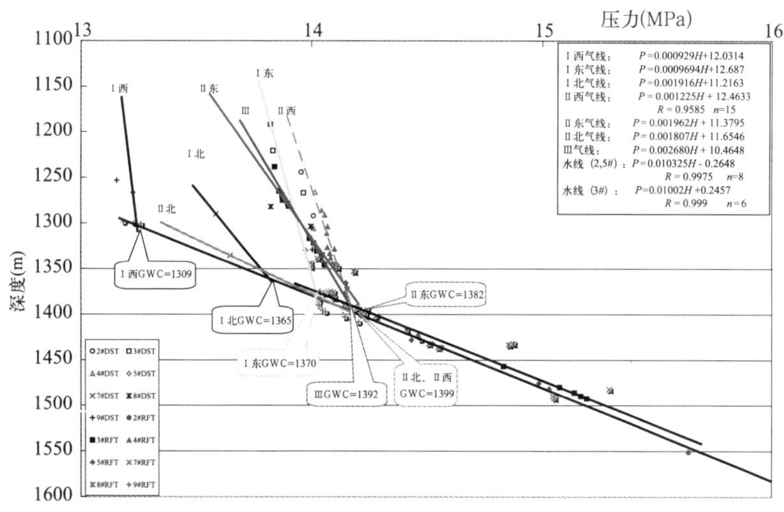

图 7.1　东方 1-1 气田压力与深度关系图

一期、二期开发井取得的压力资料对压力系统及压力系数的认识与上述认识一致。为了本次时移地震研究的需要，油藏课题组提出于2007年采集时移地震监测地震资料时对在生产的各口井进行测压或压力预测，从测压数据表（表7.2）可以看出，经过几年的生产，各生产井的压力均有所下降，下降幅度在0.5 ~ 4.35MPa之间。

表7.2　地层压力对比表

井号	生产层位	气层中深压力 (MPa)				备注
		原始	2007年5月（实测）	2007年5月（计算）	2007年5月与原始差别	
A1	Ⅱ$_{下}$	13.359		10.76	2.60	
A2	Ⅱ$_{上}$，Ⅱ$_{下}$	14.018		11.63	2.39	
A3	Ⅱ$_{下}$	13.924		13.05	0.88	
A4	Ⅱ$_{上}$，Ⅱ$_{下}$	13.611		11.92	1.69	
A5*	Ⅱ$_{下}$	13.478	11.61	11.53	1.87	
A6*	Ⅱ$_{下}$	13.325	11.36	11.74	1.97	
A7*	Ⅱ$_{上}$	13.568	13.32	12.24	0.25	
A8	Ⅱ$_{上}$	13.305	13.30	12.20	0.00	
B1	Ⅱ$_{上}$	14.048		12.69	1.35	
B2	Ⅱ$_{上}$	14.035		13.08	0.96	
B3*	Ⅰ	13.328	10.66	12.30	2.67	
B4	Ⅰ	13.306		13.07	0.24	
B5	Ⅰ	13.174		12.89	0.29	
B6*	Ⅱ$_{上}$	14.013	13.16	13.02	0.85	
D1	Ⅰ，Ⅱ$_{下}$，Ⅲ$_{上}$	14.068		12.89	1.18	
D2h*	Ⅱ$_{下}$	14.002	9.65		14.00	2006年7月至2007年12月关井
D3h*	Ⅲ$_{上}$	14.124	12.27	13.42	1.85	
D4h	Ⅱ$_{下}$	14.181	12.67		1.51	2006年2月至2007年9月关井
D5h	Ⅲ$_{上}$	14.238		13.46	0.78	
D6h*	Ⅲ$_{上}$	14.227	13.09	12.75	1.14	
D7h	Ⅱ$_{下}$	14.061		12.27	1.79	
D8h*	Ⅱ$_{下}$	14.080	10.36	10.28	3.72	
E1h*	Ⅱ$_{下}$	14.200	11.74	12.82	2.46	
E2h	Ⅱ$_{上}$，Ⅱ$_{下}$	14.054		10.70	3.36	
E3h	Ⅰ	12.649			12.65	
E3hb	Ⅰ	11.224	11.55	13.53	-0.33	2006年8月至2007年9月关井
E4h*	Ⅱ$_{上}$	14.144	11.76		2.38	2006年11月至2007年10月关井
E5h	Ⅱ$_{下}$	12.994		10.82	2.18	
E6h	Ⅱ$_{上}$，Ⅱ$_{下}$	12.765		10.36	2.40	

* 为带井下压力计；E3b井压力已经不是原始压力。

气田具有较高的地温梯度，平均地温梯度为4.6℃ /100m。

7.1.5　气水分布特征

根据钻井钻遇、地震平点、振幅异常和RFT压力推算等手段综合研究确定气水界面，表明各气组及同一气组断层两侧均有不同的气水界面。

气田纵向上Ⅰ、Ⅱ、Ⅲ$_{上}$气组之间有厚层泥岩封隔，平面上Ⅱ$_{下}$、Ⅲ$_{上}$气组被断裂带分成东、西两个区，不同区块、不同气层都是独立气藏，气水分布特点简要介绍如下：

气水分布平面上分区、纵向上分层，不同区块不同层具有各自气水界面(表 7.3)。

表 7.3 东方 1-1 气田气水界面数据表

气组	分区	代表井号	气水界面（m）	备 注
I	9 井区	9	未钻遇	振幅异常圈定含气面积
	5 井区	5	未钻遇	振幅异常圈定含气面积
	7 井区	7	未钻遇	振幅异常圈定含气面积
	3 井区	3	未钻遇	振幅异常圈定含气面积
$\text{II}_{上}$	7 井区	7	1396	钻井钻遇
	西区	4，5，8，9	1396	钻井钻遇
$\text{II}_{下}$	西区	2，4，5，8，9	1396	钻井钻遇
	东区	3	1375	压力推算
$\text{III}_{上}$	西区		1385	平点、压力推算
	东区	3	1378	平点

注：$\text{II}_{上}$、$\text{II}_{下}$西区纵向连通，为同一气水界面。

I 气组气层受岩性控制，分成六个含气砂体，分别为 9 井区、5 井区 A 砂体、5 井区、7 井区、3 井区、D3h 井区，六个砂体均受岩性控制，未见气水界面。$\text{II}_{上}$气组气层受岩性、构造控制，分为两个区，分别为 7 井区和西区，其中西区气水界面根据实测井测得气水界面深度为 1396m。$\text{II}_{下}$、$\text{III}_{上}$气组气层受构造、断层控制。西区$\text{II}_{上}$和$\text{II}_{下}$气组之间泥岩隔层不连续，属同一气水界面。

7.2 东方 1-1 气田开发生产动态分析

东方 1-1 气田以弱边水和弹性气驱为主，气藏采用衰竭式开发。东方 1-1 气田按照二期开发实施方案制定的开发原则，采用水平井开发提高产能，全气田除了 DF1-1-D1 井外，其余均为水平井，采用自身能量举升，前期靠井口余压输气，后期采用井口上湿气压缩机加压输气。

东方 1-1 气田目前全气田生产情况比较平稳，能够满足供气合同下游用户的用气需求。一般计划每年共生产井口天然气 $28 \times 10^8 m^3$ 左右，生产凝析油 $1 \times 10^4 m^3$ 左右，目前全气田生产情况稳定，气田平均日产气量约为 $800 \times 10^4 m^3$，日产油约 $50m^3$，日产水 $50m^3$，(如图 7.2 所示)。在线监测 CO_2 含量 23% ~ 26%，N_2 含量 17% ~ 18%(如图 7.3 所示)。

经过气田投产以来的稳定点产能测试、压力恢复和静压梯度测试等技术手段对生产动态跟踪研究，东方 1-1 气田具有以下生产动态特征：

(1) 气田生产情况平稳，整体压降比较稳定；

(2) 部分井压力下降较快，产能下降快，但是下降趋势比较稳定，高烃井动态产能下降幅度较大；

(3) 气田分块性明显，各区块压降程度不一，储层非均质性强，整个气田井间连通情况复杂；

(4) 生产过程中单井组分有变化，表明砂体之间气体有窜流现象。

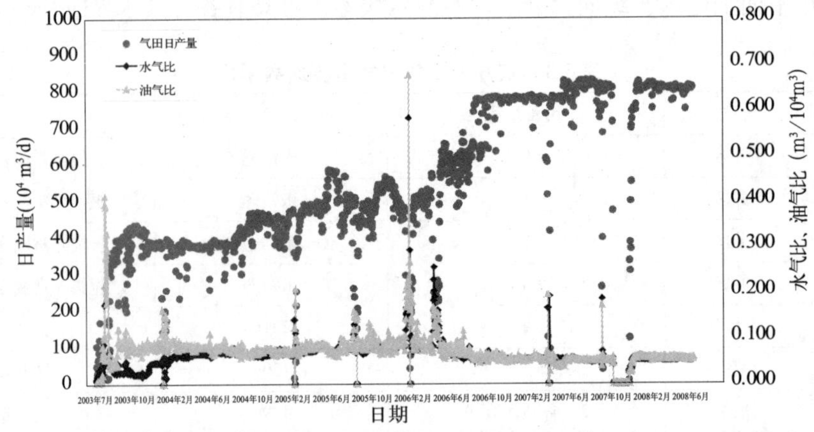

图 7.2 东方 1–1 气田平台生产曲线

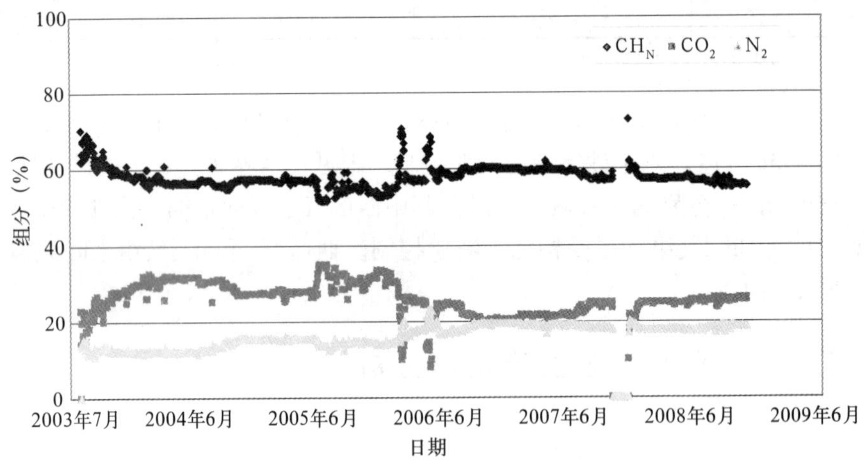

图 7.3 东方 1–1 气田平台组分曲线

（5）全气田总体的储量动用程度约为 60%（2010 年底）。储量动用程度中等，各块储量动用程度呈增加趋势。

从上述生产动态分析结果来看，开展时移地震检测技术的研究和应用，对于提高本区的气田采收率，稳定气田的生产产能是十分必要的。

7.3 东方 1–1 气田时移地震可行性分析

时移地震可行性分析是在已有数据的基础上，对未来采集的时移地震差异的可检测性，在时间点进行预测，帮助对是否要进行时移地震采集进行决策。可行性分析和研究中，岩石物理模型是关键的基础信息，工业界目前普遍采用的可行性分析方法可以分为以下几种：

（1）测井数据的动态变换。在岩石物理模型的基础上，通过油藏动态确定可能的动态参数变化，对测井数据进行变换，如流体替换，压力变化的测井曲线变换，进一步对两次时间获得的测井数据进行地震正演并求取差异，从而对差异特征分析可行性。

（2）基于油藏模型的方法。由于油藏模型基本包括人们对地下的认识，历史拟合后，甚至包括流体分布都具有一定的准确性。因此，直接从油藏模型合成时移地震数据体，更具代表性，同时，可以在空间和时间上进行分析。

（3）模板法。这种方法是在测井数据变换的基础上提出来的，目的是在测井曲线动态参数变化基础上，对各种因素如流体饱和度，压力等各种可能情况，进行正演和差异求取，从而获得各种情况对应的差异，进一步分析可行性。

7.3.1 合成阻抗差异分析

首先，根据岩石物理模型标定的各个时期的速度、密度合成出阻抗。以两年为一个时间段，得出各时间段的砂岩储层的阻抗差异（阻抗差异为油藏模型中 74 个小层的相加），如图 7.4a 所示。可以看到，从 2003 年到 2005 年期间，阻抗的差异在 E2H、E6H 井点位置附近的差异变化率较大，在背斜的东侧，阻抗也有一些差异变化；随着进一步开采，阻抗差异较大的位置在 A6H、A7H、A8H 附近，从 7.4b 图上可以看到，E2H、E6H 周围的阻抗差异在不断增大，在空间上阻抗的变化范围继续变大，主要集中在背斜的西侧；由图 7.4c 可以看到，随着开采的进一步深入，可以看到，阻抗的差异变化已经不像开采初期那样变化明显，开始逐步趋向平稳，而空间上的范围在进一步扩大；由图 7.4d 可知，阻抗的变化进一步趋向平稳，并且，差异变化的空间范围已经稳定。

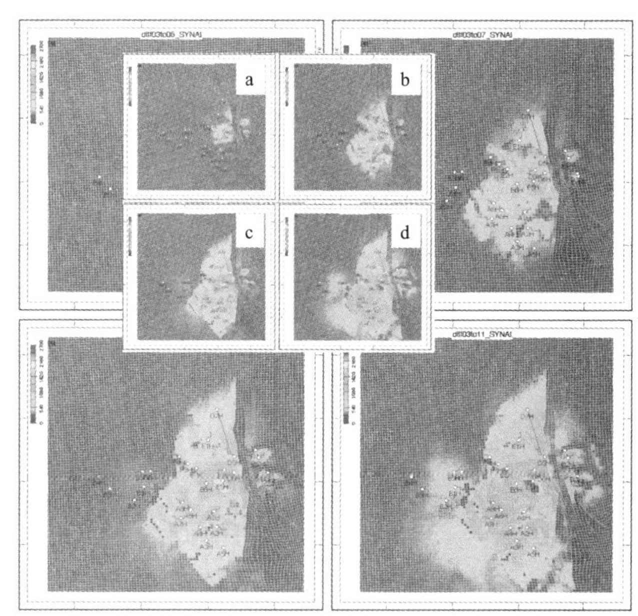

图 7.4　各个时间段的 II$_{下}$气组合成阻抗差异变化对比图
a—2003—2005 年；b—2003—2007 年；c—2003—2009 年；d—2003—2011 年

7.3.2 井点位置的振幅差异分析

在背斜东西侧选取 A6H 井进行合成地震记录差异分析，结果见图 7.5。可以看到，在 A6H 井点位置，从 2003 年 7 月到 2005 年 7 月期间振幅差异存在，但不明显，因为 A6H 在这段时间还没有开采，说明时移地震差异主要是因为 A6H 井周围的井开采引起的。从 2006 年开采开始，振幅差异开始变化明显，并且是从 2005 年后到 2011 年间差异变化开始不断增加，但在 2009—2011 年差异相对变化缓慢。从 2007 年开始，到 2011 年该井点位置的差异变化的过程是平稳增加的。图 7.6 是 A6H 从 2006 年到 2008 年的井底压力随时间变化图，可以看出，从 2006 年开采开始，其井底压力基本是均匀变小的，这与该井位置的振幅差异变化稳定正好吻合。

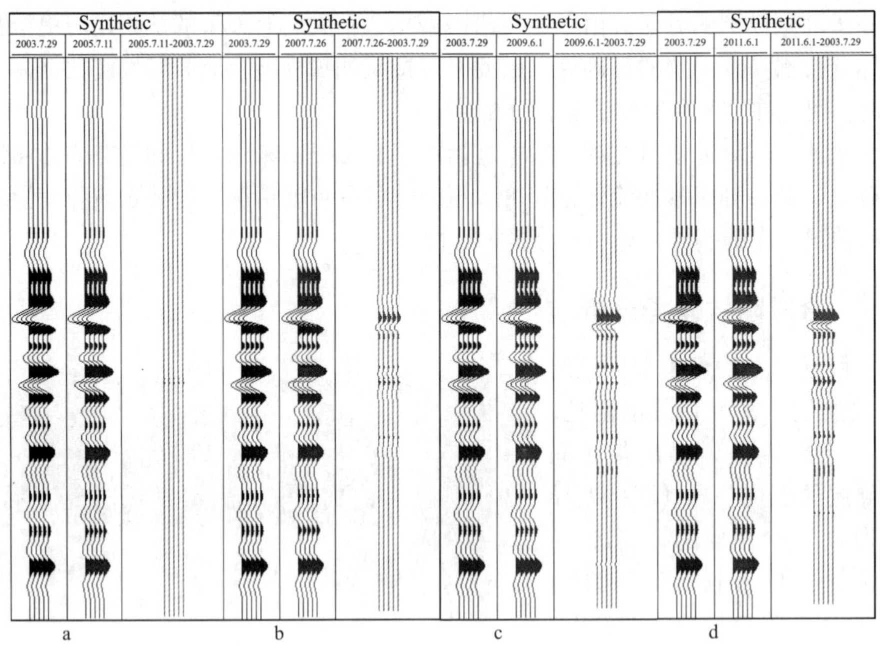

图 7.5　A6H 井各个时间段的合成地震记录及差异对比图

a—2003—2005 年；b—2003—2007 年；c—2003—2009 年；d—2003—2010 年

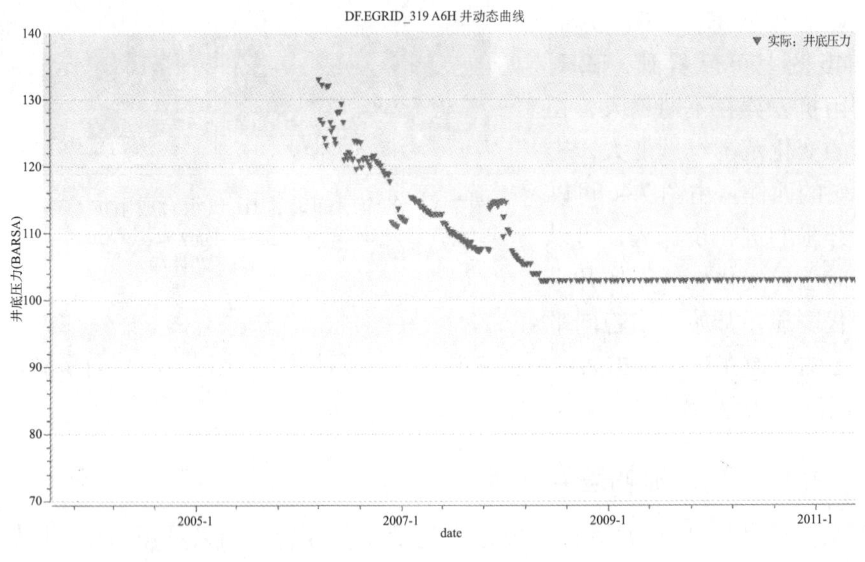

图 7.6　A6h 井底压力随时间变化图

类似的差异变化趋势同样在 D2H 井位置附近可以得到，所以，如果进行数据的二次采集的话，结合上面两口井的合成地震差异，以及油藏模型的差异正演结果，2007 年到 2009 年是数据二次采集的一个比较好的时期。

7.3.3　时移地震模板分析

利用 A6H 和 D2H 等井中资料来进行时移可行性分析，图 7.7a 和图 7.7b 分别是 A6H 和

D2H 两口井应用 Gassmann 模型的时移差异模板。由于上述井底初始井底压力为 135bar 左右，因此，在进行时移可行性分析时，选取 140bar 作为这两口井的初始孔隙压力。在背斜的东侧，随着压力的降低，其振幅差异是慢慢增大。在图中可以看到，当压力达到 115bar 的时候（A 框），差异会相对较大。根据模型结果，在 A6H 井周围，当压力值范围在 115bar 左右，差异相对较大，对应油藏模型的油藏压力，其时间点大致是 2007 年 12 月，因此，到 2008 年是一个比较好的采集时期。

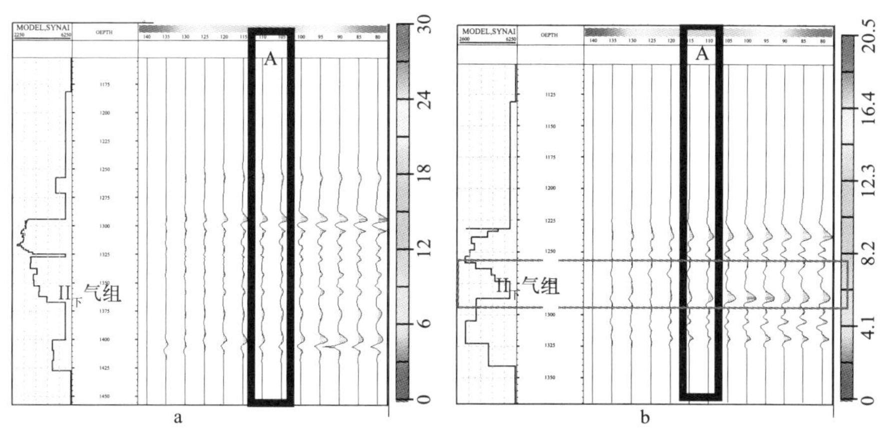

图 7.7　Gassmann 模型差异模板

a—A6H 的时移差异模板；b—D2H 的时移差异模板

7.3.4　时移地震风险分析

风险分析和经济有效性评估也是开展时移地震的先决条件之一，根据地区的不同和勘探要求的不同，风险分析的内容也有所不同。东方 1-1 气田时移地震的研究中主要采用了两种风险分析的方法。

7.3.4.1　标定模型对时移差异的影响

在进行时移可行性分析时，针对东方 1-1 工区产气的实际情况，亦需要用速度—压力经验模型来作为标定模型。

通常在干岩心中，孔隙度一定且流体影响不大时，速度受压力的影响，因此，人们利用大量的观测数据进行了回归。图 7.8 是所示的压力—速度经验关系，$v_P(40)$ 是 40MPa 有效压力时对应的速度值，这样就建立起了压力与速度的经验公式，即

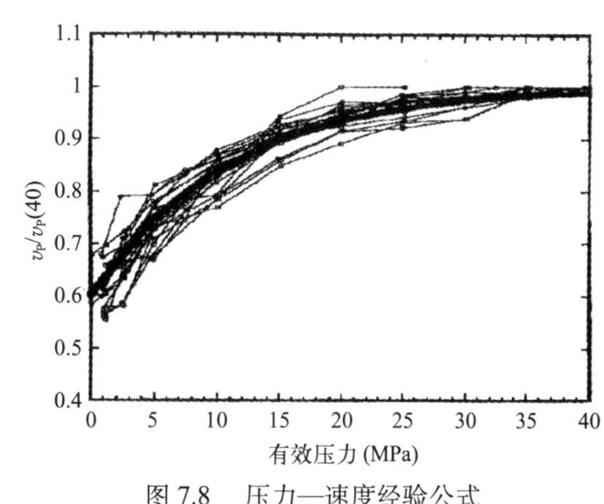

图 7.8　压力—速度经验公式

$$v_P=v_P(40)*[1.0-0.38*\exp(-P_{eff}/12)]$$

式中，P_{eff} 是有效压力。可以把 $v_P(40)$ 当常数作为标定参数，对目标油藏进行标定。

应用速度 + 压力经验模型的时移差异模板，图 7.9a 是 A6H 应用 Gassmann 模型的时移

差异模板。在图中可以看到，相对于两种方法的岩石物理模型速度变化对应的时移差异的趋势以及其数值是基本一致的，但速度—压力的经验模型（图 7.9b）得出的差异变化相对 Gassmann 模型得出的差异变化要小。

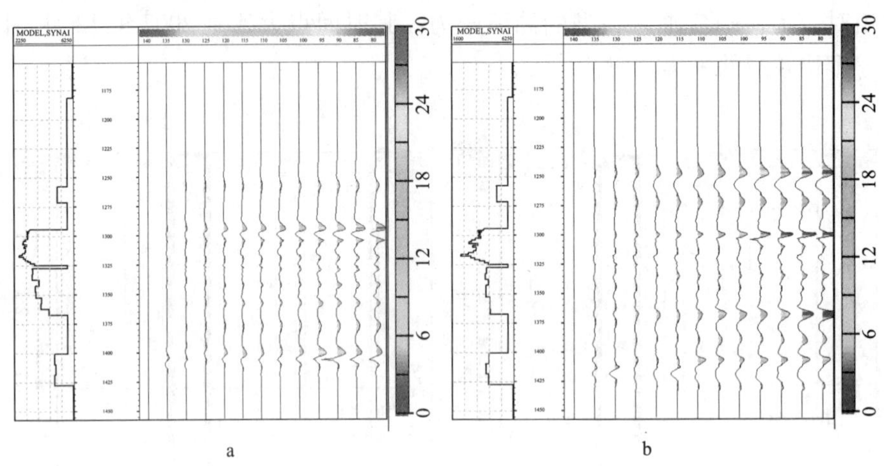

图 7.9　速度—压力经验模型差异模板

a—Gassmann 模型 A6H 的时移差异模板；b—速度—压力经验模型 A6H 的时移差异模板

由于速度—压力经验关系为国外利用多个地区的数据拟合结果，如果认为这个关系是平均的压力—速度关系，那么根据实测数据标定的 Gassmann 模型可能是悲观的结果。换而言之，根据实测的数据标定的模型预测的差异有一定的风险。

7.3.4.2　噪声对时移差异的影响

在地震采集过程中，由于各种因素引起的噪声是不可能避免的。尽管在处理时，会通过滤波、反褶积等技术手段来提高信噪比，以压低噪声对地震数据质量的影响，但是要完全消除比较困难，因此，在时移地震数据采集之前需要分析噪声的影响，以设计最佳的时移地震数据采集和处理方案。

根据时移地震的差异模板分析和阻抗变化可以看出，本区的物性差异可以很好地在时移地震数据差异剖面上显示出来，而近年来工作目标区的环境变化不大，但采集设备有了较大更新，只要在数据采集前估计好基础测线的噪声特点，在采集过程中有效地控制各种干扰噪声，使之与基础测线环境与设备噪声因素保持相近，就可以把时移地震的风险降低到最小。

7.4　东方 1–1 气田时移地震数据采集

采集高质量的野外地震资料是开展时移地震处理的关键因素，是诸如时移地震差异分析、AVO 反演等研究的必要条件，是时移地震研究成败的基础。时移地震资料的采集设计要围绕着气田地质油藏特征和气田的开发现状来进行，尽最大可能追求新采集资料的道间距、炮间距、震源沉放深度、电缆沉放深度、时间域和空间域采样率等采集参数与基础测线的一致性，此外还要严格实施野外地震资料采集的质量控制，确保原始资料的可靠性。

东方 1–1 气田已有测网密度为 2km × 2km 二维常规地震资料，分别为 1990 年、1991 年和 1992 年度采集，1993 年对这 3 个年度资料进行了匹配处理；1994 年、1995 年在该构造上采集了二维高分辨率地震资料；2001 年和 2004 年以气田开发为目的，分别在气田主体部位和西侧采集了三维高分辨率地震资料，三维高分辨率地震资料覆盖整个气田。历年来由于地震资料采集目的不同、时间不同、采集船、仪器和震源等不同，各批资料的采集参数差异较大（表 7.4）。

表 7.4　时移地震资料采集参数对比表

采集参数		1994 年	1995 年	2001 年	2004 年	2007 年
震源	炮点间距（m）	12.5	12.5	18.75	18.75	25.0
	震源深度（m）	1.5	2.0	3.0	3.0	3.0
	气枪容量（in^3）	160	160	2250	2250	3100
	空气压力 (psi)	2000	2000	2000	2000	2000
	震源类型	套筒枪	套筒枪	套筒枪	套筒枪	套筒枪
	组合方式	枪数 8	枪数 8	枪数 6	枪数 8	4 Sub-array
	陈列长度					
电缆	道间距（m）	12.5	12.5	12.5	12.5	12.5
	电缆深度（m）	5.0	5.0	4.0	4.0	4.0
	接受道数	96	96	240	312	396
	最小偏移距（m）	148	135	180	156	141.5
	电缆长度（m）	1200	1200	3000	3900	4950
	电缆型号				RDA	RDA
	检波器个数					16
仪器参数	记录长度（ms）	3000	3000	4608	5120	5120
	采样率（ms）	1	1	1	1	1
	记录仪器	DAS-1	DAS-1	SYNTRAK 480	SYNTRAK 480	SYNTRAK 480
	低截滤波	3Hz	3Hz	out	3Hz@6dB	3Hz@6dB
	高截滤波	2000Hz	2000Hz	412Hz@276dB/oct	412Hz/276dB	412Hz 276dB/oct
	前放增益（dB）	48	48	48	36	24

时移地震研究的第一阶段是在气田范围内采集 10 条高分辨率的二维地震线作为气田开发后的时移监测测线（后称为监测测线），这 10 条线的布线原则如下：

（1）为了便于施工，减少生产平台的影响，降低环境噪声，设计测线偏离生产平台 2km 以上；

（2）设计测线经过产能大或储层压降大的井区；

（3）剖面上地震振幅异常和平点信息清楚，而且更可能随生产而发生变化的井区；

（4）尽可能经过生产井的产层靶点；

（5）能沿着三维 INLINE 方向（南北向）或二维高分辨率测线方向（东西向）。

根据以上的布线原则，设计的监测测线见图 7.10 所示，其中南北向的 5 条线与 2001 年采集的三维高分辨率地震资料的主测线重合，东西向的 5 条测线与 1994 年和 1995 年的二维高分辨率地震资料重合。

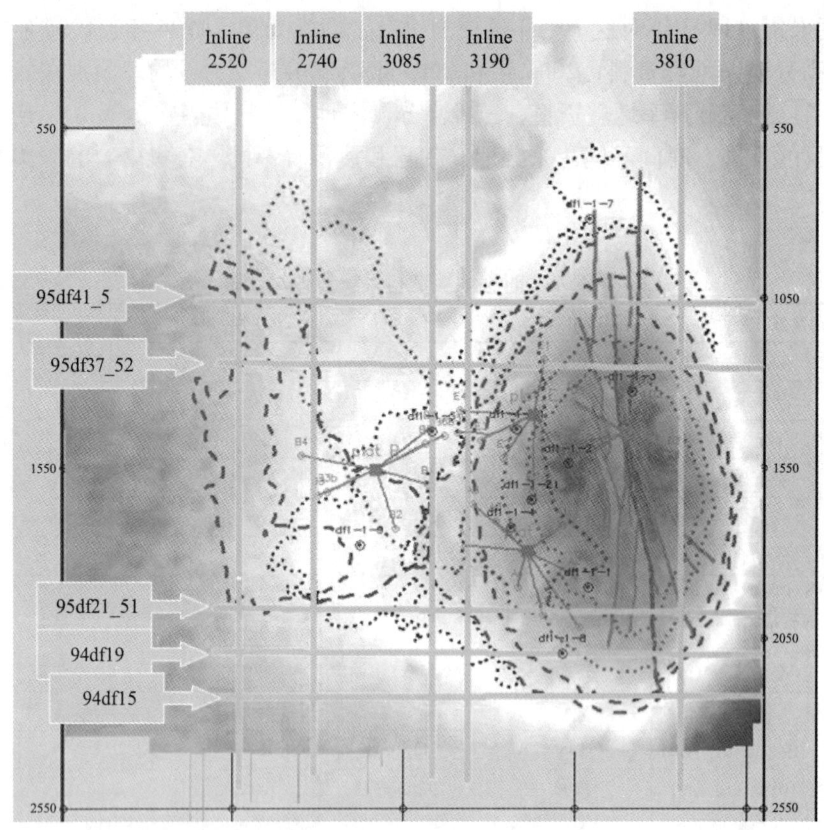

图 7.10　监测地震设计采集测网图

由于基础测线之间的参数差异较大（表 7.2），新采集的监测测线参数不可能与原来所有批次一致，基本的思路是在综合考虑基础测线参数的同时追求监测测线的参数与 2001 年采集的三维高分辨率资料接近，这样最有利于资料处理过程中的匹配处理。

尽管在资料的采集设计过程中，尽量追求监测地震与基础地震的采集参数接近，但出于采集船资源和经费方面的考虑，资料的采集是利用 2007 年 5 月在东方 1–1 气田附近海域作业的地震采集船滨海 518 船来负责完成。实际采集参数难以按照设计来实现，实际采集参数见表 7.4，实际采集测网见图 7.11。为了得到高质量的监测地震资料，在资料采集时我们十分注意采集过程中的质量控制，充分利用地球物理勘探船上的单道和单炮纸介质记录，监测地震道 / 检波器的工作状态和地震资料的噪声水平。利用现场处理机对原始记录进行回放，检查磁介质的记录质量；对原始资料进行频谱分析，检查原始资料的频宽；对原始资料进行有针对性的处理，如叠加、偏移后的频率分析，检查叠加、偏移后的频宽损失，监测气枪的同步情况和噪声源分析等。

从图 7.10 和图 7.11 可知，本次研究的地震测线虽然只有 10 条线，但包括基础测线和监测测线在内测线号的命名共有 4 种之多，如此复杂的测线命名会对下步处理分析和解释描述带来较大不便。因此，为了简化并清晰描述研究中的成果，把测线名进行了简化，简化后的测线名与原始测线名关系见表 7.5 和图 7.12。

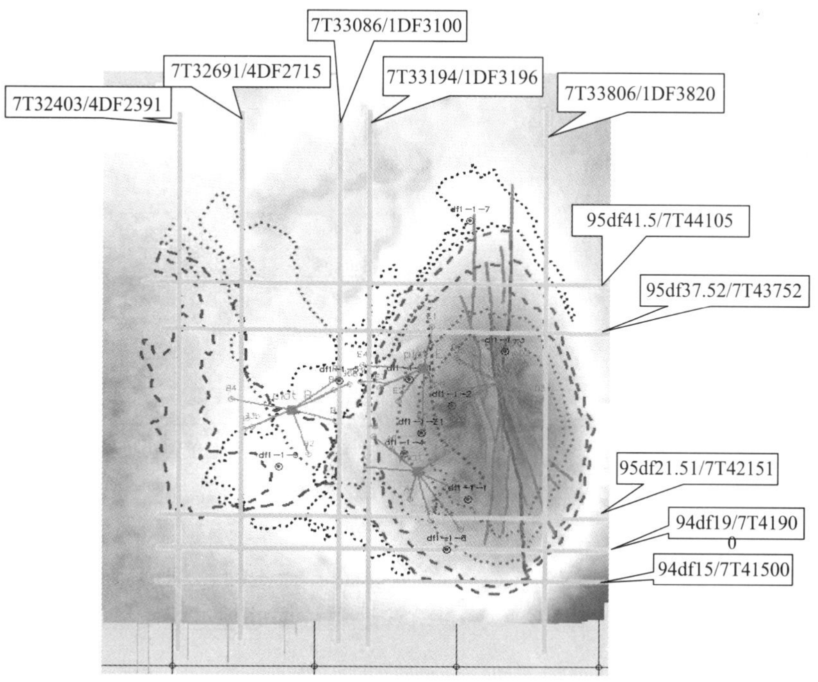

图 7.11　监测地震实际采集测网图

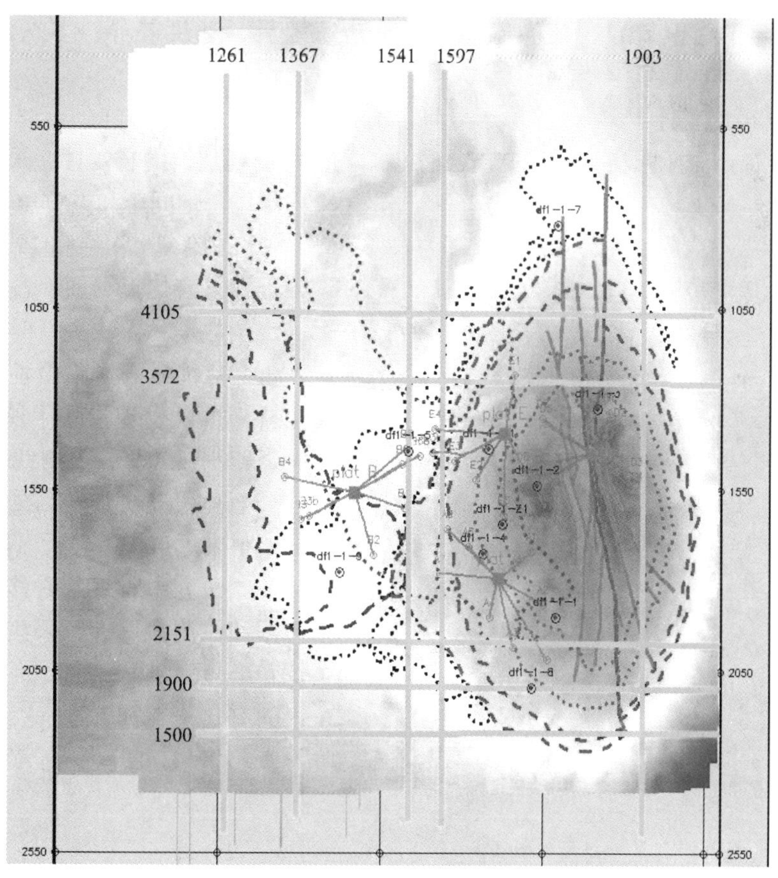

图 7.12　时移地震简化测线名分布图

表 7.5　时移地震测线名对比表

原始基础测线名	原始监测测线名	简化测线名
2001 年 3D INLINE 2391	2007 年 2D 07T32403	1261
2001 年 3D INLINE 2715	2007 年 2D 07T32691	1367
2001 年 3D INLINE 3100	2007 年 2D 07T33086	1541
2001 年 3D INLINE 3196	2007 年 2D 07T33194	1597
2001 年 3D INLINE 3820	2007 年 2D 07T33086	1903
1995 年 2D 95DF41.5	2007 年 2D 07T44105	4105
1995 年 2D 95DF35.72	2007 年 2D 07T43572	3572
1995 年 2D 95DF21.51	2007 年 2D 07T42151	2151
1994 年 2D 95DF19	2007 年 2D 07T41900	1900
1994 年 2D 95DF15	2007 年 2D 07T41500	1500

7.5　东方 1–1 气田时移地震处理

东方 1–1 气田时移地震处理主要分三部分研究：一是时移地震数据差异性分析技术研究；二是时移地震数据处理技术研究；三是时移地震数据处理过程质量控制技术研究。

7.5.1　时移地震数据差异分析

东方 1–1 气田时移地震数据基础测线与监测测线的主要差异有：采集差异、子波差异 、能量差异、相位差异、信噪比差异、分辨率差异、速度差异、多次波差异和位置差异等。

7.5.1.1　采集差异

主要因素有：面元网格、采集方向、震源的重复性、检波器的重复性、采集设备、导航定位、炮间距和方位角等。

由于 1994 年和 1995 年度的地震资料只有炮点导航，没有检波点处的定位数据，无法进行时移面元网格分析，只能做震源重合性分析。通过分析，可以发现，除了监测地震 1261，1597 和 1903 三条测线资料中的有部分面元覆盖次数较高外，其他测线的资料中远道偏差较大（图 7.13）。

研究中对每条时移地震的基础数据和监测数据进行采集方向调查，表 7.6 显示，10 条线中，采集方向一致的有 6 条（表 7.6）。

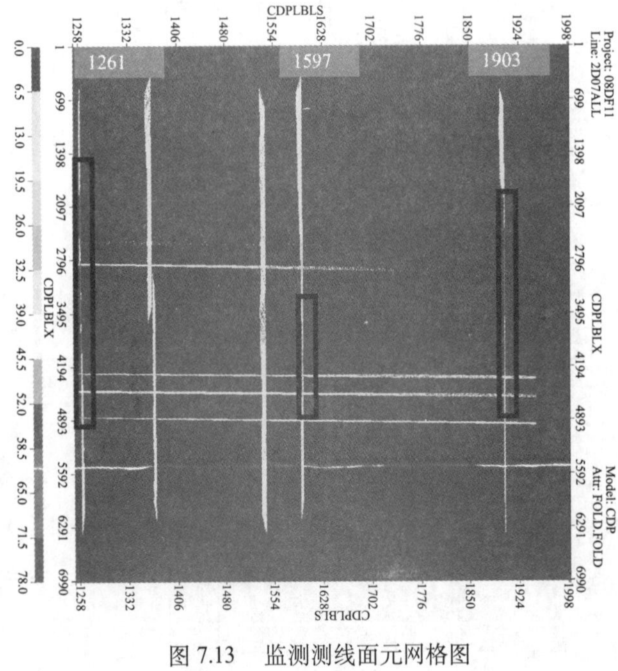

图 7.13　监测测线面元网格图
参见书后彩图

表 7.6　东方 1-1 时移地震差异分析表

线号		可重复性	越高越好	采集设备相同	永久震源检波器排列	精确定位	放炮方向相同	同样的面元，炮检距和方位角
1500	94df15/7T41500	1	差	DAS-1/SYNTRAK	拖缆	只有炮点定位 / 定位齐全	90/270 不同	不确定，不确定，73/-4
1900	94df19/7T41900	3	中上	DAS-1/SYNTRAK	拖缆		90/90 相同	不确定，不确定，100/-8
2115	94df21.51/7T42151	4	好	DAS-1/SYNTRAK	拖缆		270/270 相同	不确定，不确定，269/2.5
3752	95df37.52/7T43752	3.5	中上	DAS-1/SYNTRAK	拖缆		90/90 相同	不确定，不确定，97/10
4105	95df41.5/7T44105	3	中上	DAS-1/SYNTRAK	拖缆		270/270 相同	不确定，不确定，274/-11
1261	4df2391/7T32403	2	中下	SYNTRAK	拖缆	定位良好	0/180 不同	确定，覆盖低
1367	4df2715/7T32691	2	中下	SYNTRAK	拖缆		0/0 相同	确定，覆盖低
1541	1df3100/7T33086	3	中上	SYNTRAK	拖缆		360/180 不同	确定，覆盖低
1597	1df3196/7T33194	3	中上	SYNTRAK	拖缆		360/0 相同	确定，覆盖中
1903	1df3820/7T33806	2.5	中	SYNTRAK	拖缆		360/180 不同	确定，覆盖低

7.5.1.2　子波差异分析

图 7.14 显示的是直达波（如红色框内所指）以及对应的互相关，1994 年和 1995 年度基础地震数据的子波稳定性较差且有较重的噪声干扰，2007 年度监测地震数据的子波稳定性较好，信噪比较高。

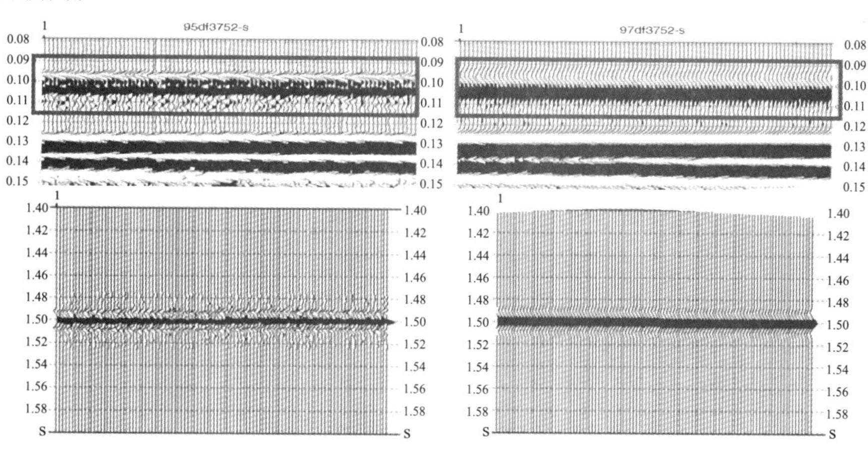

图 7.14　统计直达波子波差异分析

图 7.15 显示的是从 1995 年度基础地震资料和 2007 年度监测地震资料的炮集提取出的子波，从中可以看出，相同年度的子波形态一致性高，但不同年度的子波存在一定的差异。

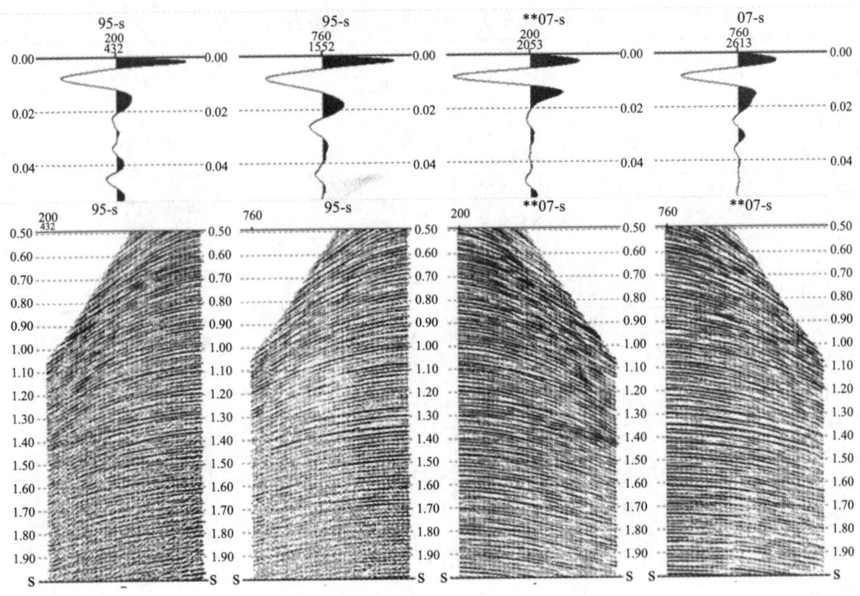

图 7.15 统计炮集子波差异分析

7.5.1.3 能量差异分析

通过均方根振幅统计（图 7.16），1994 年和 1995 年度基础地震数据与 2007 年度监测地震数据的能量级别相差 100 倍左右。

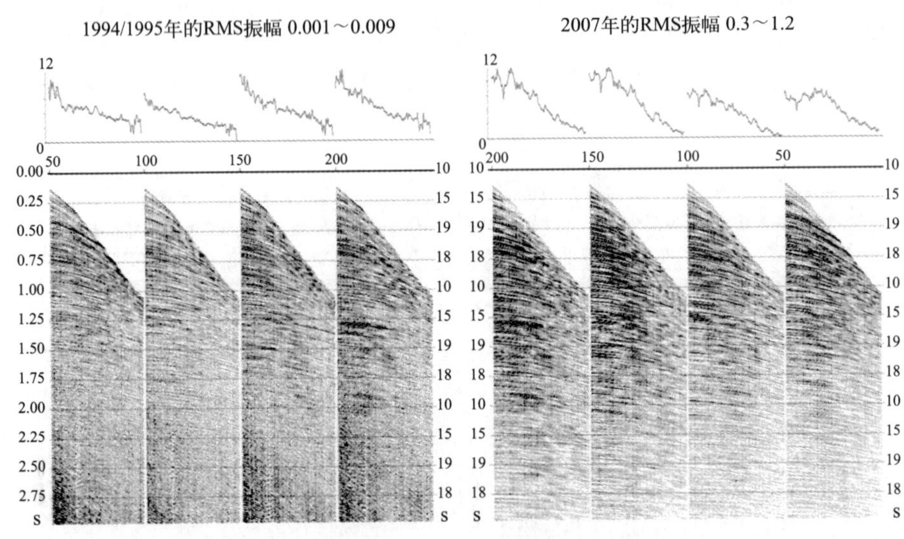

图 7.16 能量均方根振幅统计分析图

通过时移地震数据分析技术，可以清楚地看到 2001 年和 2004 年度基础地震资料与 2007 年度监测地震数据相同激发点处的能量差异，浅层能量有较大出入，中深层能量包络基本相同，如图 7.17 所示。

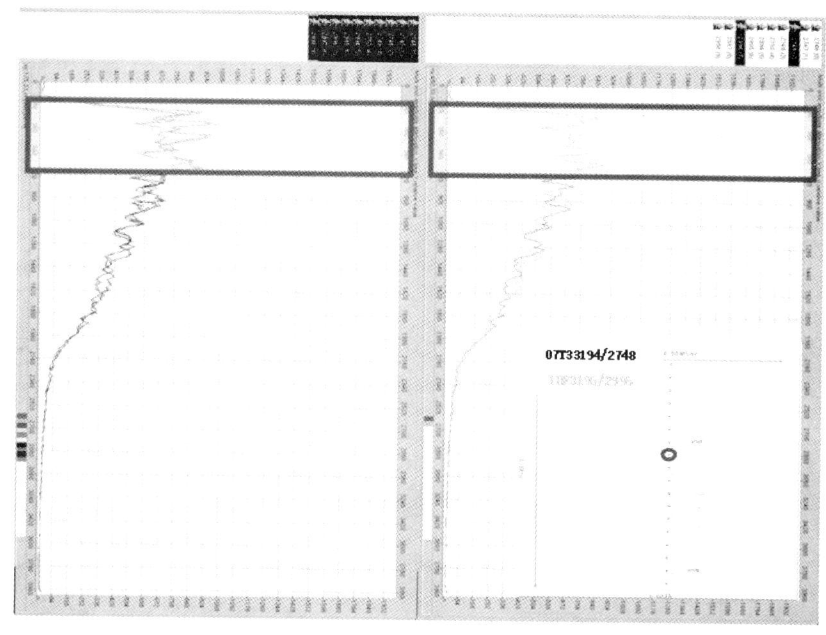

图 7.17　能量差异分析图

7.5.1.4　相位差异分析

利用重叠叠加（over-stack）交会技术，如图 7.18 所示，2001 年与 2007 年两个年度存在较小的相位差异，相位的趋势基本上是一致的，两个剖面叠合在 起，相同层位之间存在近 6ms 的时差。图中淡黄色代表基础测线突出部分，浅蓝色代表监测测线突出部分，黑色表示重叠部分。

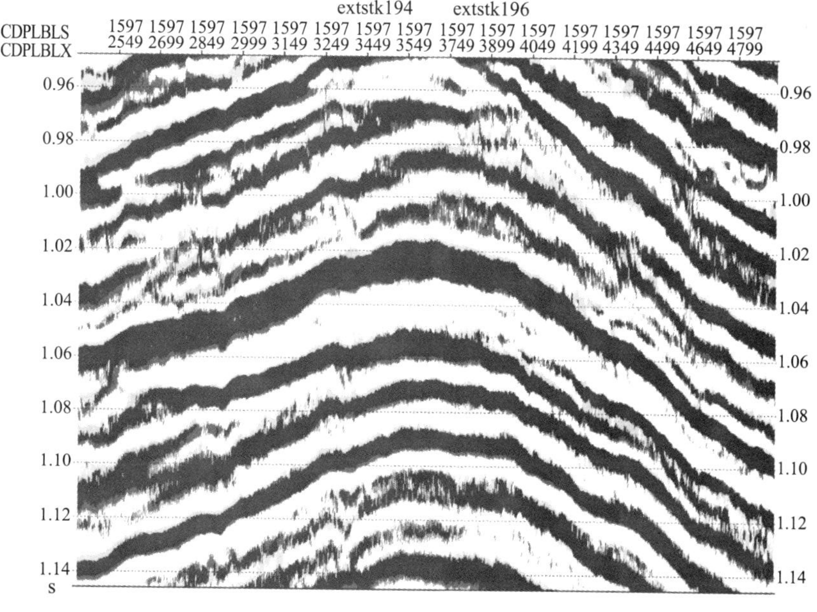

图 7.18　时移测线 1597 相位差异分析图

参见书后彩图

如图 7.19 所示，1994 年和 1995 年度的基础地震资料与 2007 年度的时移地震资料存在相位差异，剖面的左侧位置相位差异小（白框所示），右侧位置时差较大（黑框所示），相同层位之间存在近 7ms 的时差（黑框所示）。

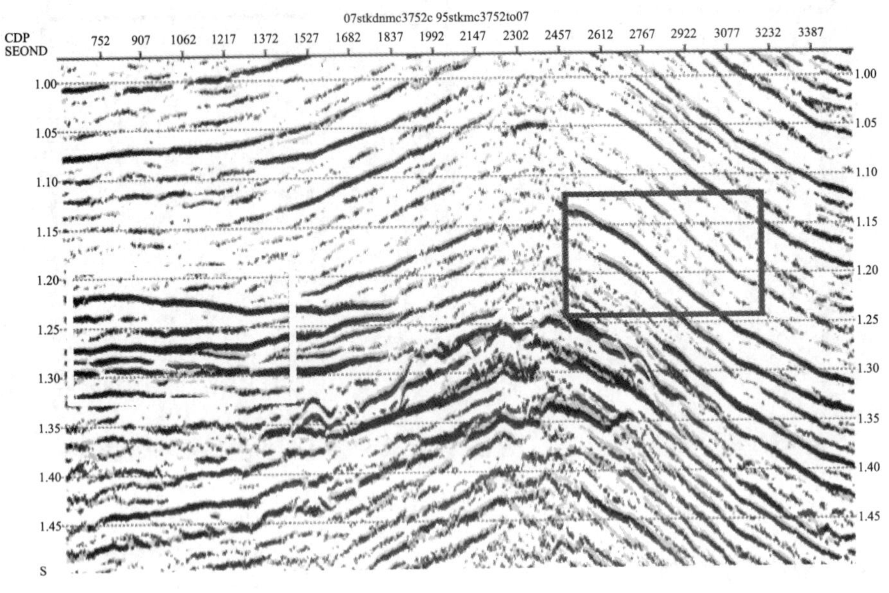

图 7.19　时移地震资料测线 3752 相位差异分析

7.5.1.5　信噪比差异分析

通过频谱分析和相对应的炮集显示（图 7.20），2001 年和 2004 年度与 2007 年度的时移地震资料信噪比相当，基本在同一级别水平。

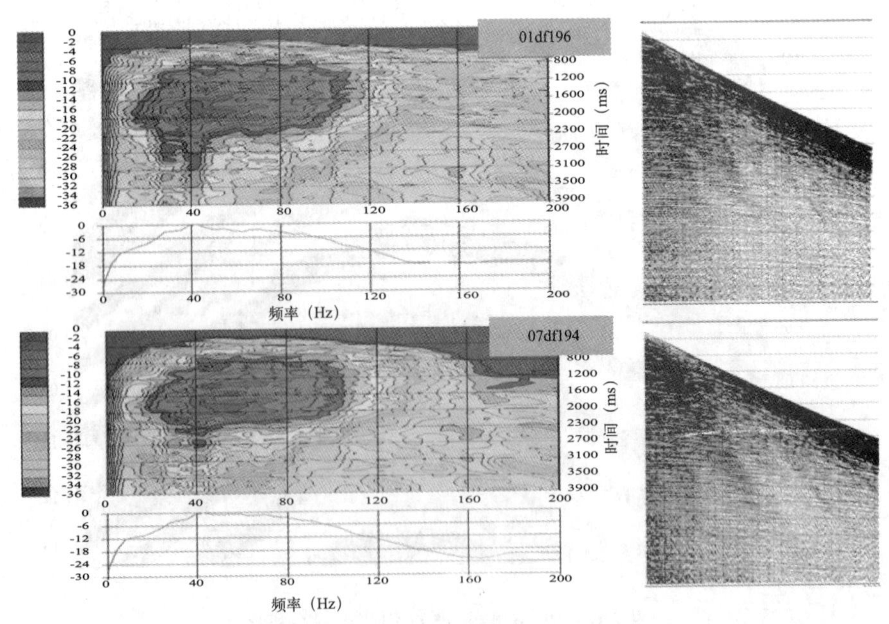

图 7.20　时移测线 1597 信噪比差异分析

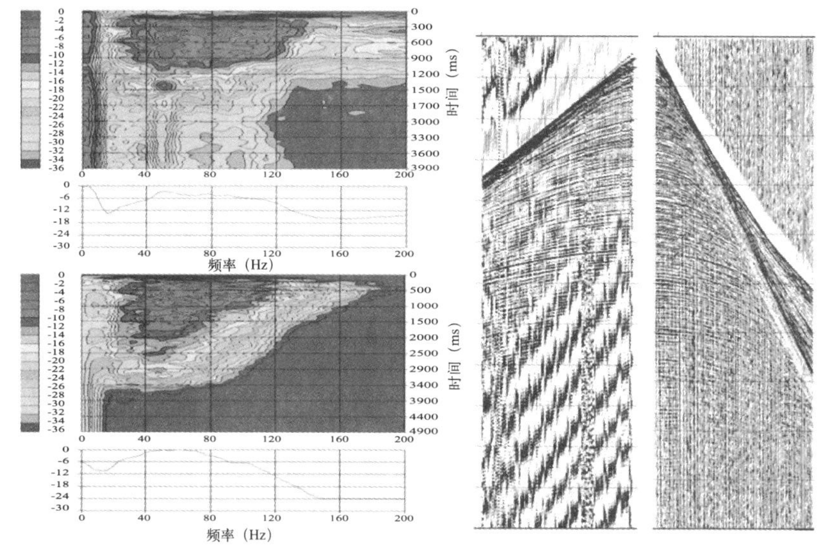

图 7.21　时移地震资料测线 3752 信噪比差异分析

通过频谱分析和相对应的炮集显示（图 7.21），1994 年和 1995 年采集的地震资料信噪比低，环境噪声大，坏炮坏道多，2007 年度采集的时移地震资料信噪比较高，环境噪声小，坏炮坏道较少。

7.5.1.6　分辨率差异分析

时频分析结果显示（图 7.22），2001 年度（红色）和 2007 年度（青色）的频谱交汇在一起，两者频带基本相同，2001 年度的基础测线资料与 2007 年度的监测测线资料主频分别是 58Hz 和 59Hz，分辨率差异很小。

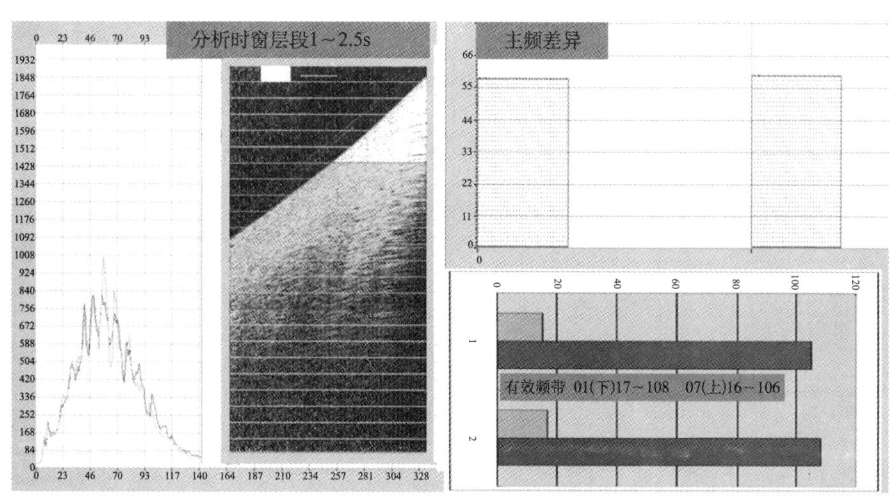

图 7.22　时移测线 1597 分辨率差异分析

参见书后彩图

1994 年度和 1995 年度的基础测线同当作基础测线的与 2007 年度监测测线对比，两者主频和频带基本相同（图 7.23），但是 1994 和 1995 年度采集的基础测线资料的高频部分丰富些，2007 年度采集的监测测线资料的低频能量稍强一些。

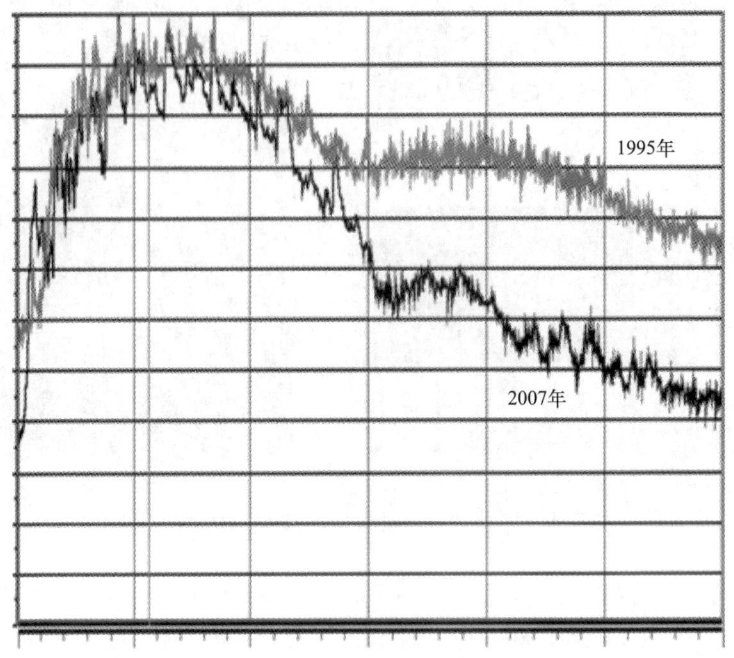

图 7.23　时移地震 3752 测线资料分辨率差异分析

7.5.1.7　速度差异分析

通过速度谱分析技术，把相同位置的速度谱进行对比分析（图 7.24），从中可以发现，时移地震 3752 测线资料整体的速度趋势是一致的，不过在某些局部位置存在速度差异。图中右侧细红线代表基础测线速度，粗黑线代表监测测线速度料。

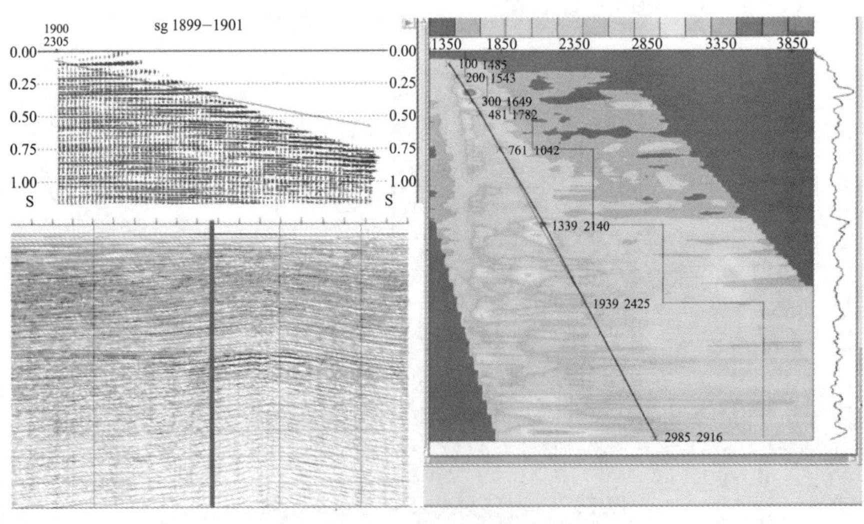

图 7.24　时移地震 3752 测线资料速度差异分析

参见书后彩图

7.5.1.8 多次波差异分析

研究中采用互相关分析技术进行多次波分析，分析结果显示时移测线3752多次波存在明显差异（图7.25），差异主要表现为能量上差别较大，但多次波的周期性一致性较好。其他测线对比的结果也基本一致。

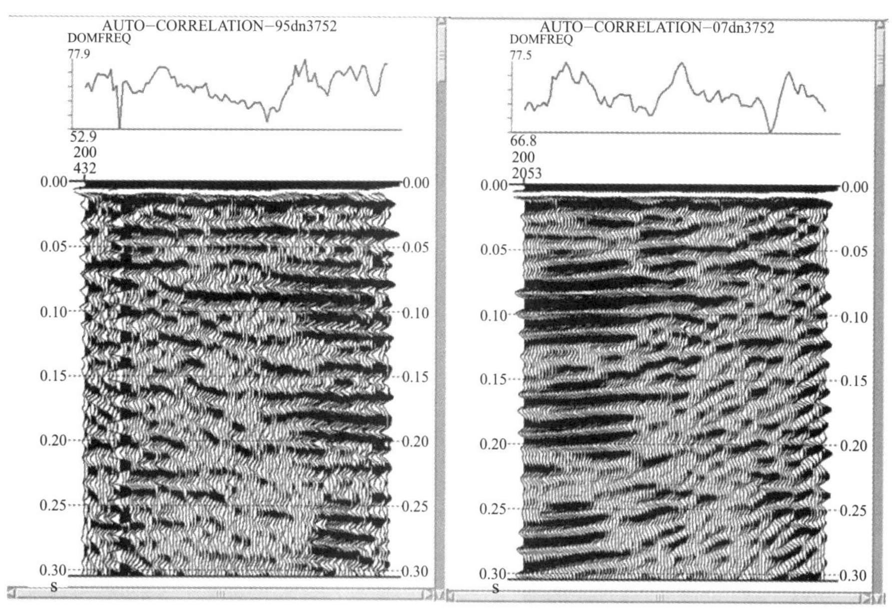

图7.25 时移地震3752测线资料多次波差异分析

7.5.1.9 综合差异分析

通过以上的综合分析，结合工业界推出的时移地震可行性研究评分标准，并参考了目前业界几个时移地震研究的实例（表7.7），对东方1–1气田时移地震的可行性研究进行了综合打分（表7.8）。通过对东方1–1气田风险评价认为该气田的平均分辨率和储层位置受多次波的影响较小，成像的信噪比和保真度较高；地层比较平坦，平点和地震振幅特征明显，因此液体接触面可视为清晰；整体上来说，除了2D时移测线1500外（表7.6），东方1–1气田二维的时移测线的重复性得分较高，二维采集方式取得的监测资料与三维采集方式取得的基础资料的重复性较差，个别线得分较高（表7.6），但从全局考虑，东方1–1气田时移地震资料重复性不高，时移地震资料处理难度较大。

7.5.2 时移地震数据处理

东方1–1气田时移地震处理主要包括三大部分，即在叠前位置匹配、相位校正、LIFT去噪、子波处理、反褶积、多次波衰减和能量匹配；叠后互均衡处理和时移地震数据处理流程匹配，整个处理过程的重点是叠前各项匹配处理技术。

表7.7 时移地震研究实例评分参数及可行性分析表

参数	理想值	印尼	墨西哥湾	西非	北海
深度 (m)	浅	1.98	2 133~2 438	1 219~1 829	2 804~3 170
上覆地层压力 (MPa)	低	3.66	48~55	27.6~41.4	44.8~51.7

续表

	参数	理想值	印尼	墨西哥湾	西非	北海
油	孔隙压力 (MPa)	高	0.69~2.41	21~22	15.2	44.8~36.2
	静压力 (MPa)	低	2.97~1.24	27~33	12.4~26.2	0~15.5
藏	泡点 (MPa)		0.76	21	31	8.62
	温度 (℃)	高	37.8~221.1	80~82	79.4	101.7
	单元厚度 (m)	大	30	30~46	15~46	4.57~12.2
岩石	体积摸量 (GPa)，密度 (g/cm³)	低低	2~3, 1.54~1.67	3.0~5.8, 1.7~2.1	5~8, 1.76	10~30, 2.07~2.23
	孔隙度 (%)	高	30~38	21~34	26~30	16~23
	气油比 (m³·m⁻³)	高	0	44.5~62.3	62.3~80.2	＞ 53.4
油	重量 (API) 密度 (g·cm⁻³)	高低	22 0.9	25 0.85	22~28 0.77	36 0.75
	体积模量 (GPa)	低	1.5	1.2~1.5	1.0	0.92
	盐度	高	0.04	0.19	0.04	0.2
水	密度 (g·cm⁻³)	高	1.0	1.1	1.0	1.08
	体积模量 (GPa)	高	2.25	3.35	2.25	3.0
气	密度 (g·cm⁻³)	低	0.1	0.1	0.1	0.12
	体积模量 (GPa)	低	0.1	0.1	0.1	0.23
流体	饱和度变化 (%)	高	90~10	90~10	75~25	75~40
	压缩系数比 (%)	高	＞ 1000	150~200	125	200
	主频 (Hz)	高	125	50	30	25
地	平均分辨率 (ft)	小	15	50	85	100
震	成像质量 (1~5)	5	4	5	4	3
资	可重复性 (1~5)	5	5	4	4	3
料	流体接触面可视程度 (1~5)	5	4	4	4	2
	旅行时变化 (samples)	＞ 4	20	0	0~4	0
	声阻抗变化 (%)	＞ 4	55	8~10	4~6	3~7
	总体评价 (满分为 45 分)		43/45	38/45	32/45	23/45

表 7.8　东方 1-1 气田地震时移地震研究可行性评价得分表

东方 1-1 气田风险定量评价表

分类	因素	单位	理想值	实例				
				印尼	墨西哥湾	西非	北海	东方 1-1
油藏	干岩石体积模量	GPa	5	5	4	3	2	
	流体压缩系数变化	%	5	5	4	3	4	
	流体饱和度变化	%	5	5	5	4	3	
	孔隙度	%	5	5	4	4	3	
	波阻抗变化	%	5	5	4	3	3	
	构造倾角	5	5					
	油藏总分		30					
地震	平均分辨率	m,ft	5	5	4	3	1	4
	流体接触面可见度		5	4	4	4	2	4
	成像孔径		5	5	4	4	4	4
	成像质量	信噪比和保真度	5	4	5	4	3	5
	可重复性		5	5	4	4	2	2
	地震总分		25	23	21	19	12	19
总分			55					

7.5.2.1 位置和道的选取

因为重复的观测系统是非常重要的，所以在资料处理之前必须检查坐标位置的一致性。由于上覆层的不均匀性，处理中道的选取最好选择那些具有最相近的重复观测系统的地震道，即小于相关距离 L 的道。这样也许得不到好的偏移距分布，但能得到具有很好的噪声及误差（剩余多次波、噪声压制中产生的误差）重复的数据。对每次资料采集也许不用进行多次波或其他噪声的消除，也可能会得到更有意义的差值。

处理中我们通过对面元网格、炮间距、激发震源、记录长度、接收道数、接收电缆和偏移距、道间极性匹配处理后，各时移地震测线覆盖次数及空间位置对应关系得到较好的一致（图 7.26、图 7.27）。

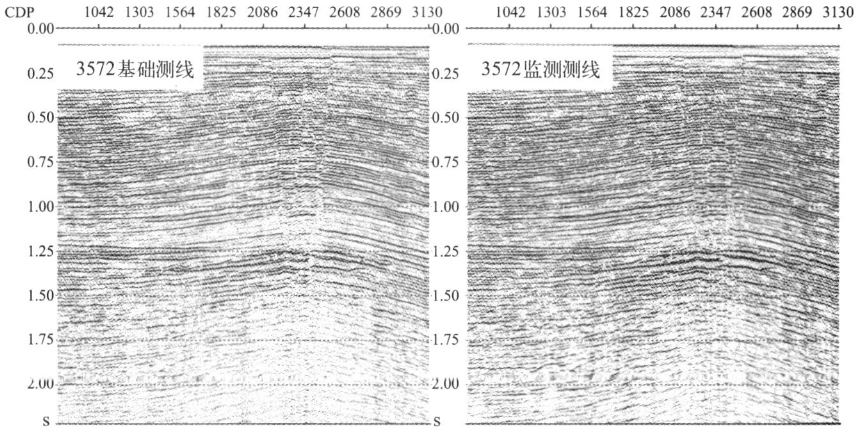

图 7.26 时移地震 3752 测线资料空间位置校正前后对比图

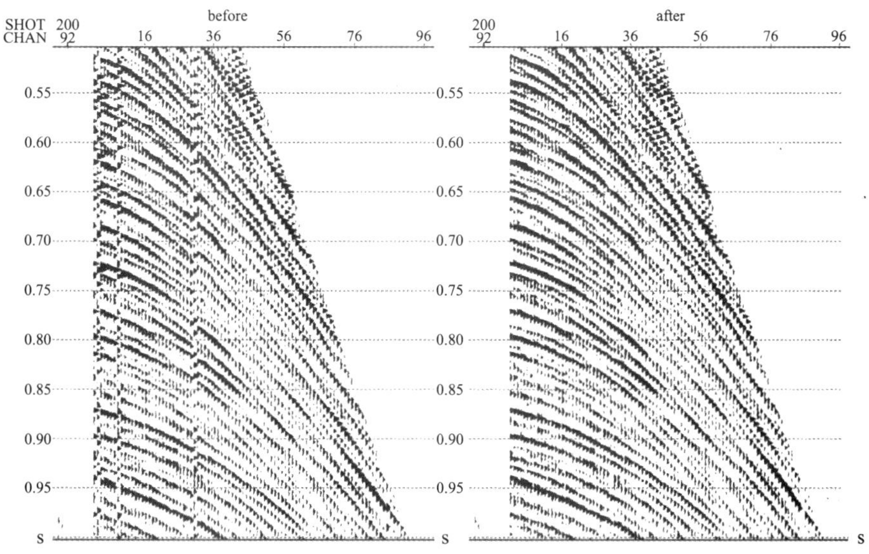

图 7.27 时移测线 3752 相位校正前后的炮集对比记录

7.5.2.2　叠前 LIFT 去噪技术

图 7.28 是经过 LIFT 技术衰减噪声后的 3572 基础测线资料的炮集成果。从图中可以清晰看到，去除的噪声都是希望滤去的，而且几乎没有损伤有效信息，也没有传统去噪会有异常道充零值的情况，为后续反褶积奠定了很好的基础。图 7.29 是传统技术去噪剖面，可以看出去噪后出现空白道，不利于后续处理效果的分析。

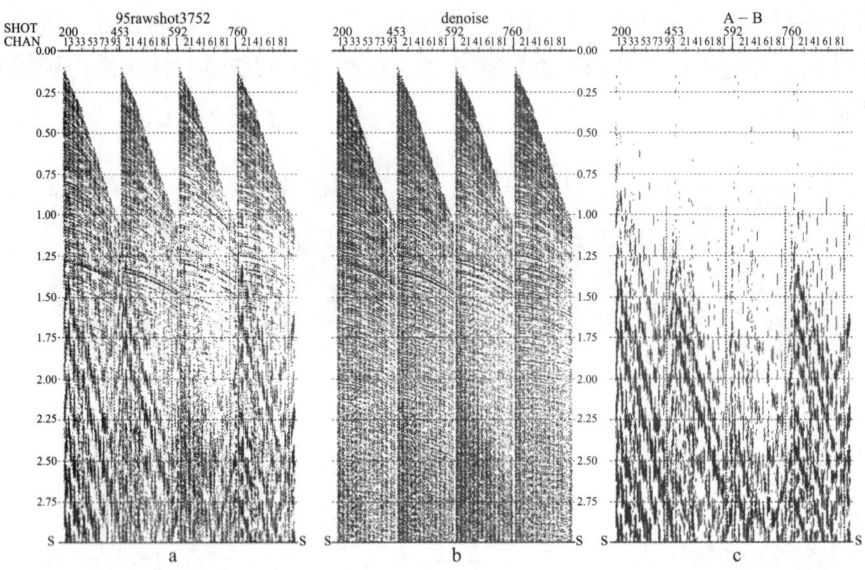

图 7.28　利用 LIFT 技术压制时移地震 3752 测线前（a）后（b）效果对比及去除的噪声（c）

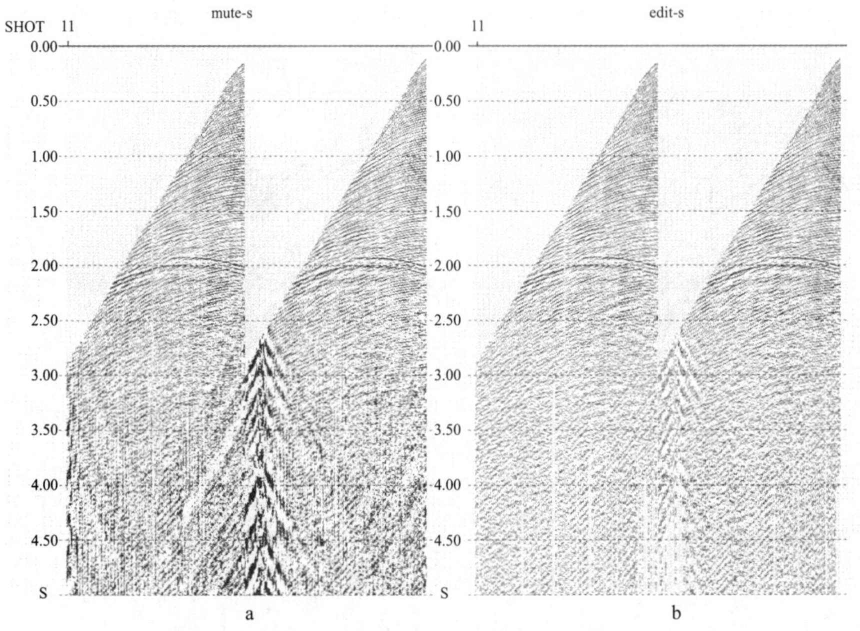

图 7.29　炮集传统去噪前（a）后（b）剖面

通过 LIFT 压制噪声的技术，极大地提高了时移测线数据处理的一致性，降低了在数据处理过程中因噪声压制因素而带来的风险。这也是本次时移地震数据处理的核心技术之一。

7.5.2.3 子波匹配处理

子波处理是时移地震数据处理的重要组成部分，通过前期精细的分析，得出输入子波的来源比从炮集提取出来的子波具有更高的可靠性。

具体子波整形的步骤是，将基础测线资料的子波实际输入，分别采用标准雷克子波(60Hz 主频或 80Hz 主频)、巴特沃斯子波(带宽 150Hz)、零相位子波(去相位)和监测测线的子波作为期望输出。通过细致的比对，认为把监测测线的子波作为期望输出的效果最好，其原因是 2007 年度的资料（监测测线）信噪比高、子波稳定性好、且子波特征较好。图 7.30 是经过子波整形后的基础测线子波与监测测线子波的对比，对比结果显示，通过子波整形得到了较好的效果。

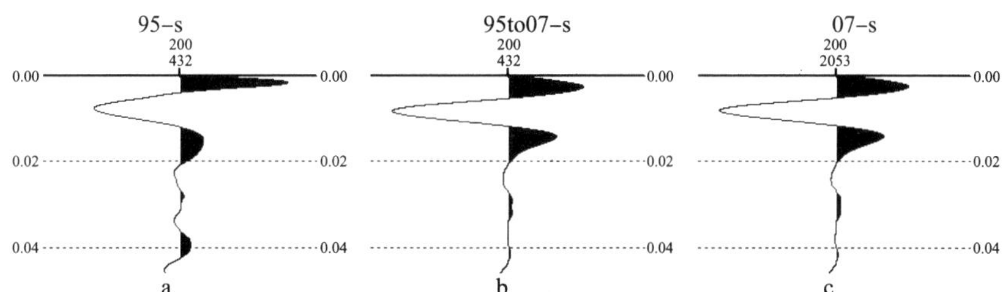

图 7.30 时移地震 3752 测线第 200 炮处子波匹配处理前后效果对比

a—基础测线资料子波；b—基础测线资料匹配处理后的子波；c—监测测线资料的子波

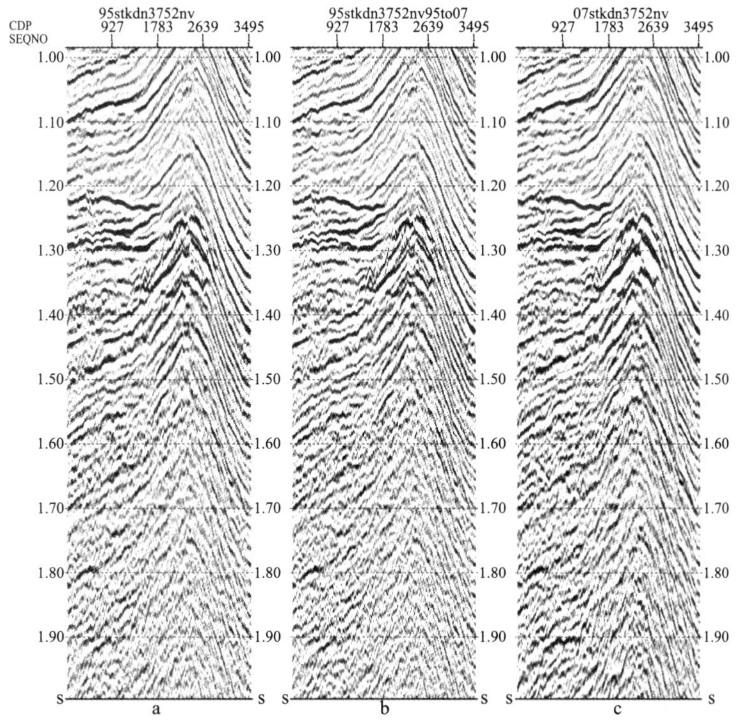

图 7.31 时移地震 3752 测线资料子波匹配处理前后叠加剖面对比

a—基础测线资料叠加剖面；b—基础测线资料子波匹配处理后的剖面；c—监测测线资料叠加剖面

从实际叠加剖面来看，基础测线（1994，1995，2001）资料向监测测线（2007）资料整形效果也是最好的（图 7.31）。对于 2001 年的基础测线资料来说，其子波整形的工作就相对要简单一些，其原因是原始的 2001 年基础测线资料的子波与 2007 年监测测线资料的子波形态相近。

7.5.2.4 反褶积处理

在时移地震研究中，如果基础测线和监测测线之间的重合性足够高，多次波在时移地震数据处理中就可以采用不压制的方式。从前面的多次波对比分析可知，本次时移地震研究的 10 条测线的多次波的强弱和周期性还是有明显的差异，如图 7.32 所示，它们的多次波周期性相似性较高，但强弱关系差异大（黑色框所示）。因此，在处理的过程中需要进行精细的反褶积处理。

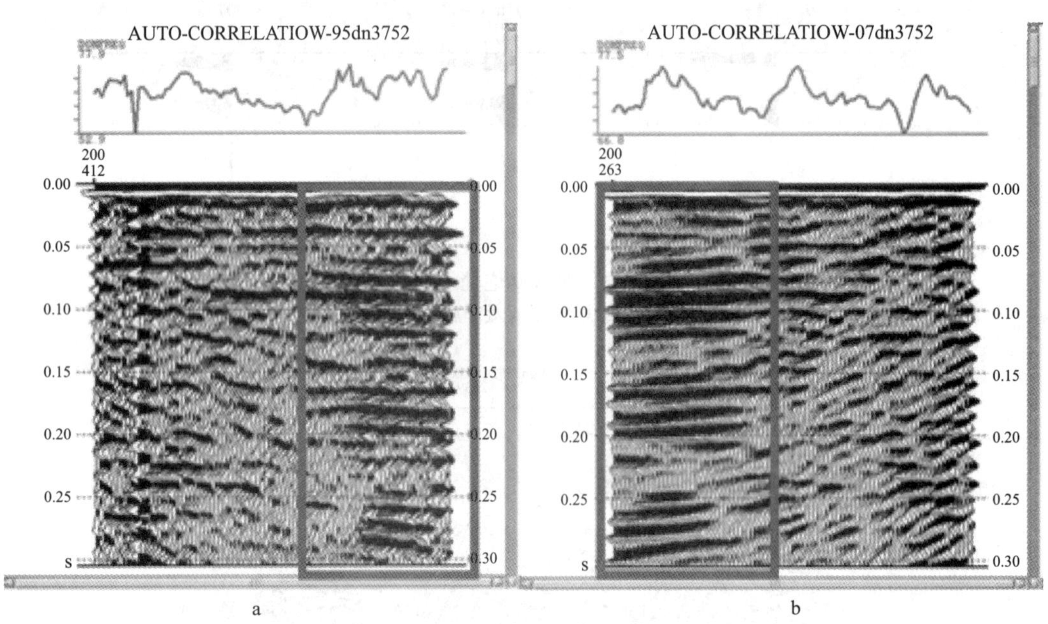

图 7.32　时移地震 3752 测线数据自相关分析

a—基础测线数据；b—监测测线数据

经过恰当的精细反褶积后，时移地震数据的一致性得到了明显改善。图 7.33 至图 7.35 分别展示的是基础测线资料和监测测线资料反褶积前后效果对比图。各图显示，短周期多次波得到了较好的压制。图 7.34 是时移地震 3752 监测资料反褶积前后的差异剖面效果对比图，图 7.35a 是时移地震测线资料没有经过反褶积处理的两者差异剖面，由于受多次波的影响，可以看出它们的一致性是较差的，图 7.35b 是时移地震测线经过反褶积处理的两者差异剖面，它们的一致性明显得到了改善。

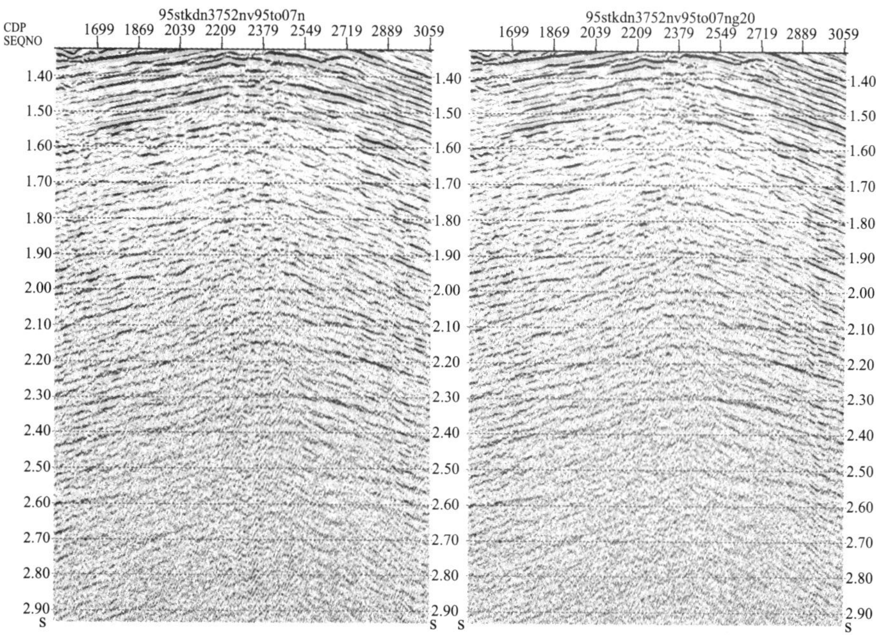

图 7.33　时移地震 3752 测线（基础测线数据）反褶积前后效果对比

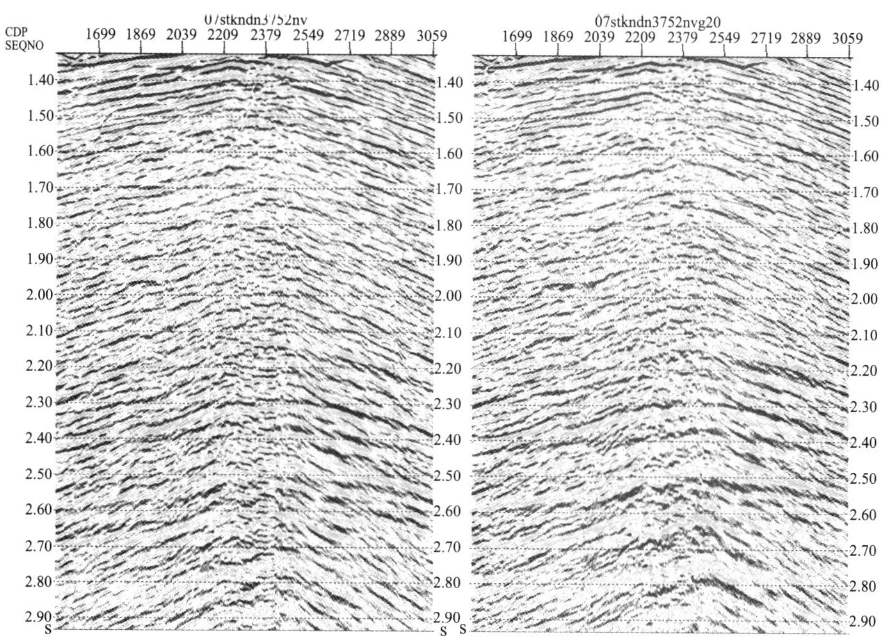

图 7.34　时移地震 3752 测线数据（监测测线数据）反褶积前后效果对比

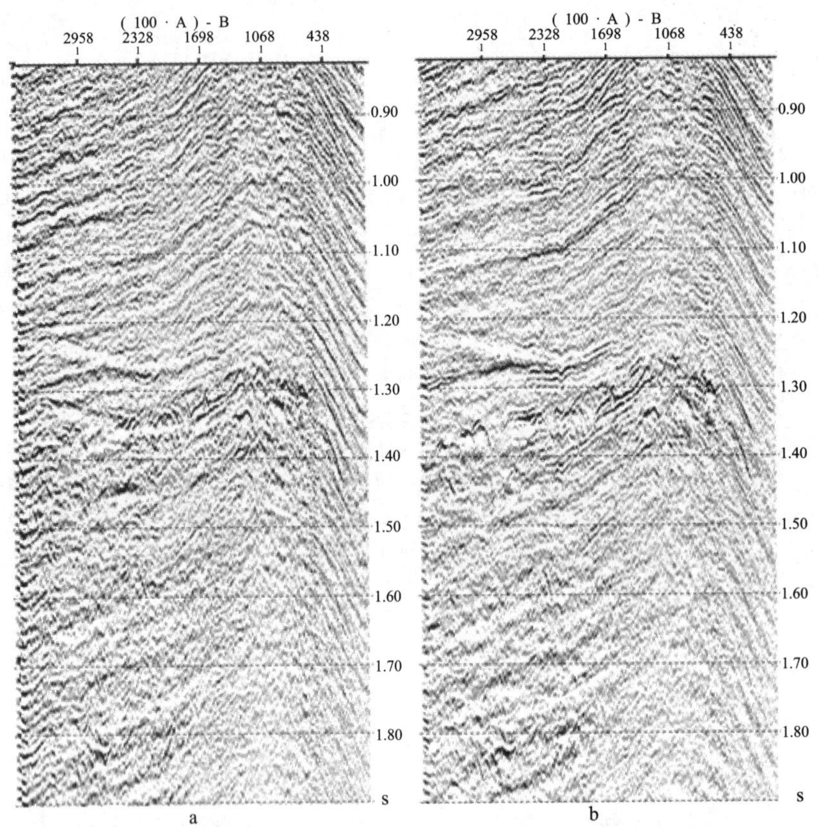

图 7.35　时移地震 3752 测线资料反褶积前后的差异剖面效果对比

7.5.2.5　利用 LIFT 技术压制多次波

东方 1–1 气田地震数据多次波发育与采集环境有关，根据多次波的运动学特征，可分为短周期多次波和长周期多次波，而短周期多次波大部分集中在近道（这里的近道往往指的是偏移距小于 1km 的近炮点道）。近道多次波的特点是周期性较强，在切除带内一次反射波与多次波的速度差异较小，几乎没有明显的剩余时差，难以采用切除的方法消除多次波。

利用 LIFT 技术衰减近道多次波非常有效，该 LIFT 技术根据有效反射在近中远偏移距均有分布，鉴于近道多次波主要集中在近道，在中远偏移距较少分布的特点，通过开局部时窗利用 AVO 技术模拟有效信号，从而达到信噪分离的目的。实践证明，该技术既能有效衰减近道多次波，又能很好地保留有效信号，保持了道集的完整性，有利于地震数据的后续处理。

利用 LIFT 技术是基于同一反射层的反射信号振幅具有规律性的 AVO 理论，其基本原理如图 7.36 所示，首先根据佐普里兹（Zoeppritz）方程的近似公式，对输入数据 A 提取 AVO 属性及其反射系数，并根据提取的 AVO 属性及其反射系数和相应的 P 波速度去模拟一次反射波，得到包含大部分一次反射波的模型数据 B1 和包含大部分多次波和极少一次反射波数据 M1，为了达到信号保真的目的，再对数据 M1 进行多次波压制，得到多次波 M2 和有效反

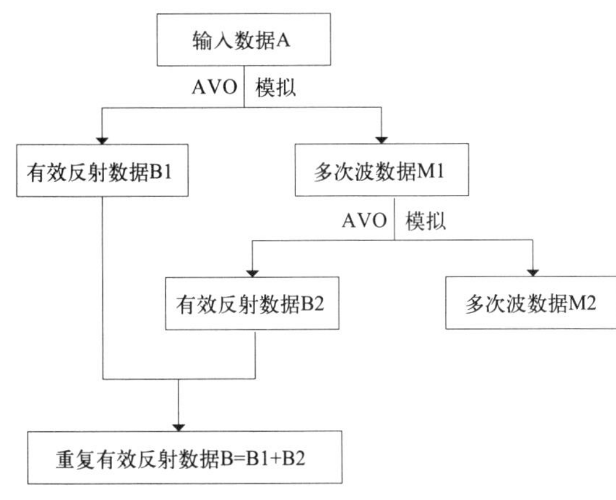

图 7.36　衰减多次波 LIFT 技术的基本原理

射波 B2，再把 B1 和 B2 相加得到最终压制剩余近道多次波的结果 B。

用 LIFT 技术衰减近道多次波的技术对实际数据进行了处理应用。图 7.37 为某个 CMP 道集利用提取 AVO 属性及反射系数衰减近道多次波原理图。从图中可以看出，通过开局部时窗，重建数据后，近道多次波得到很好的衰减，有效波保持了反射波的振幅特征，中远道的信号得到完全保护。

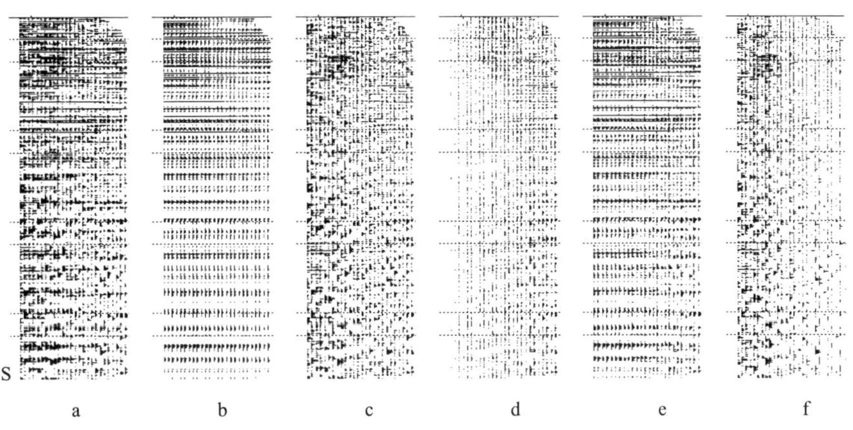

图 7.37　CMP 道集衰减近道多次波效果分析图

a—输入数据 A；b—有效反射数据 B1；c—多次波数据 M1；d—有效反射数据 B2；e—重建结果 B；f—去除的多次

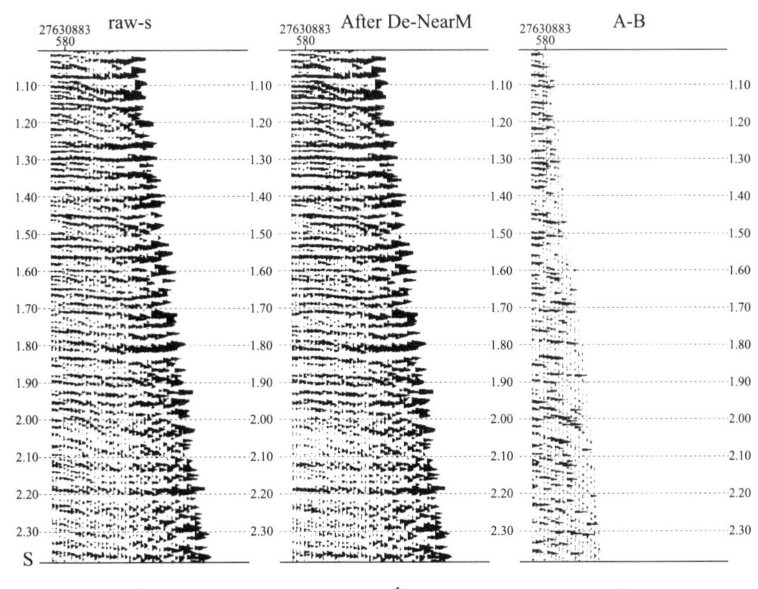

图 7.38　东方区 CMP 道集衰减多次波前后对比图

a—衰减之前；b—衰减之后；c—去掉部分（即多次波）

图 7.38 为 CMP 道集衰减近道多次波前后的效果对比图，从图中 a 部分的道集可以看出，衰减之前的近道多次波很严重，利用本项目研发的 LIFT 的技术处理之后，近道多次波得到了很好的衰减，如图中 b 部分所示。图中 c 部分为衰减近道多次波后的多次波。

图 7.39 显示的是时移地震 3752 测线经过 LIFT 技术压制多次波后，多次波得到有效衰减，同时一致性也得到了改善。

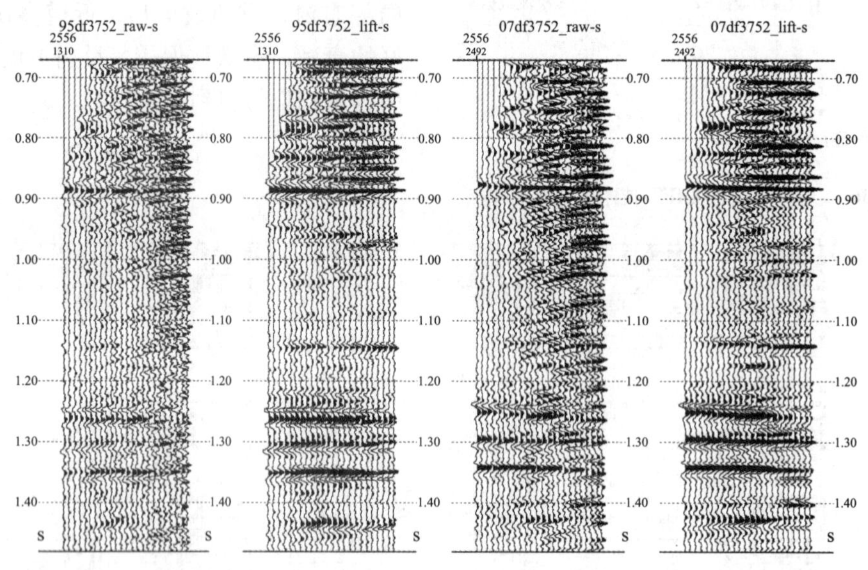

图 7.39　时移地震 3752 测线资料 LIFT 技术多次波压制前后的效果对比

综上所述，本次研发的 LIFT 技术，根据 AVO 理论，提出了一种衰减多次波的技术。实例证明，该方法既能有效衰减近道多次波，又能最大可能地保留有效信号，保持了道集的完整性，适合海上时移地震数据处理。

7.5.2.6　叠前能量匹配处理

能量匹配处理具有时间和空间变化的特性，但这种变化应当是非常缓慢的，以便其既可消除产生假的振幅差异，又能使与油气藏物性变化有关的振幅差异不受影响。

在东方 1–1 气田时移地震资料处理中，采用了一种比较简单的能量匹配处理技术，该技术是基于均方根能量来做振幅的标定。首先把基础地震数据与监测地震数据之间信号能量分别统计出来，然后把两者比例在同一能量级别水平，最后做能量归一化处理。

图 7.40 经过叠前能量级别调整处理后，基础测线资料与监测测线资料的能量基本级别达到一致。a 图是监测测线资料，b 图显示的是基础测线资料经过能量调整的结果，c 图是基础测线资料在能量调整前的结果。三者放在一起比较，c 图基础测线资料的能量很弱，但经过能量匹配后，监测测线资料和基础测线资料之间能量级别达到了完全一致。

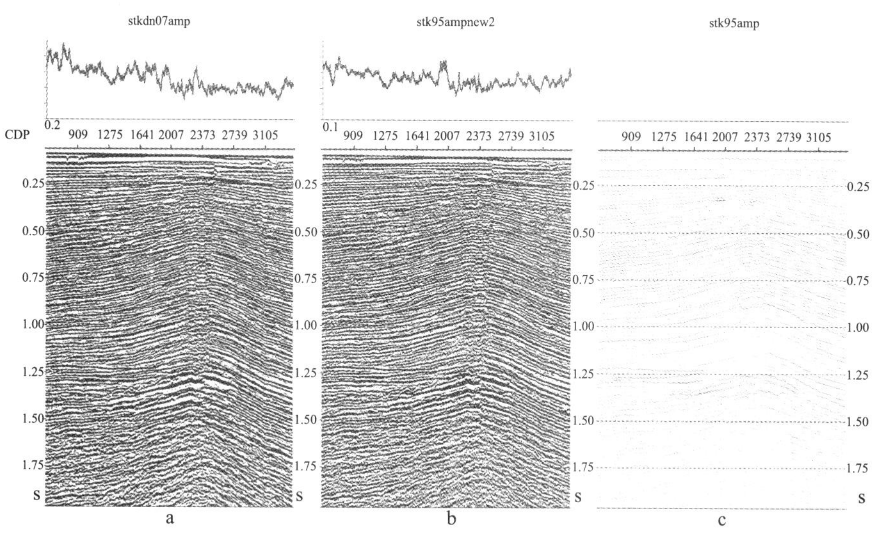

图 7.40　时移地震 3752 测线资料叠前能量匹配处理效果叠加剖面图

图 7.41 也是能量匹配后的对比效果分析图，图中显示经过叠前能量级别调整处理后，基础测线资料的道集与监测测线资料道集的 RMS 能量级别也趋于一致。

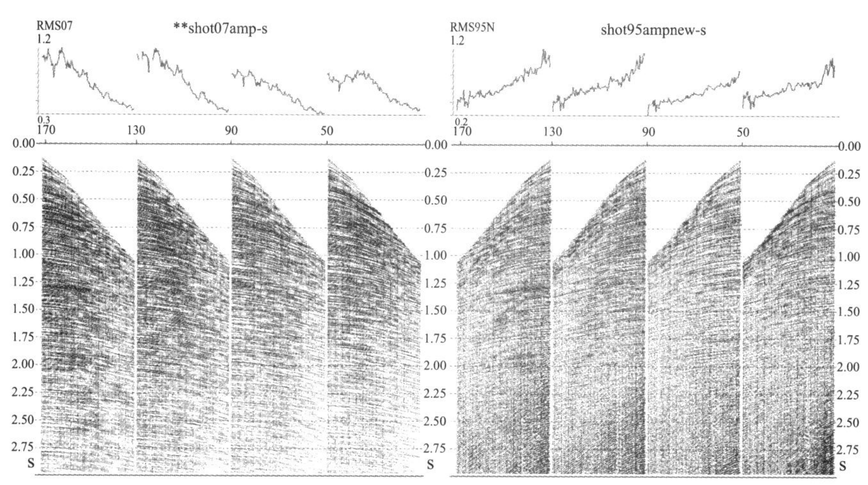

图 7.41　时移地震 3752 测线资料叠前能量匹配处理效果 CMP 道集显示

7.5.2.7　叠后互均衡化处理

对比两次地震数据，以及 2007 年进行振幅匹配后的频谱，可以看出：

(1) 一致性处理后的 1994 年、1995 年、2001 年和 2007 年地震数据主频，中心频率以及频率范围基本在同一个范围内；(2) 东西向的四条线的振幅能量一致性较好，南北向的四条线的振幅能量一致性较差；(3) 互均衡化处理后的地震数据，从频率和振幅能量上都达到了比较高的一致性。

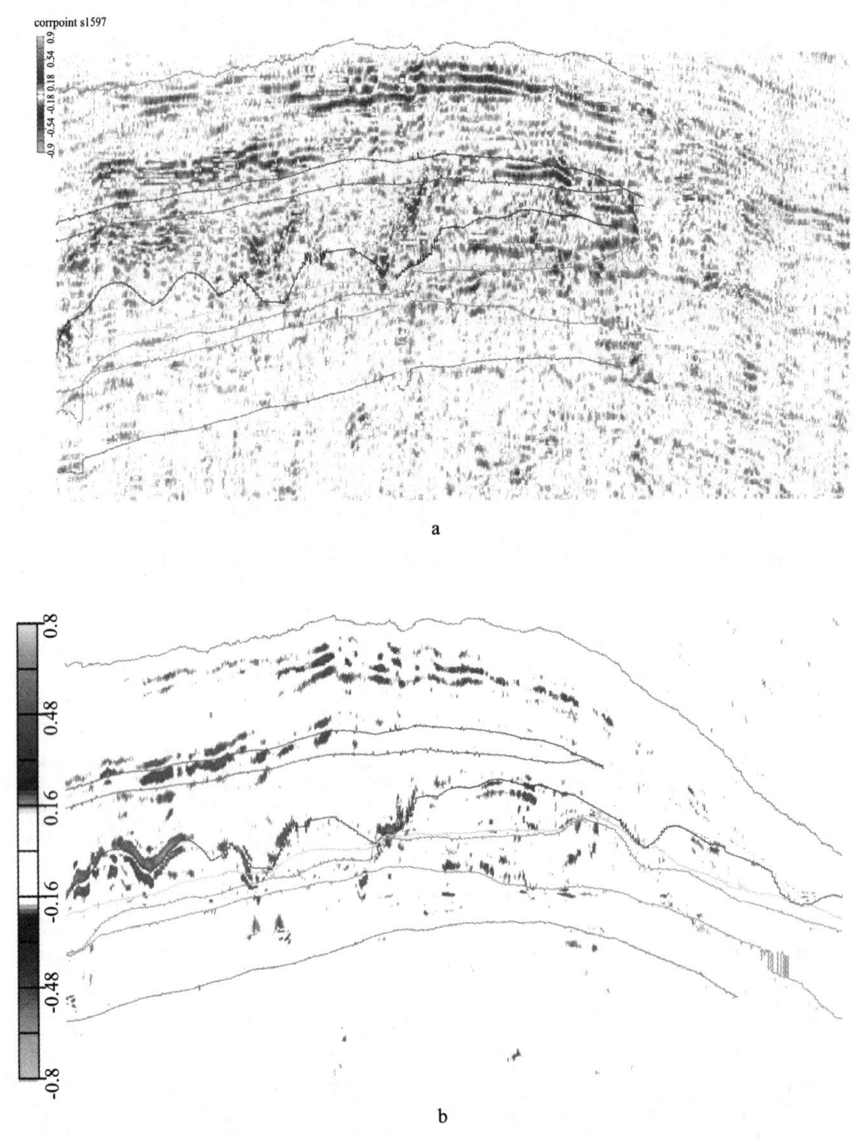

图 7.42　时移地震 1597 测线资料互均衡化前（a）后（b）地震地震振幅差异剖面

通过对时移地震数据的互均衡处理，使得两次采集数据的频谱达到一致，也在一定程度上消除了随机噪声对时移地震数据的影响，提高了时移地震数据的一致性（图 7.42，图 7.43）。

对于海上气田时移地震处理，除了采用常规的数据处理流程外，还需要根据实际的地质情况和地震数据特点，研究开发有针对性的特色时移地震数据分析及处理技术。研究过程中，在对东方 1–1 气田时移地震数据进行综合分析的基础上，研发了一系列有效的处理技术模块，诸如基于 LIFT 方法的噪声衰减、高精度子波匹配处理技术和高精度互均衡处理技术等。正是这些技术的使用，结合有效合理的采集方案，提高了东方 1–1 气田时移地震数据的一致性，达了项目的预期设计效果，同时也完善了海山时移地震数据处理技术。

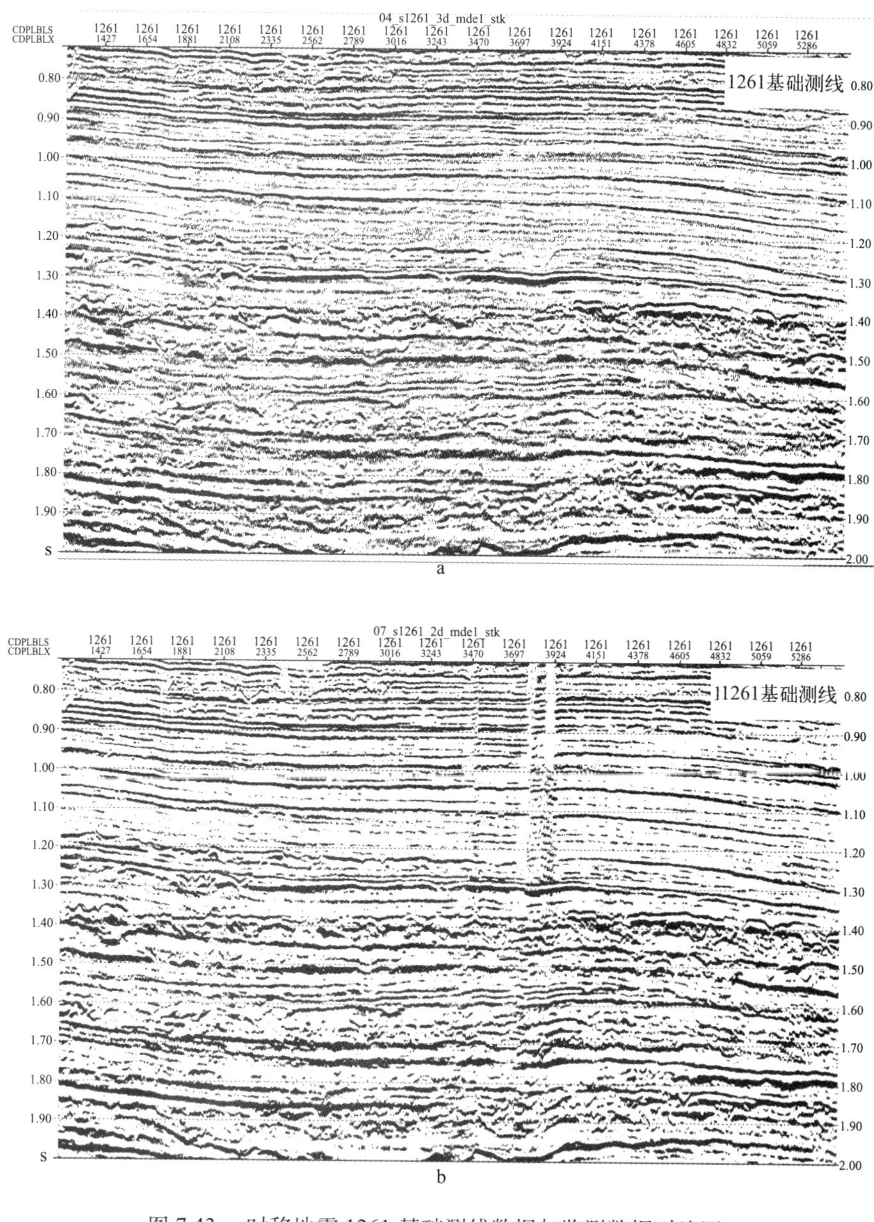

图 7.43　时移地震 1261 基础测线数据与监测数据对比图

7.6　东方 1–1 气田时移地震解释

7.6.1　岩石物理模型

在东方 1–1 气田的时移地震解释中采用了 Gassmann 模型作为标定模型，声阻抗可以由模型计算得到。

以油藏的 PVT 特性参数、饱和度特性参数、平衡区域特性参数作为岩石物理模型的基本数据，对岩石物理模型参数进行标定，如骨架特性参数，胶结参数等，获得岩石物理模型的拟合结果，如图 7.44 所示。

图中点为实际测量的数据，曲线为岩石物理模型的计算曲线。可以看出，观测数据和标定的模型拟合是比较好的。

根据岩石物理模型及其动态参数变化特征，有以下认识：

(1) 东方 1-1 气田存在部分井压力下降快以及后期可能出现水浸是影响该区时移地震差异的主导因素。

(2) 实验测定了地层压力和流体变化过程中样品的岩石物理参数。拟合表明，主要物理参数（如纵波速度）随着地层压力变化大致是线性的。不同类型岩石物理参数对流体的敏感程度不同（图 7.44）。

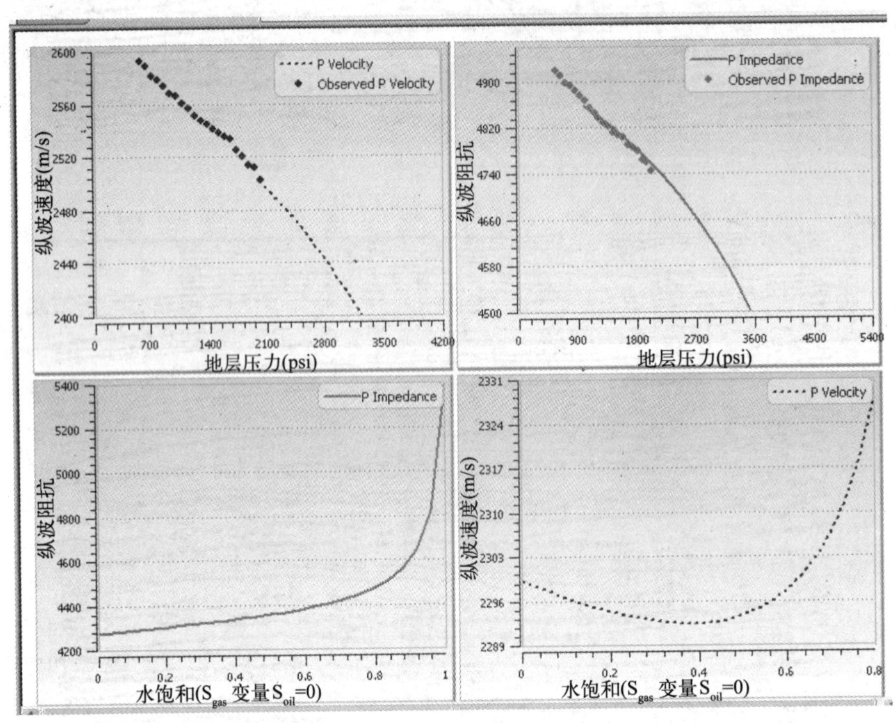

图 7.44　岩石物理模型的拟合结果

7.6.2　地震波场正演模拟

地震正演是建立起油藏地质特征与时移地震响应之间桥梁的关键。首先利用岩石物理模型对油藏模型标定，然后通过边界和地震参数的设定，最后得到动态地震响应。由于目前时移地震采集的 10 条二维监测测线都不过生产井，因此在时移地震解释过程中难以直接利用井的信息和岩石物理测试的结果来开展时移地震属性的标定工作，因此在研究过程中根据这一难点研发了利用油藏数模模型来实现过井时移地震剖面的正演，具体可以分为以下两步：

(1) 根据油藏模型生成声阻抗。

油藏数值模拟模型是通过建模，网格粗化形成的数值模型，它表现为深度域非规则网格以及各种物性参数的总和。如何由此模型合成和实测地震数据一致的合成地震数据，是时移地震数据基于数值模拟解释的基础。

根据油藏模型生成声阻抗的主要目的是为了从数值模拟模型合成时移地震信号。研究中具体实现方法采用了 Gassmann 模型，声阻抗可以从模型计算得到。

(2) 地震正演。

地震剖面的获取实际上是使用人工子波对地层声阻抗进行正演的结果，即地震子波与地层反射系数的褶积。在进行地震正演时为了使正演出的合成地震数据与实际地震的频率，相位一致，因此，正演使用的子波应当与实际地震的子波的频率、相位一致。通过分析两次采集的地震数据，最后选取相位为 0°，频率为 50Hz 的雷克子波（图 7.45）来开展正演研究。利用油藏模型参数，应用标定的岩石物理模型，合成岩石参数，如速度、密度、声阻抗等，进一步合成对应于观测二维位置的合成二维剖面。

地震正演采用垂直入射，自激自收的观测系统来实现。图 7.46 是时移地震 1597 测线 2003 年 7 月（气田开采之前即原始状态）的合成阻抗及其正演结果叠合图，图 7.47 是 2007 年 6 月（采集监测地震资料的时间）的合成阻抗及其正演结果叠合图。从结果看，正演剖面与岩石物理测试结果及双层模型正演结果变化规律一致；同时也比较符合油藏剖面属性的变化。

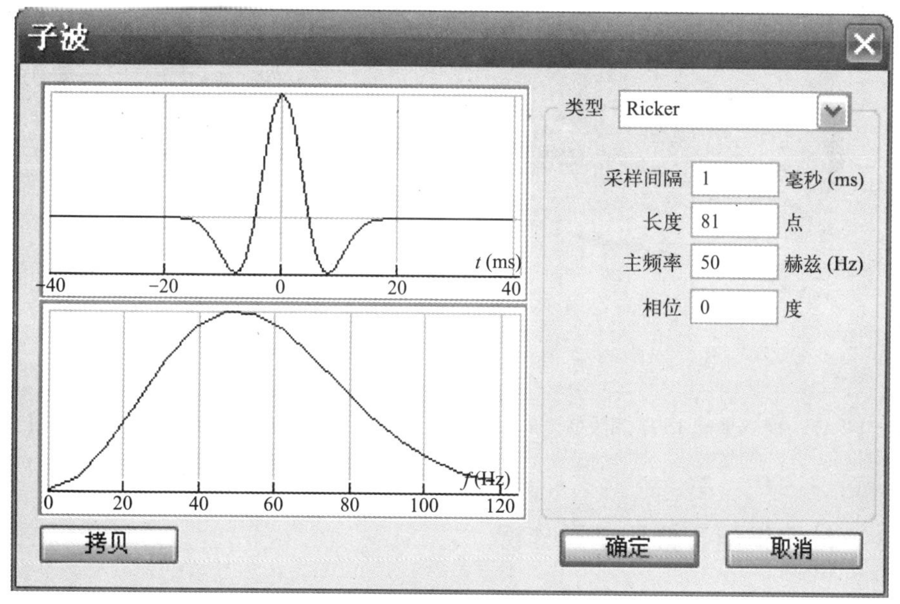

图 7.45　用于模型正演的雷克子波

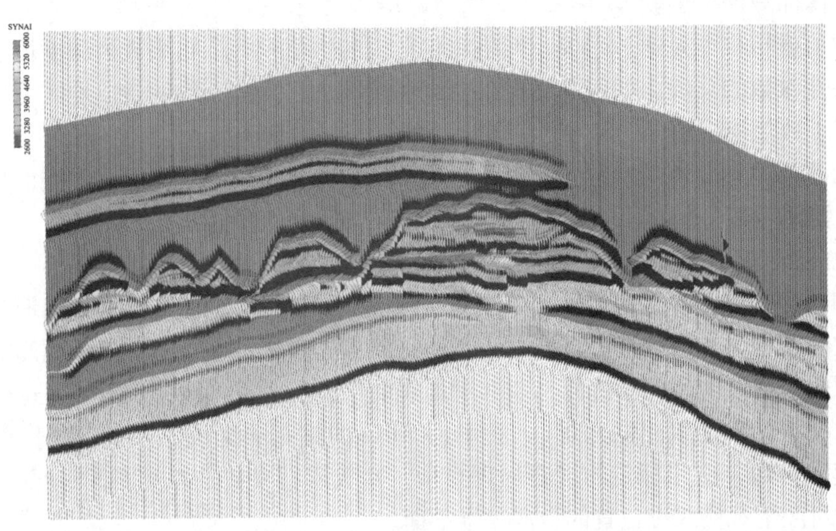

图 7.46　时移地震 1597 线原始状态对应的油藏剖面的合成阻抗及正演结果叠合图

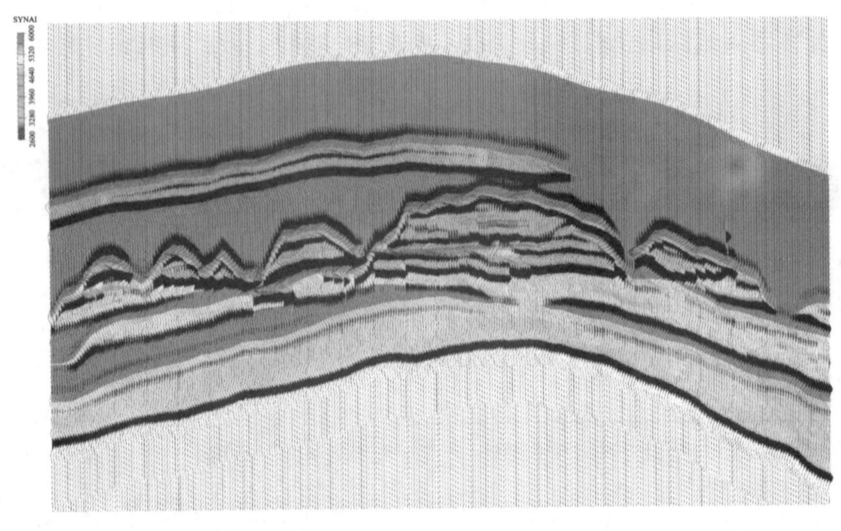

图 7.47　时移地震 1597 测线监测时间对应的油藏剖面的合成阻抗及正演结果叠合图

7.6.3　油藏模型及叠后差异分析

对经过互均衡处理以后的时移地震数据重新进行窗口相关差异计算，就获得各时移地震测线资料振幅和相位匹配后的差异，以时移地震 1541、1597 和 3572 二维地震测线为例来分析（见图 7.48 至图 7.50）。

7.6.3.1　时移地震 1541 测线

根据地质油藏和生产动态研究的结果，经过时移地震 1541 测线或测线附近两侧的开发井有 B5、B6、B1、E3b（图 7.12），其中 B1、B5、B6 井于 2006 年 8 月 投入生产，B5 井产层为I气组，B1、B6井产层为II上气组；E3b井于2004年6月投入开发，产层I气组。由于以上这些井均过时移地震1541测线，所以解释研究的第一步是利用油藏数值模型来正演气田开发后产生的地震响应，如图7.48f、图7.48g上图所示。从图上可以看出气田开发后，整体来说，正演的结果显示气层波阻抗值有所增加，且正演地震振幅出现明显的差异，特别是有2口井（B1、B6）开发的II$_{上}$气组的变化尤为明显。当对比时移地震差异（图7.48a至图7.48g）与正演地震差异时发现，实际地震差异与正演地震差异吻合较好，因此可得到以下两条结论：(1）时移地震响应与正演地震响应基本一致，说明时移地震响应的是气田开发后导致气藏内部的真实变化；(2）在没有井或距离现有井较远的部位，时移地震响应可用来预测气藏动用情况。从图7.48各图中得到，目前过1541线的I气组大部分部位和II$_{下}$、III气组的开发动用程度也不如II$_{上}$气组，可作为下步开发调整的目标。

图7.48各图还显示I气组的正演差异与时移地震差异匹配不是很好，分析原因可能是地震资料处理存在不足或油藏数值模型存在不合理的情况，在后面的综合解释中将对其进行细致的分析。

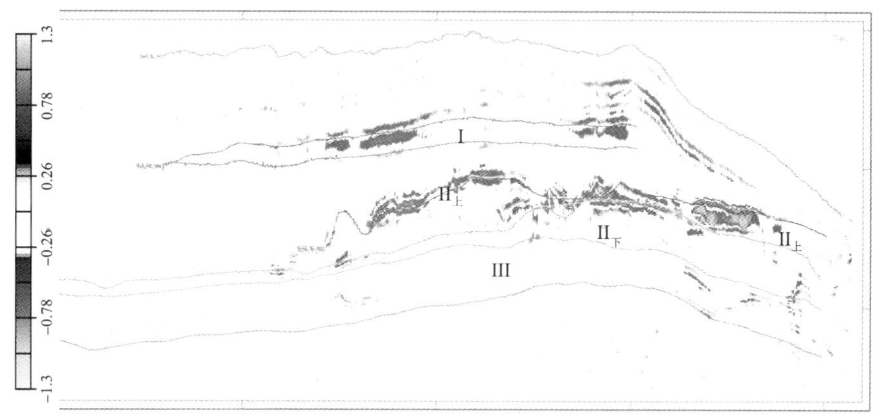

图7.48a　时移地震1541测线经过互均衡处理振幅差异剖面

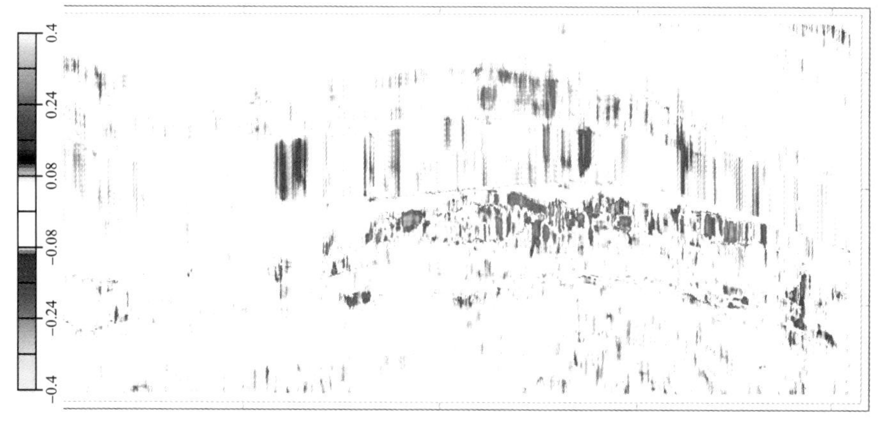

图7.48b　时移地震1541测线经过互均衡处理均方根振幅属性差异剖面

图 7.48c　时移地震 1541 测线经过互均衡处理最大振幅属性差异剖面

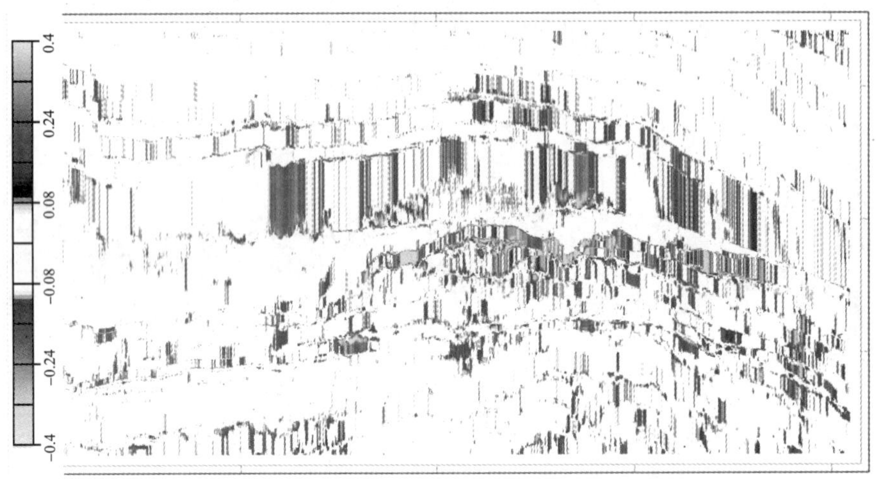

图 7.48d　时移地震 1541 测线经过互均衡处理最小振幅属性差异剖面

图 7.48e　时移地震 1541 测线经过互均衡处理时移属性差异剖面

图 7.48f 时移地震 1541 测线合成阻抗差异与互均衡处理后均方根振幅属性差异剖面对比

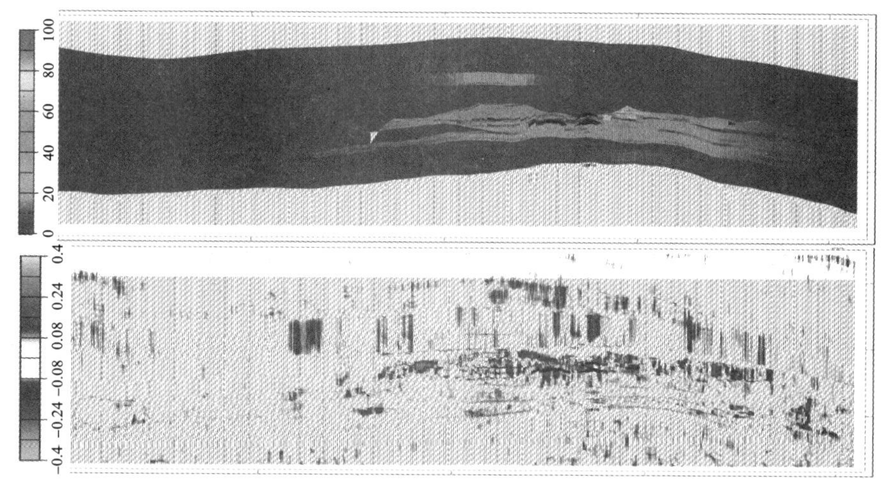

图 7.48g 时移地震 1541 测线合成阻抗差异与互均衡处理后均方根振幅属性差异剖面对比 + 合成地震差异对比

7.6.3.2 时移地震 1597 测线

时移地震 1597 测线位于时移地震 1541 测线的东侧，在 1597 测线附近有开发井 E4、E3、E3b、A7、A8（图 7.12），其中 E3 井 2003 年 8 月投入生产，2004 年 6 月废弃并侧钻 E3b 井，产层均为 I 气组； E4 井 2003 年 8 月投入生产，产层 $\text{II}_{上}$气组；A7、A8 井 2006 年 3 月投入开发，产层 $\text{II}_{上}$气组。图 7.49 各图显示，I 气组时移地震属性差异与地震正演差异较大，分析原因可能是油藏数值模型中储层物性存在不合理情况；$\text{II}_{上}$气组、$\text{II}_{下}$气组、III 气组由于时移地震属性差异变化比较大且正演属性差异吻合程度较好，分析 $\text{II}_{上}$、$\text{II}_{下}$、III 气组属性匹配比较好的原因是由于时移地震 1597 测线位置处于开发动用的比较多的区域。因此，该区域的属性差异变化比较大，在地震上比较容易被监测出来，同时，两次采集的二维地震测线的各采集参数一致性较好，而且经过一致性重处理以及互均衡化处理，极大限度地压低了资料采集的影响。

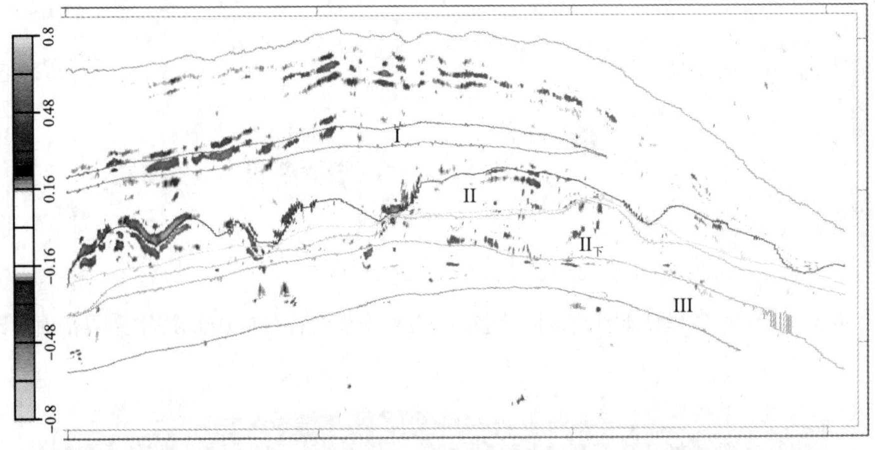

图 7.49a　时移地震 1597 测线经过互均衡处理振幅差异剖面

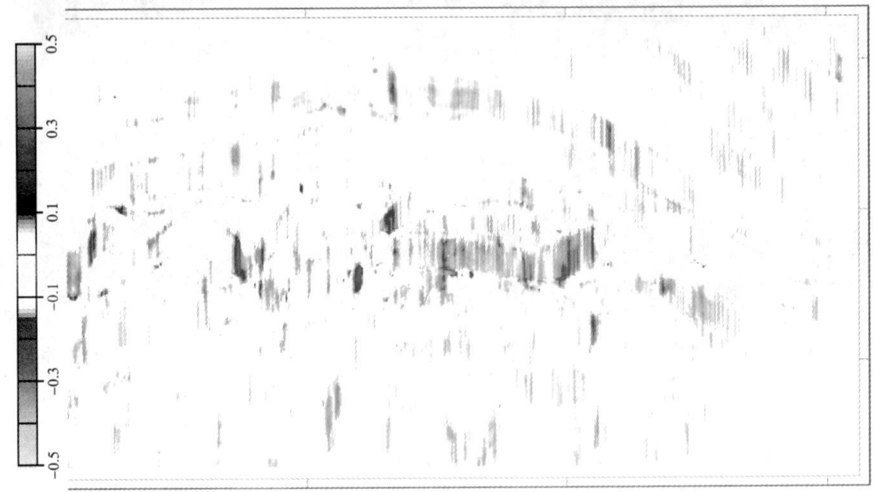

图 7.49b　时移地震 159 测线 7 经过互均衡处理均方根振幅属性差异剖面

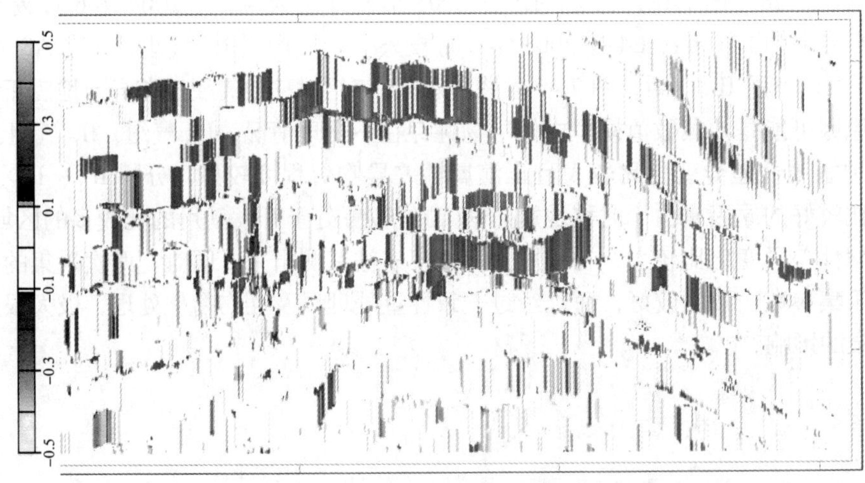

图 7.49c　时移地震 1597 测线经过互均衡处理最大振幅属性差异剖面

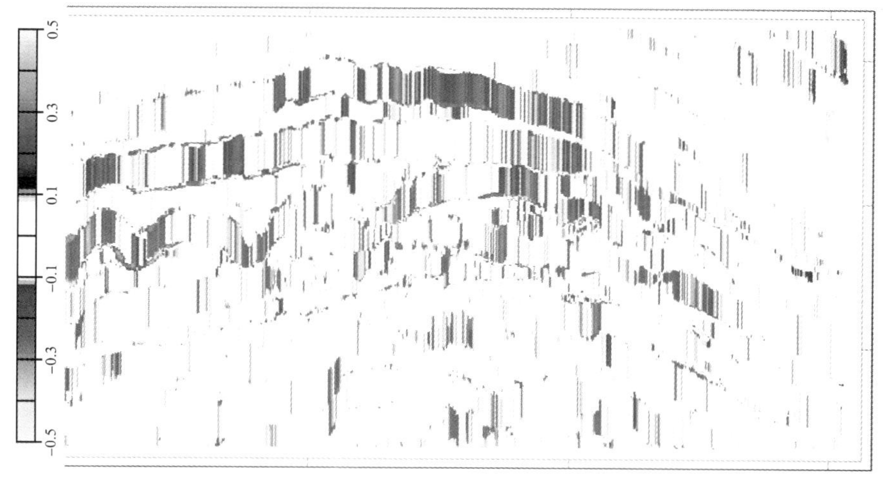

图 7.49d 时移地震 1597 测线经过互均衡处理最小振幅属性差异剖面

图 7.49e 时移地震 1597 测线经过互均衡处理时移属性差异剖面

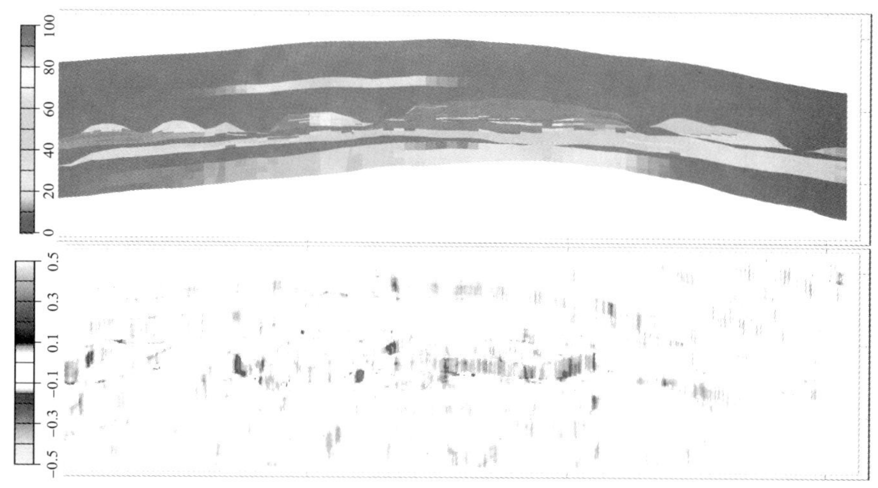

图 7.49f 时移地震 1597 测线合成阻抗差异与互均衡处理后均方根振幅属性差异剖面对比

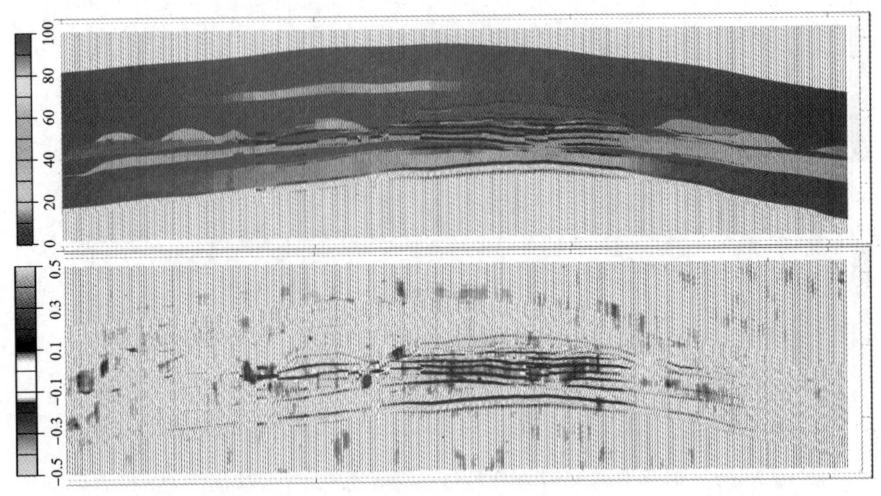

图 7.49g　时移地震 1597 测线合成阻抗差异与互均衡处理后均方根振幅属性差异剖面对比 + 合成地震差异对比

7.6.3.3　时移地震 3752 测线

时移地震 3752 测线是东西方向的测线，位于该测线附近的生产井为 2003 年 8 月投入开发的 E1 井（图 7.12），其产层为 $\mathrm{II}_{下}$气组。从正演的剖面上显示（图 7.50），正演时移地震属性变化特征与实际时移地震属性基本吻合。图中 I 气组的变化处属于 B5 井的波及范围，其高部位尚未被开发动用，为下步调整区域。$\mathrm{II}_{上}$气组也是周边井所波及，动用情况不好。$\mathrm{II}_{下}$气组由于有 E1 井的生产，井周边动用情况清晰，且压降明显，远离 E1 井的东边开发动用情况则稍差。III 气组也基本受到开发波及，但压降不是很明显，可作为下步开发调整的目标。

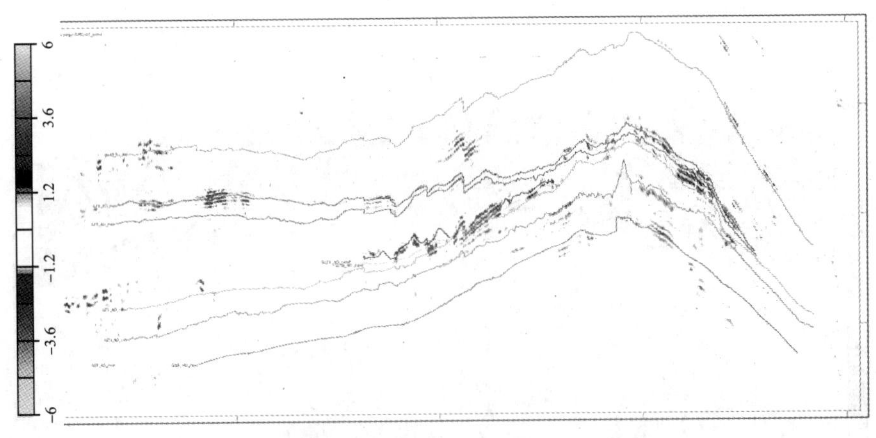

图 7.50a　时移地震 3752 测线经过互均衡处理振幅差异剖面

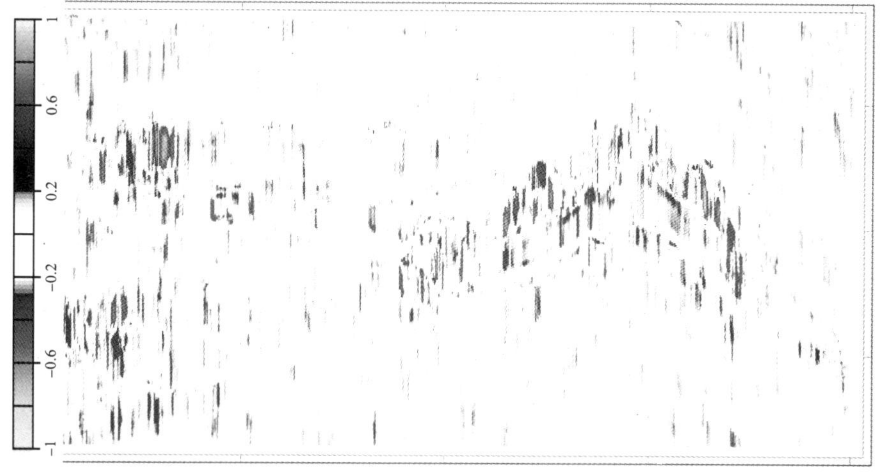

图 7.50b　时移地震 3752 测线经过互均衡处理均方根振幅属性差异剖面

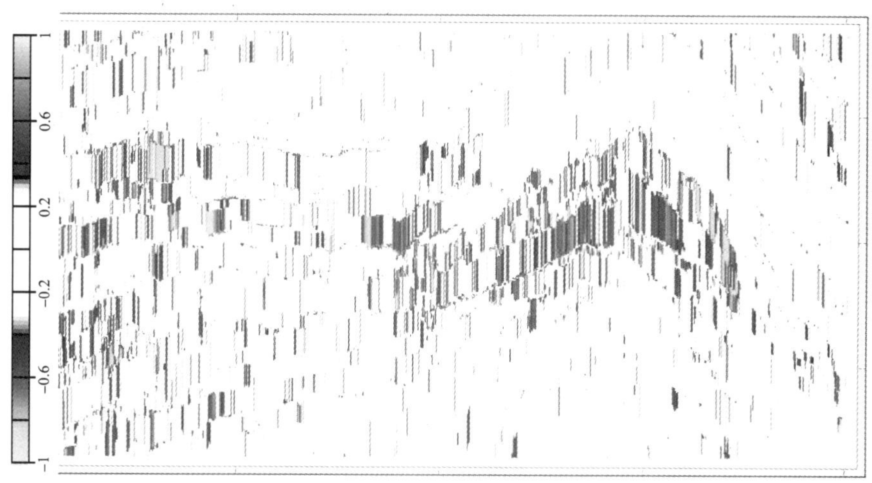

图 7.50c　时移地震 3752 测线经过互均衡处理最大振幅属性差异剖面

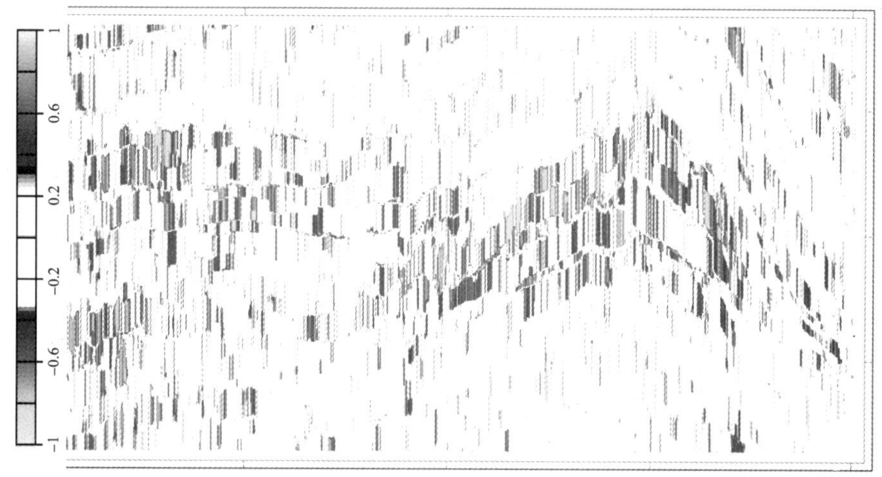

图 7.50d　时移地震 3752 测线经过互均衡处理最小振幅属性差异剖面

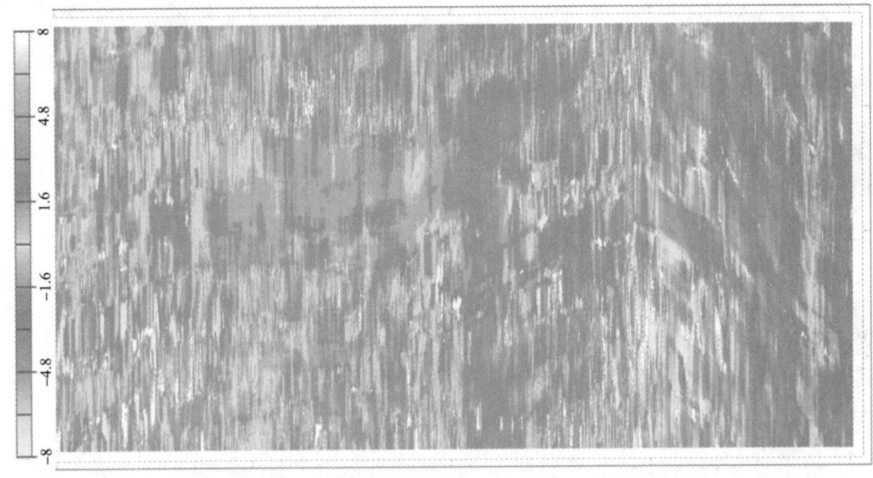

图 7.50e　时移地震 3752 测线经过互均衡处理时移属性差异剖面

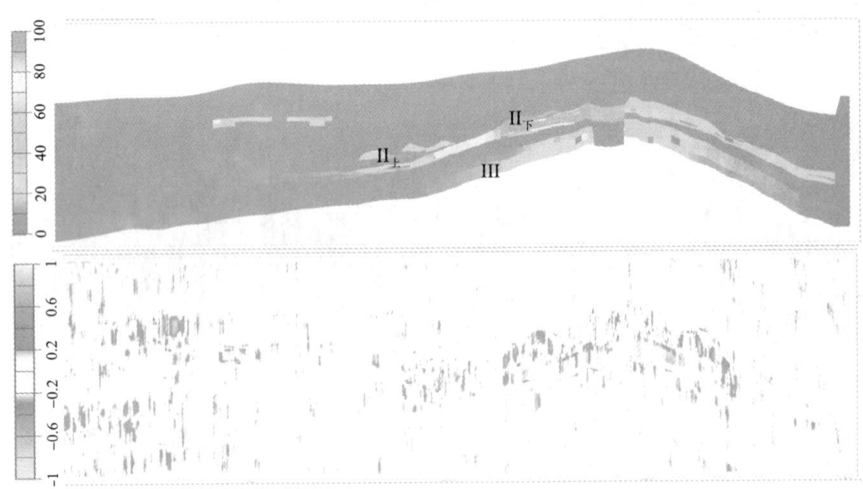

图 7.50f　时移地震 3752 测线合成阻抗差异与互均衡处理后均方根振幅属性差异剖面对比

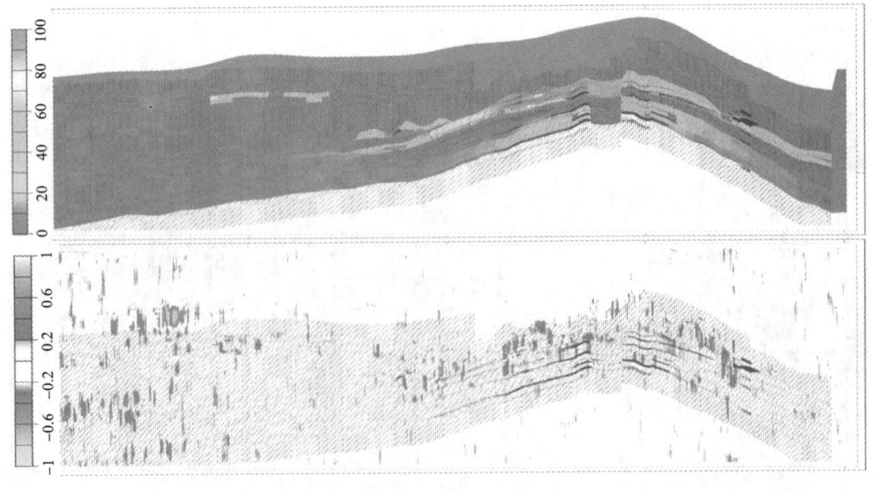

图 7.50g　时移地震 3752 测线合成阻抗差异与互均衡处理后均方根振幅属性差异剖面对比 + 合成地震差异对比

表 7.9　各时移地震资料属性差异与模型差异匹配对比

测线号	匹配效果				原因分析	建议
	I 气组	$II_上$气组	$II_下$气组	$III_上$气组		
1900	中	中	中	好	重复性和噪声	进一步查原因
2151	好	中	差	中	噪声	叠前查原因
3752	差	中	中	好	重复性和噪声	重复性分析
4105	差	中	差	中	重复性和噪声	重复性分析
1367	好	中	好	中	构造平缓	进一步叠前核实
1541	中	好	好	好	构造平缓	是否有改进空间
1597	中	中	好	好	处理较好	是否有改进空间
1903	差	差	差	中	重复性及成像	返回处理流程分析

表 7.9 是进行了解释叠后的 8 条线的时移地震资料属性差异与模型差异匹配对比表。表中对比效果评价显示，正演模型属性的差异与实际时移地震资料属性差异在 $II_上$气组、$II_下$气组、III 气组相对 I 气组匹配度高。分析原因，可以认为是，I 气组的油藏物性横向变化相对 II 气组、$III_上$气组大的原因。而南北方向上匹配度比东西方向高，这与沿构造陡缓程度以及采集设备的一致性有关。除了构造解释和采集设备的分析以外，解释过程中还要注意时移地震资料反射点的可重复性，反射点可重复性好的测线，求得的时移地震属性差异明显好于可重复性差的测线。例如时移地震 1367 测线。此外，油藏变化量是可检测的基础，由八条测线对应的合成波阻抗差异可知，当油藏的变化量比较大时，对应的合成波阻抗差异就比较大，同时，由实际地震求得的时移地震属性差异就比较大。表 7.10 为各测线对应位置的 AI 差异统计。其中，南北方向 1541，1597 的波阻抗变化率最大，达到 5.6%，这就很好地解释了这两条测线匹配效果好的原因。

表 7.10　8 条时移地震测线资料合成波阻抗差异变化（2003 年至 2007 年）

线号	阻抗变化最大量	阻抗变化均值	阻抗原始均值
东西向 1900	122	66	3562
东西向 2151	98	68	3200
东西向 3752	119	81	3600
东西向 4105	108	51	3753
南北向 1367	113	72	3721
南北向 1541	173	95	3100
南北向 1597	161	94	3200
南北向 1903	84	58	3600

7.6.4　叠前时移地震资料属性应用探讨

常规叠后地震资料属性和波阻抗信息的应用在时移地震项目的解释研究中得到了充分的应用，上一节的解释就是利用时移地震资料的波阻抗差异和地震振幅属性来解释由于气田开发后导致的时移地震信息响应。但是这些叠后的解释方法均未用到横波的信息。通常地，地层的弹性波阻抗信息包括除纵波波阻抗和密度信息以外，还包括横波波阻抗、横波速度以及在此基础上计算得到的其他弹性参数。在岩石物理测试研究的结果中，不同岩石物理参数对储层流体变化的敏感性是不同的，其中敏感程度较高的几乎都是岩石的弹性参数。因此，在时移地震解释中尝试了利用弹性波阻抗信息和 AVO 处理来解释时移地震属性。

传统叠后地震反演的地震资料属于全倾角叠加资料，它损失了很多地震反射中与储层和油气有关的信息，削弱了地震资料反映储层变化特征的敏感性，并只能反演出纵波波阻抗参数。与传统的共中心点 (CMP) 道集相比，叠前 AVA 地震角道集可以直观地对比出不同地层界面在同一角度范围内的振幅变化。角度地震资料同步弹性反演（AVA 反演）能全面利用 AVA 地震道集（近道、中道和远道）的振幅及频率等信息，能同时反演出纵波波阻抗、横波波阻抗、纵横波速度比、泊松比等岩石弹性参数，有助于更好地识别地层岩性、物性及流体特性。因此，采用的弹性反演方法就是 AVA 同步反演。

7.6.4.1 AVA 同步反演研究

时移地震多角度同步反演中涉及多项具体的工作步骤，每一步都对反演结果产生很大影响，需要做好质量控制，主要研究步骤包括以下几个方面：

（1）测井横波资料拟合。

DF1-1-5 井和 DF1-1-3 井都没有实测横波资料，而 DF1-1S-4 井实测有质量较高的横波资料，本次反演以 DF1-1S-4 井为参考井进行岩石物理参数调整，基于此拟合了 DF1-1-5 井和 DF1-1-3 井的横波速度曲线（图 7.51 和图 7.52）。

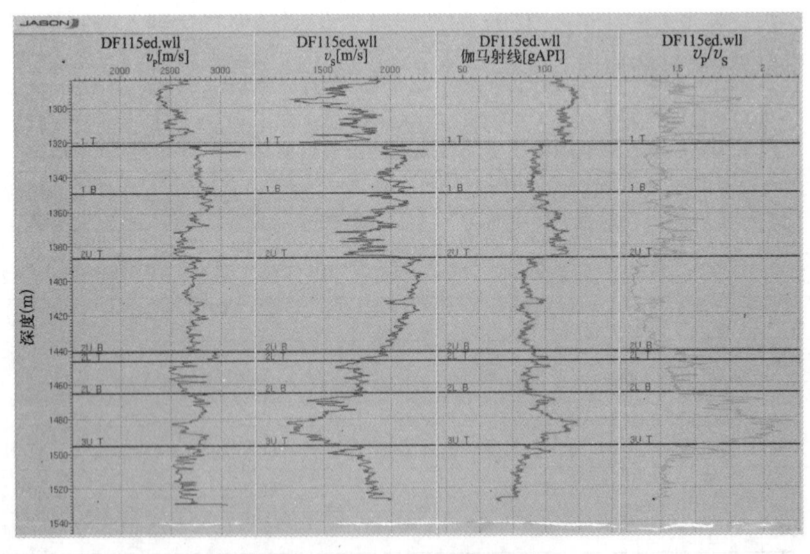

图 7.51　DF1-1-5 井正演横波曲线

（2）时差校正。

时移地震的时差校正包括监测地震测线资料和原始地震测线资料间时差的校正和不同角度地震数据的时差校正两个方面。以近角度原始地震测线资料为基准，应用原始地震测线资料的解释层位对中、远道对监测地震测线的近、中、远道数据进行了时差校正。

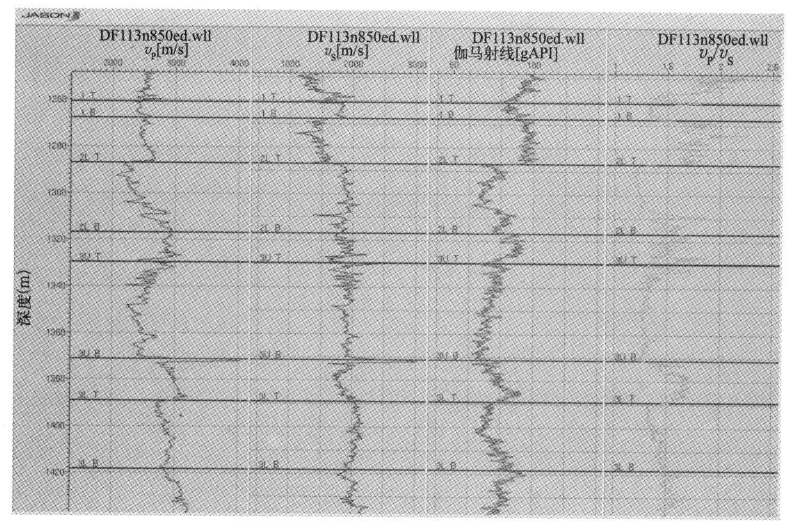

图 7.52 DF1-1-3 井正演横波曲线

（3）分角度子波提取。

时移地震的多角度同步反演要分别对监测地震资料和原始地震资料的近、中、远道数据提取各自的子波，这个过程要与制作具有 AVO 效应的合成记录迭代进行，反复校正、提取，直到提取的子波稳定并且合成记录相关性好。

（4）建立模型。

该地区地层接触关系变化多样，包括平行接触和削截接触，经过多次试验最终确定 $\mathrm{II}_{上}$ 气层顶面与底面为礁滩型接触。这样建立的模型与实际地质情况吻合。

（5）测试反演及实现。

由于测线数较少，反演过程中都参与了参数测试反演，通过反复试验，最终确定 λ 值采用 10，合并频率采用 8Hz，并采用模型进行了适当的趋势约束。

在测试结果通过各步骤的质控后，就重新利用各步骤确定的参数重新进行了 3 条时移地震测线的 AVA 同步弹性反演工作，得到纵波阻抗差异剖面、横波阻抗差异剖面、纵横波速度比差异剖面和部分合成的弹性参数差异剖面。

7.6.4.2 AVA 同步弹性反演结果解释与问题分析

图 7.53a 至图 7.53e 和图 7.54a 至图 7.54e 分别是时移地震 1541 和 3572 测线反演的弹性参数差异剖面。从弹性参数的差异剖面与正演合成的波阻抗差异剖面（图 7.53f、图 7.54f）对比来看，被现有生产井生产波及的地方，弹性参数差异剖面有明显的响应，且响应与正演波阻抗剖面基本吻合。其中，相对清楚的弹性参数是横波波阻抗差异剖面和纵横波速度比差异剖面，这些成果与理论分析相一致，说明弹性反演和弹性参数可以用于时移地震研究，并可用于预测剩余气的分布。

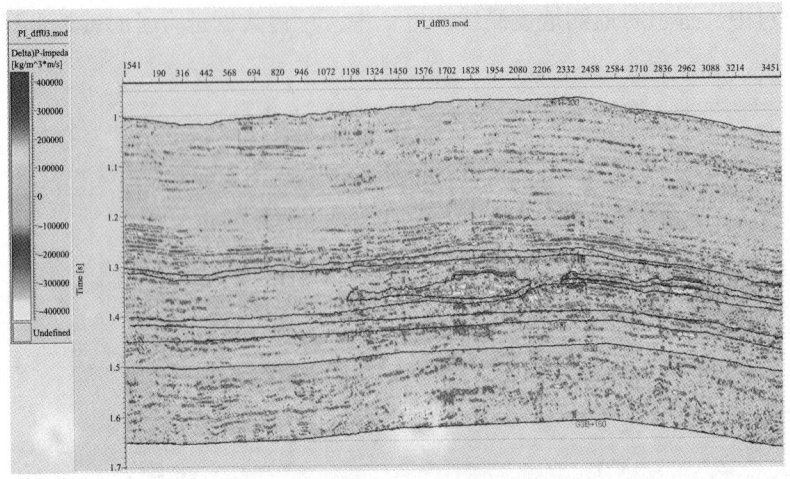

图 7.53a　时移地震 1541 测线纵波波阻抗差异剖面

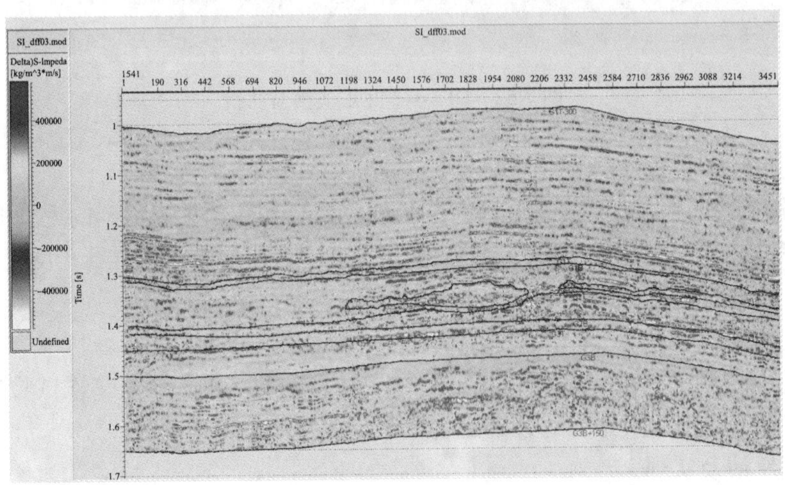

图 7.53b　时移地震 1541 测线横波波阻抗差异剖面

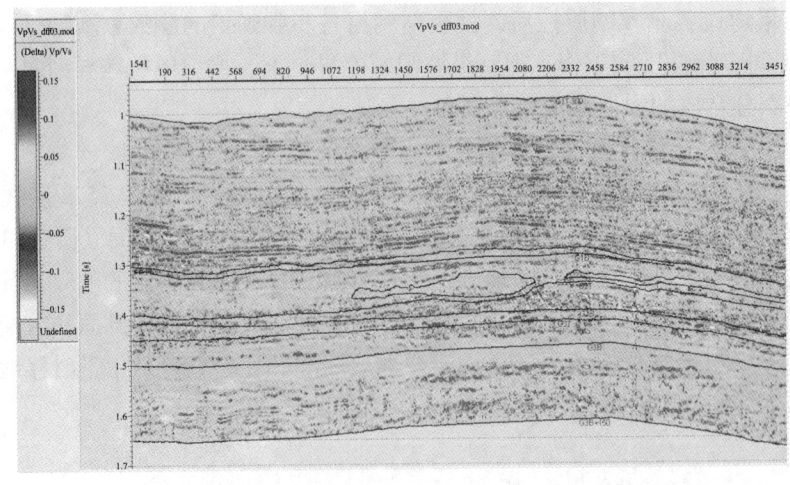

图 7.53c　时移地震 1541 测线纵横波速度比差异剖面

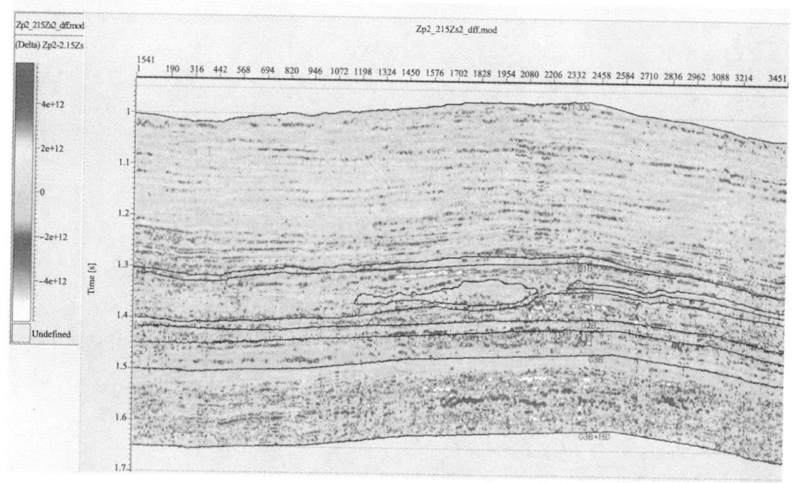

图 7.53d　时移地震 1541 测线合成弹性参数（2393939）差异剖面

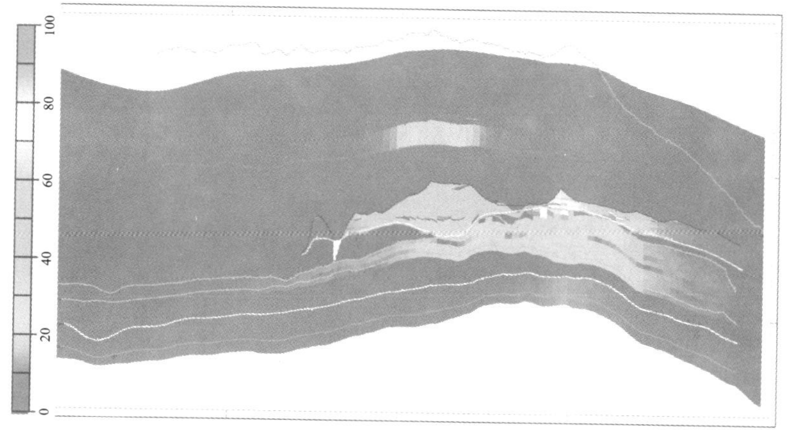

图 7.53e　时移地震 1541 测线合成阻抗差异剖面

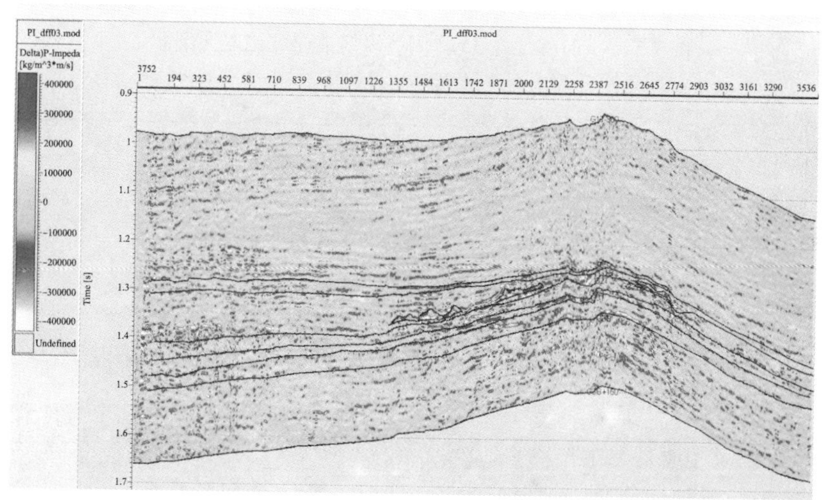

图 7.54a　时移地震 3572 测线纵波波阻抗差异剖面

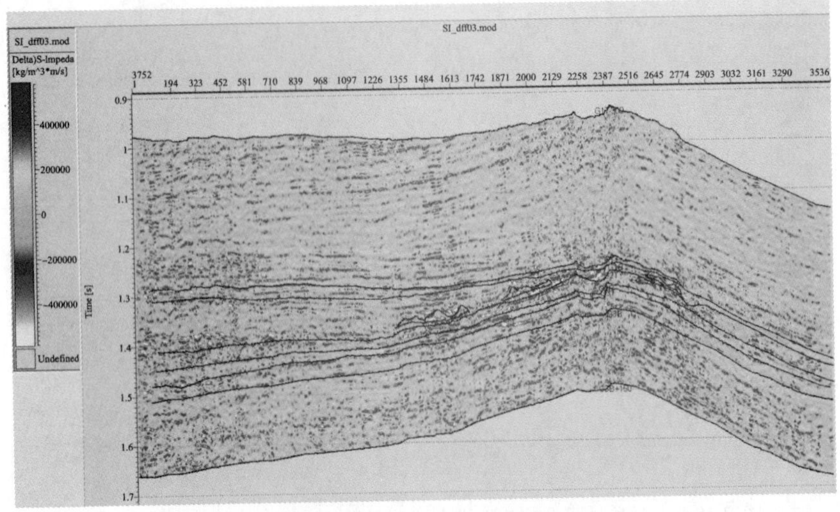

图 7.54b 时移地震 3572 测线横波波阻抗差异剖面

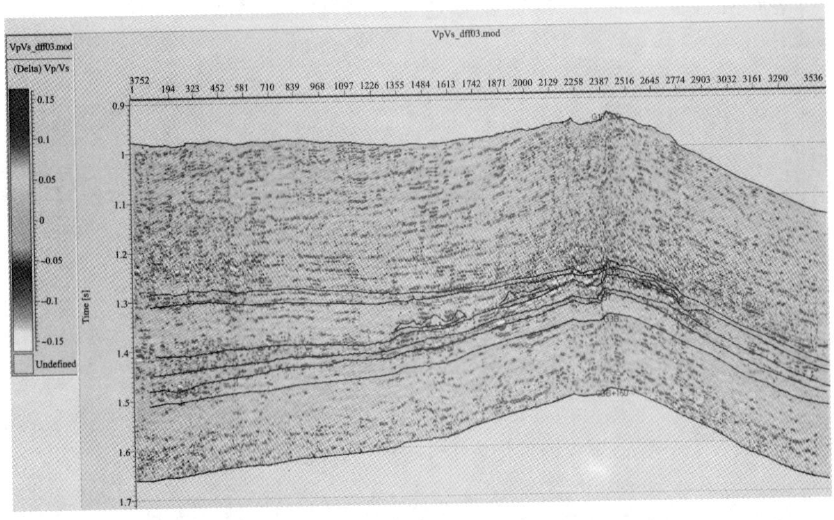

图 7.54c 时移地震 3572 测线纵横播速度比差异剖面

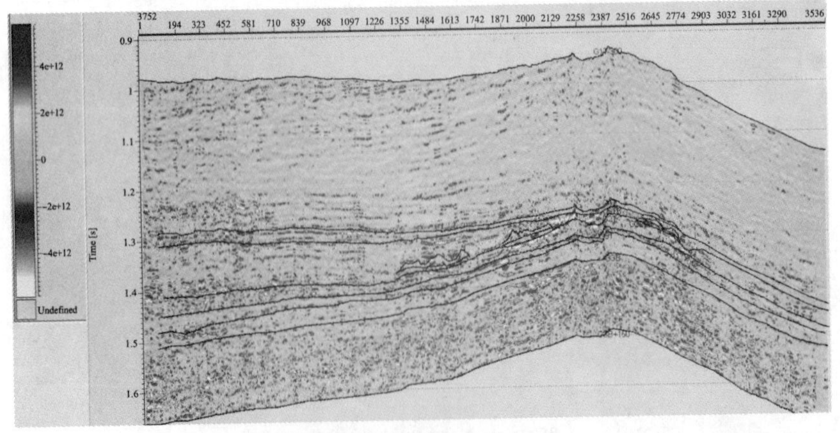

图 7.54d 时移地震 3572 测线合成弹性参数（2393939）差异剖面

图 7.54e 时移地震 3572 测线合成阻抗差异剖面

图 7.53、图 7.54 显示，尽管在各种弹性参数的时移地震响应都较为清楚，且与正演结果基本吻合，但是在这些弹性参数差异剖面上也可以清楚地看到非储层段、特别是没有受到气田开发影响的下伏地层也存在明显的弹性参数的差异，导致在解释弹性参数差异存在较大的不确定性，严重影响解释结果的可靠性。通过分析，认为导致 AVA 同步弹性反演结果不确定性的原因有：

(1) 由于 AVA 同步弹性反演的输入地震资料是分角度叠加的三个角道集资料，这些在进行反演之前为了保证资料的保幅性，原始测线地震资料与监测测线地震资料之间没有开展叠后互均衡化处理，因此输入的时移地震资料还存在部分由于采集和处理过程中导致的差异；

(2) 同为原始测线地震资料或监测测线地震资料的远道子波与近、中道子波存在明显的时差（图 7.55）；

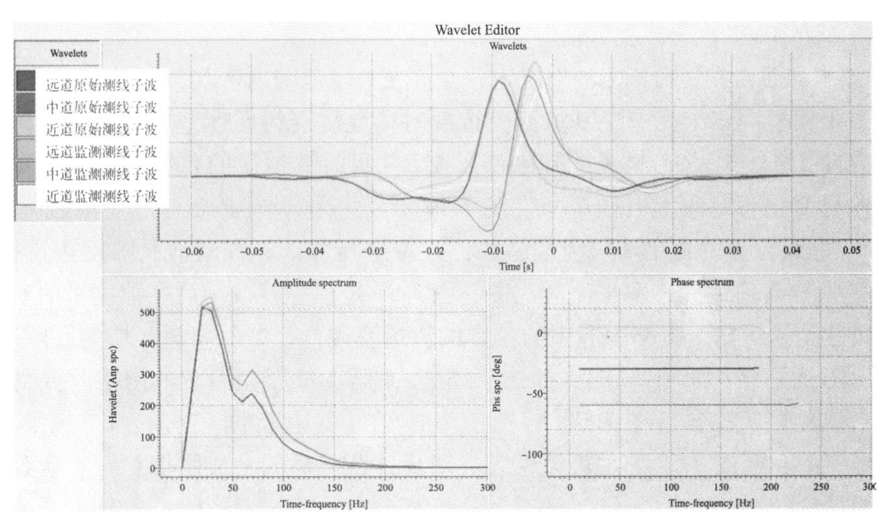

图 7.55 时移地震 1541 监测测线子波对比图

（3）参与反演的井没有横波资料。

鉴于以上的原因，在进行综合解释的时候没有参考叠前弹性反演的研究的结果，而主要采用了叠后研究的结果。但是作为对气层变化响应更为敏感的弹性参数在今后的研究中应该仍是研究和突破的重点。

7.6.5　油藏地质模型的修改和优化

前面的时移地震解释部分是采用油藏地质模型正演的结果来标定时移地震的响应，但也提到了正演与时移地震响应之间存在不吻合的情况。导致时移地震响应与油藏模型正演的结果不一致原因有三个方面：（1）油气田开发导致地质油藏的变化不足以被时移地震观测到；（2）时移地震的采集或处理存在不足；（3）油藏地质模型存在不合理的地方。在前面解释中提到的I气组正演结果与时移地震响应不吻合的情况基本可以排除第一和第二种原因，而属于第三种原因。所以，时移地震的解释过程中的另一个关键环节和成果就是油藏地质模型的修改和优化。

油藏地质模型修改包括油藏地质参数以及与流体流动相关的参数。确定模型参数的可调范围是一项重要而细致的工作，需收集和分析一切可以利用的资料。首先分清哪些参数是确定的，哪些参数是可调的。一般而言：

(1) 孔隙度允许修改范围 ±3%。

(2) 渗透率视为不定参数，可修改范围 ±3 倍或更多。

(3) 有效厚度，由于源于测井资料，与取心资料对比偏高 30%左右，主要是钙质层和泥质夹层没有完全剔除，视为不定参数，可调范围 -30%左右。

(4) 流体压缩系数源于实验室测定，变化范围小，视为确定参数。

(5) 岩石压缩系数源于实验测定，但受岩石内饱和流体和应力状态的影响，有一定变化范围；同时砂岩中与有效厚度相连的非有效部分，也有一定孔隙和流体在内，在油气运移中起一定弹性作用。因而，允许岩石压缩系数可以扩大一倍。

(6) 相对渗透率曲线视为不定参数，允许作适当修改。

(7) 油、气的 PVT 性质，视为确定参数。

(8) 对油水界面，在资料不多的情况下，允许在一定范围内修改。

东方 1–1 模型网格节点有 140 多万，选取时移地震资料属性差异与合成差异匹配比较好的南北方向 1541 与 1597 测线进行比较，在I气组时移地震的属性差异局部较明显，但正演阻抗差异变化不是很大（图 7.48，图 7.49）。分析认为有必要对地质油藏模型中 1541 测线及 1597 测线位置对应的I气组模型的渗透率进行修改，同时对孔隙度也进行了微调。图 7.56 是模型修改前后渗透率平面对比图，图 7.57 是模型修改前后孔隙度平面对比图。通过与地震属性差异对比，将图中圈中的位置的渗透率调低，并且将该区域的孔隙度微调高，重新合成出阻抗差异（如图 7.58）。如图 7.58b ，图 7.58d 是新合成的阻抗差异剖面图，与调整前的合成的阻抗差异（图 7.58a ，图 7.58b）在I气组减弱，同时，$II_{上}$气组、$II_{下}$气组阻抗的差异变大。与图 7.59 的地震属性差异对比，调整后的合成阻抗差异与地震属性差异相比，更加符合。

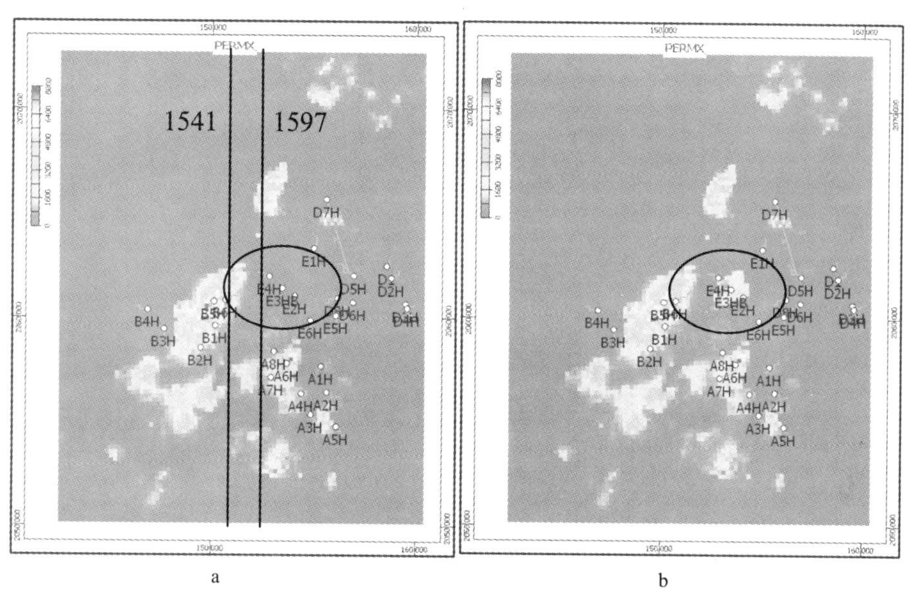

a　　　　　　　　　　　　　　　　b

图 7.56　模型修改前后渗透率平面对比图

a—模型修改前 74 个小层渗透率叠加分布图；b—模型修改后 74 个小层渗透率叠加分布图

参见书后彩图

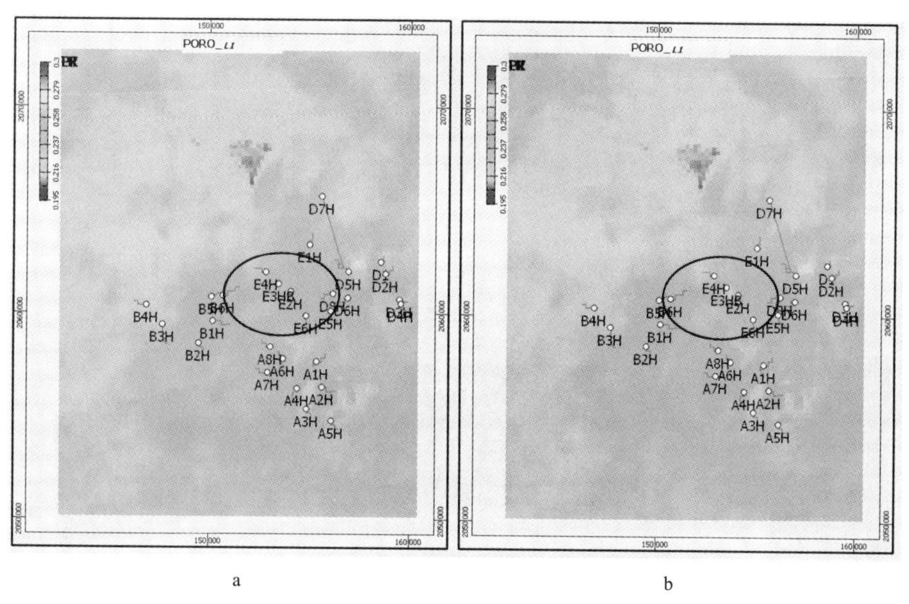

a　　　　　　　　　　　　　　　　b

图 7.57　模型修改前后孔隙度体积加权平面对比图

a—模型修改前 74 个小层孔隙度体积加权分布图；b—模型修改后 74 个小层孔隙度体积加权分布图

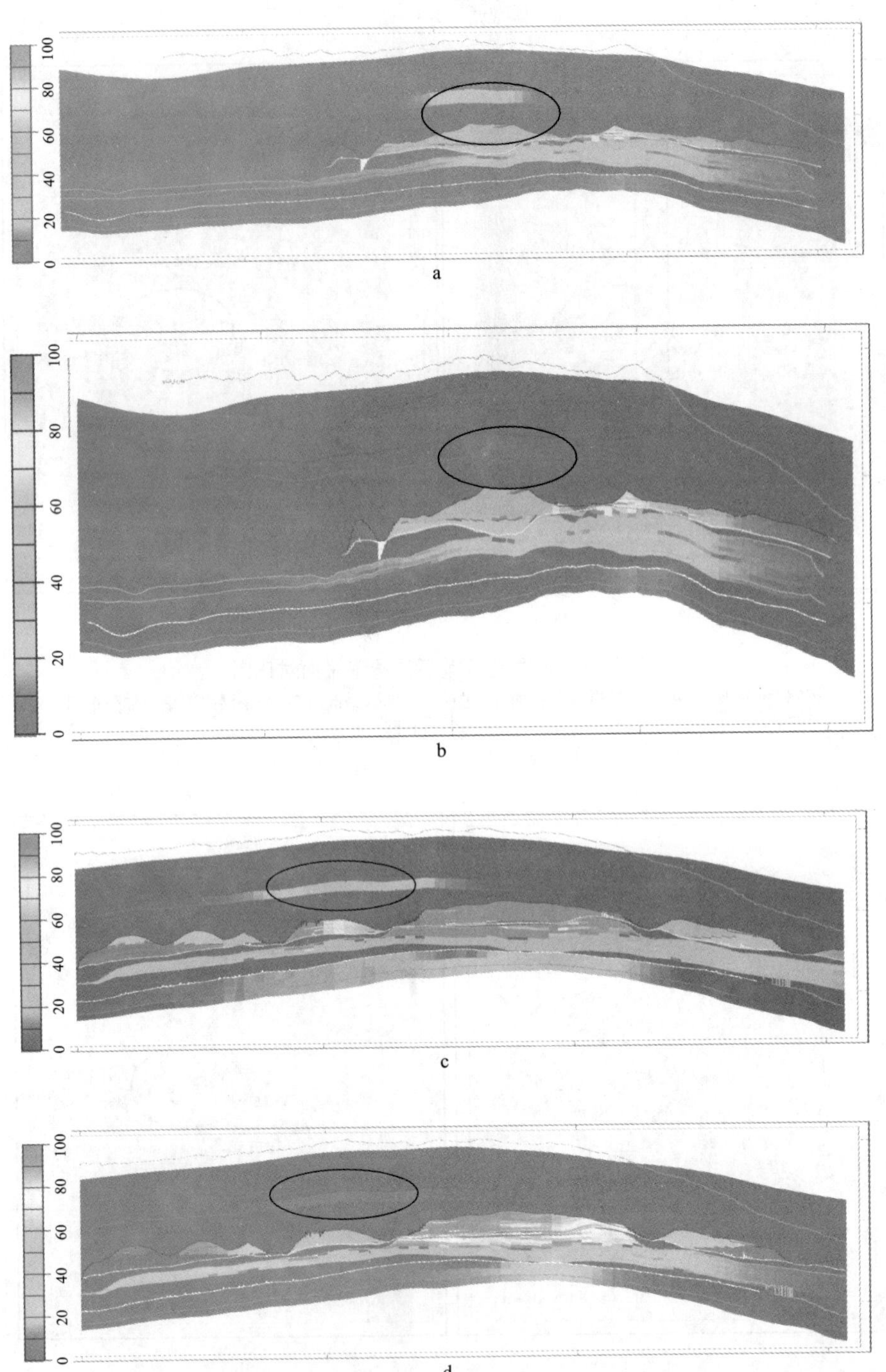

图 7.58　模型修改前后合成阻抗差异剖面对比图

a—模型调整前南北方向 1541 测线合成阻抗差异剖面；b—模型调整后南北方向 1541 测线合成阻抗差异剖面；c—模型调整前南北方向 1597 测线合成阻抗差异剖面；d—模型调整后南北方向 1597 测线合成阻抗差异剖面

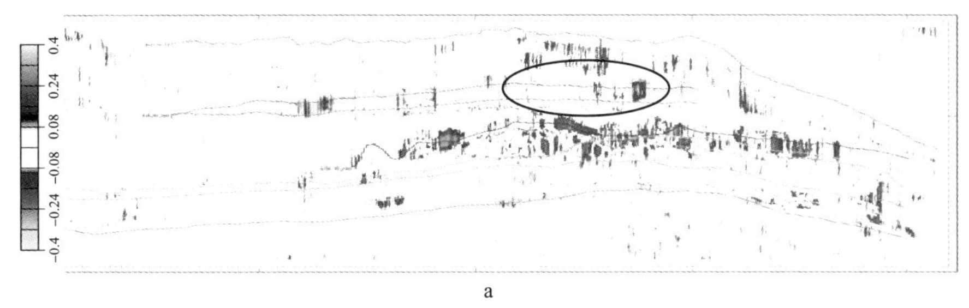

a

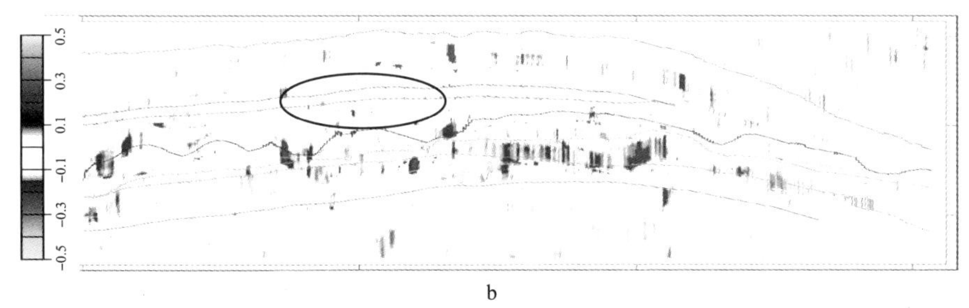

b

图 7.59　地震属性差异剖面

a—南北方向 1541 测线地震属性差异剖面；b—南北方向 1597 测线地震属性差异剖面

当然，油藏地质模型修改或优化后的合理性问题也需要通过相关资料的交叉验证。在所有验证方法中除了与时移地震响应交互解释和标定外，油气藏生产历史拟合是相对可信的方法之一。从历史拟合的结果来看（图 7.60a）模型修改前 E3HB 井产气量不足，几乎不产水，压力很不稳定，呈现锯齿状波动。通过调整模型中井附近净毛比、孔隙度和渗透率后，使得产气量增大，有微量产水，压力也趋于稳定，拟合的效果明显变好（图 7.60b），说明对 E3HB 附近的地质油藏模型修改后，模型更加合理；B5H 井位于 1541 测线上，在模型修改前，其日产气量拟合较好，模型修改后，产气量拟合没有变差，并且其井底压力比模型修改前拟合的稍好（图 7.61），这说明 B5H 附近的地质油藏模型修改结果较修改前更为合理；B6H 井位模型修改前后，日产气量拟合的都很好（图 7.62），在其余方面没有很大改观。从这些结果可以得出，修改后的油藏地质模型更为合理，可用于指导今后的气田的生产管理和开发调整。

经过合成差异和观测差异的对比，在假设差异合理的情况下，通过调整模型，使得合成差异更好的逼近观测差异。在此基础上，分析动态拟合情况，E3HB 得到改善，B5H 和 B6H 保持了原来的拟合状态，从而可以认为，观测差异和油藏动态变化存在一致性，这也从另一个角度论证了时移地震差异的合理性。

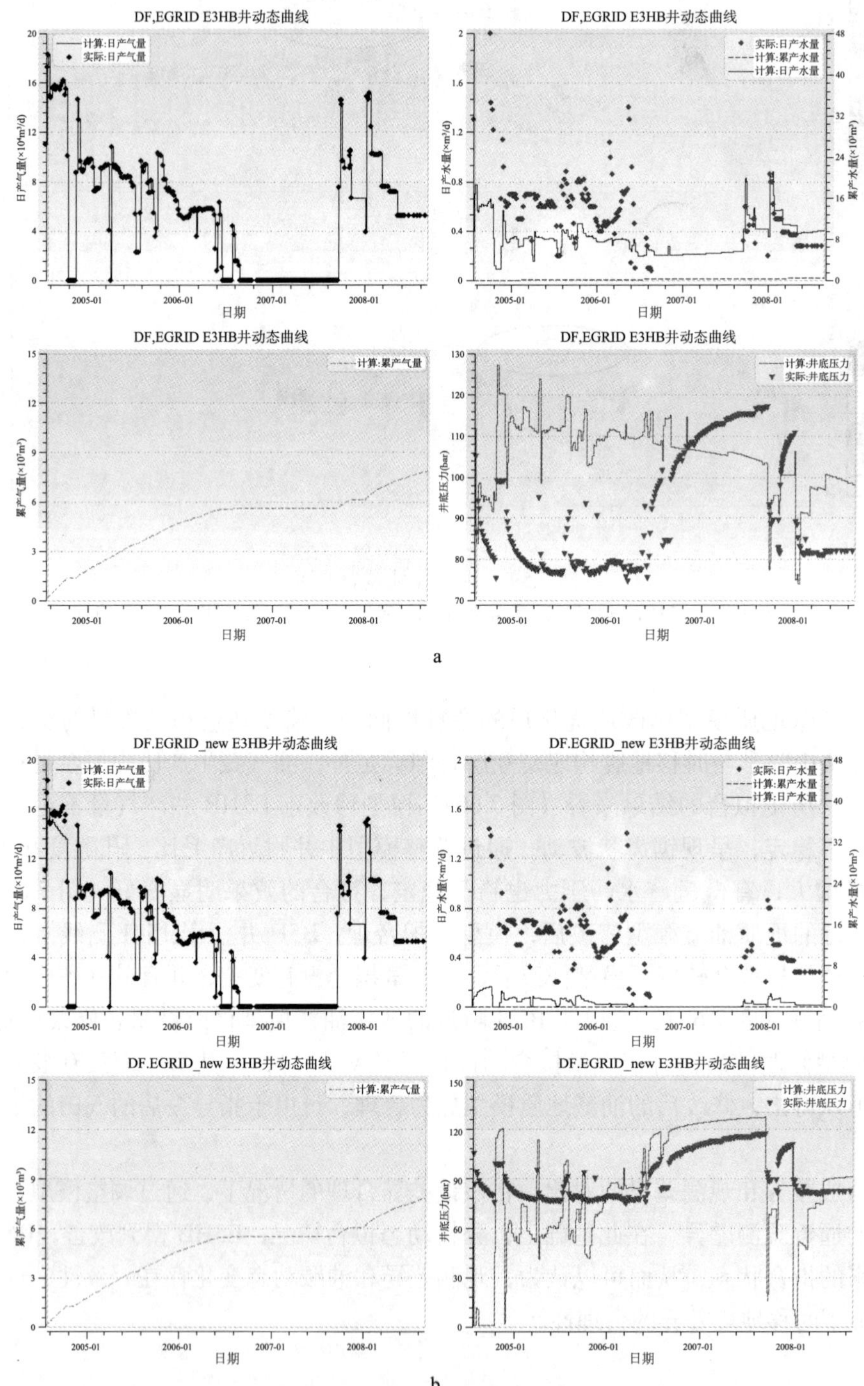

图 7.60　模型修改后拟合的 E3HB 井动态曲线对比

a—模型修改前拟合的 E3HB 井动态曲线；b—模型修改后拟合的 E3HB 井动态曲线

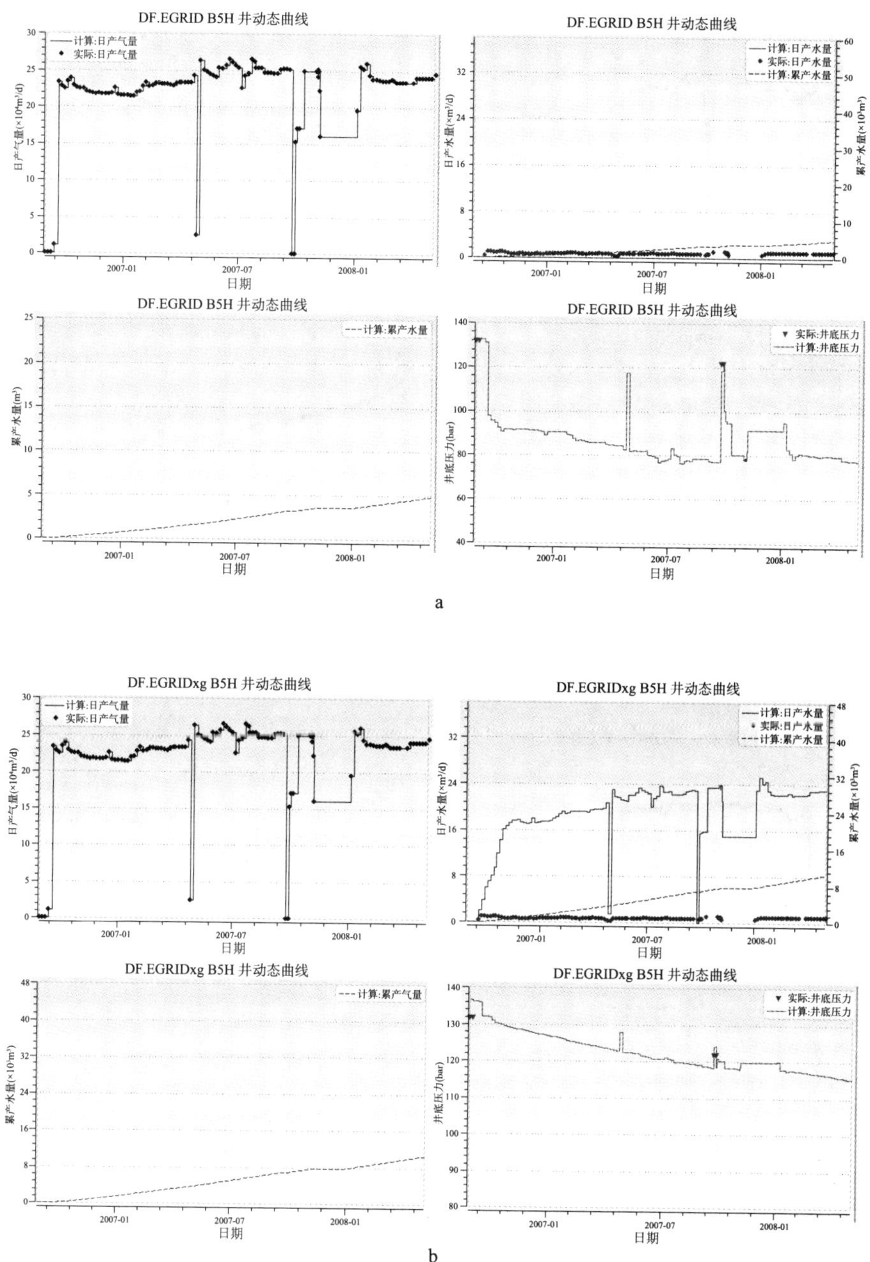

图 7.61　模型修改后拟合的 B5H 井动态曲线对比

a—模型修改前拟合的 B5H 井动态曲线；b—模型修改后拟合的 B5H 井动态曲线

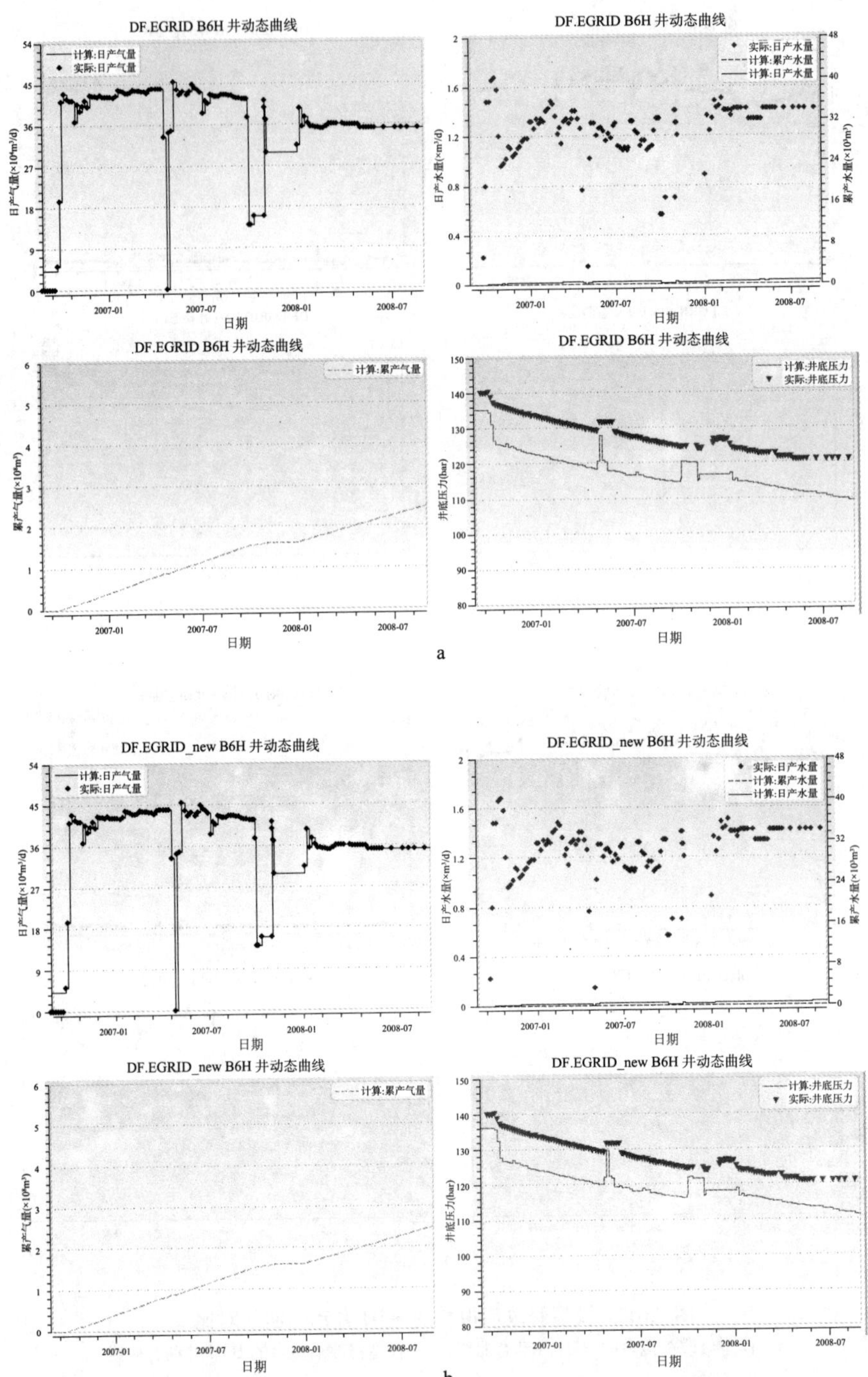

图 7.62 模型修改后拟合的 B6H 井动态曲线对比

a—模型修改前拟合的 B6H 井动态曲线；b—模型修改后拟合的 B6H 井动态曲线

7.7 东方 1–1 气田时移地震在开发中的应用

7.7.1 时移地震与气田开发调整

根据地质油藏综合研究的结果可知，到 2008 年底东方 1–1 气田总体的储量动用程度为 46.62%。储量动用程度中等，Ⅰ气组储量动用程度为 22.55%，$Ⅱ_{上}$气组为 35.39%，$Ⅱ_{下}$气组为 60.95% $Ⅲ_{上}$气组为 49.92%，各气组储量动用程度不一致，Ⅰ气组储量动用程度最低，这一结论与时移地震差异剖面（图 7.63）完全吻合。

研究认为，Ⅰ气组储量动用程度低的主要原因是由于Ⅰ气组 5 井区储量动用程度很低，其原因主要是：(1) 该区物性比较差，测井解释结果表明该区砂岩是一套厚约 30m 的极细砂岩，伽马曲线呈箱形，自上而下岩性相似，顶部约 13m 含气，是一套电阻率最大为 2.5Ω·m 的低阻气层，该低阻气层以下是一套电阻率和密度均稍稍低于围岩的干层，沉积微相分析以滨外砂坝和滨外浅滩为主，物性整体为中孔、低渗的特征，非均质性强。(2) 井网不完善。该区含气面积为 92.50km²，仅有一口生产井控制，井控不足（图 7.64）。

$Ⅱ_{上}$气组 A 区东南部以及$Ⅱ_{下}$气组东南区的动用程度都比较低，只有 27.32%和 23.35%，动用程度偏低的原因主要是由于$Ⅱ_{上}$气组 A 区东南部被冲沟分割，致使目前井网不能够很好的动用 A 区东南部的储量（图 7.65）。

综合地质油藏和时移地震研究的结果，并与平台位置、井槽以及钻井深度能力来分析结合，认为Ⅰ气组 5 井区未动用且可以尽快调整的区域为 B 平台北面和东南面，图 7.63 粉色区域所示。因此，建议增加 2 口调整井 B7 和 B8（图 7.64）来增加该区块的动用程度。$Ⅱ_{上}$气组动用程度低的则是气藏的南面，因此，建议增加 1 口井 B9（图 7.65）来增加该区块的动用程度。

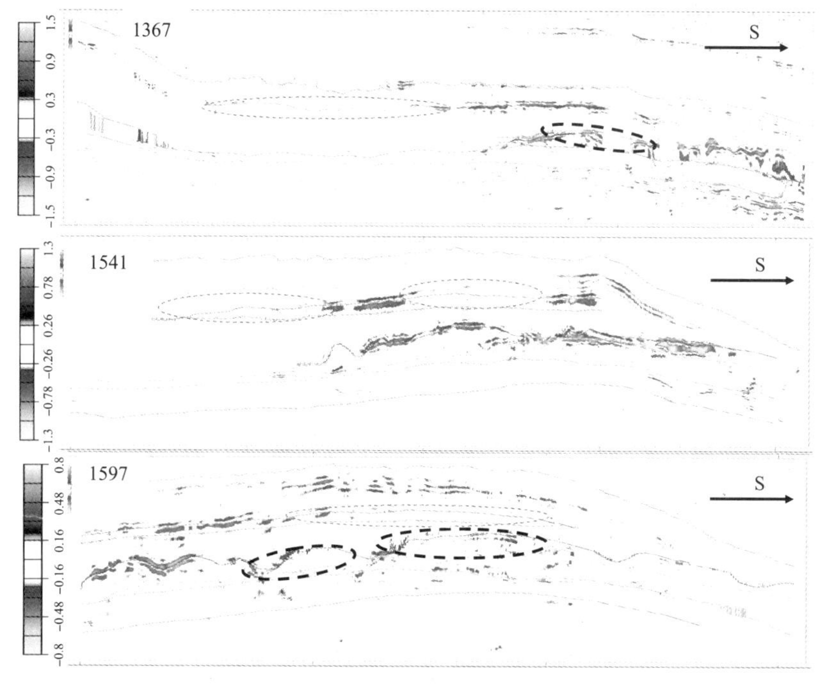

图 7.63 时移地震 1367、1541、1597 测线地震振幅差异剖面

参见书后彩图

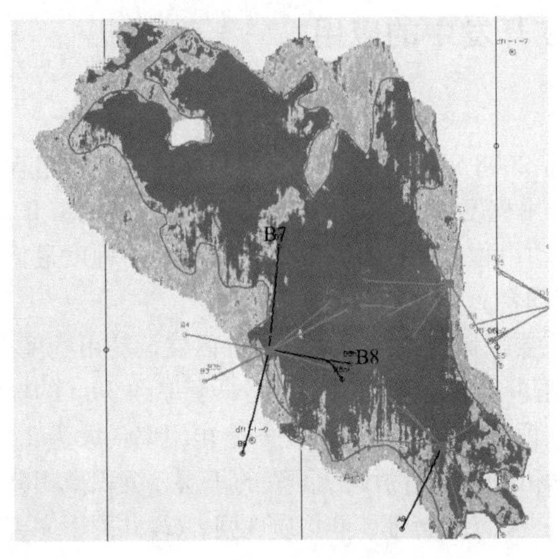

图 7.64　调整井 B7/B8 井位分布图

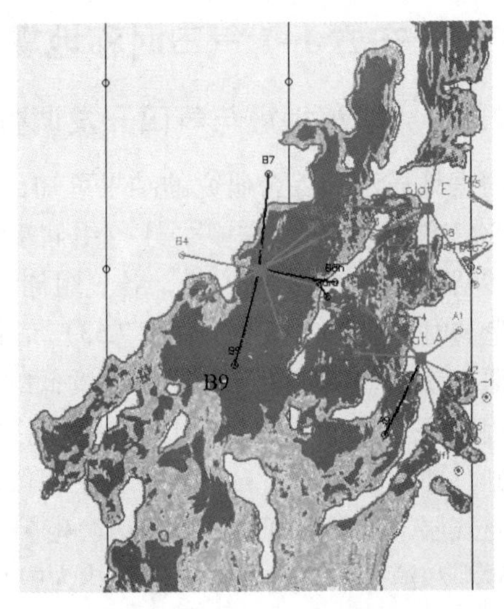

图 7.65　调整井 B9 井位分布图

7.7.2　调整井实钻效果分析

参考东方 1-1 气田时移地震研究成果设计的 4 口调整井于 2009 年 12 月 28 日开钻，2010 年 4 月 1 日全部钻完，现均已完成清喷并测试投产。从压力和生产数据来看，东方 1-1 气田 4 口调整井均较为成功，具体压力和产能数据如表 7.11 所示。

B7 井，周边井实测原始地层压力 13.173MPa，而 B7 井实钻地层压力略有下降，为 11.033MPa，与预测基本一致。根据测试结果推算，本井无阻流量在 (80 ～ 120) × $10^4m^3/d$ 左右。目前气田实际日产 23 × $10^4m^3/d$（生产压差 1.86MPa），生产平稳。其他几口井的压力和产能数据见表 7.11。表中产能稍低的两口井 B8h 和 A9Sa 分析原因是：B8h 低产主要原因是井底存在污染和井口回压高；A9Sa 低产主要原因是 $Ⅱ_上$气组发生沉积相变、侧钻 $Ⅱ_下$气组储层物性差、钻井气层段较短、地层压力下降和储层存在污染。对于这两口井来说，需要下部解除污染或侧钻。

总体来说，东方 1-1 气田这 4 口井的钻探效果达到了气田开发调整的要求，预计 4 口井最终累产气 18 × 10^8m^3，可大大提高气田的采收率和开发效益。

表 7.11　东方 1-1 气田调整井压力的产能数据表

井名	原始地层压力 (MPa)	实钻地层压力 (MPa)	无阻流量 (× 10^4m^3)	日产 (× 10^4m^3)	生产压差 (MPa)	备注
B7	13.173	11.033	80 ～ 120	23	1.86	
B8	12.65	11.29	12 ～ 15	8	1.54	储层污染
B9	14.0	11.2	124 ～ 186	18	1.17	
A9	13.61	9.89	无实测数据	2	2	储层污染

7.8　东方 1-1 气田时移地震的技术特点

东方 1-1 气田时移地震的技术研究从基础资料出发，通过地质油藏研究、岩石物理测试、地震正演、地震资料采集、处理、综合解释以及气田开发调整部署和调整效果的分析，论述了气田开发早期只有压力场变化而流体场不变、开发中后期压力场和流体场均发生变化的时移地震各个阶段的主要技术问题和解决方案，经过一系列攻关技术研究，在东方1–1气田所做的时移地震研究工作取得的主要成果如下：

（1）实验测定了地层压力和流体变化过程中样品的岩石物理参数。数据表明，主要物理参数（如纵波速度）随着地层压力变化大致是线性的。不同类型岩石物理参数对流体的敏感程度不同，$(z_P^2\text{-}2.15Z_S^2)$、$(\lambda\text{-}0.15\mu)$、λ、λ/μ、K、K/μ、PR、z_P、v_P 等参数对流体变化响应明显，随饱和度非线性变化，而 v_S、z_S 等参数对流体变化响应不明显。不同流体饱和度下纵波速度数据比较符合 brie 关系。

（2）通过4个典型井的地震正演模拟，说明地层压力的降低和含水饱和度的增加，都会导致上下层之间的波阻抗差异逐步接近，甚至可出现下部砂岩波阻抗反超上盖层的情况。表现在模型界面反射地震振幅上逐步减小，极端情况会出现反转。

（3）从时移地震检测的角度看，流体和压力变化都能引起一定幅度的地震变化（地震振幅差）。两者比较，流体变化引起的合成地震振幅变化（地震振幅差）要比压力变化引起的合成地震振幅变化大。

（4）东方1–1气田时移地震资料处理是我国海上拖缆时移地震资料处理的首创，研究过程所获得的多项处理技术填补了国内空白，如利用 LIFT 技术衰减时移地震数据的噪声和多次波、高精度子波匹配处理技术和互均化处理技术以及海上拖缆时移地震数据处理技术流程等。

（5）叠后地震属性的综合解释认为，时移地震响应与正演地震响应基本一致，说明时移地震响应的是气田开发后导致气藏内部的真实变化；在没有井或距离现有井较远的部位，时移地震响应可用来预测气藏动用情况。

（6）叠前弹性反演结果显示，气田开发后地层的弹性参数具有明显的响应，其中与横波相关的属性更为清晰。

（7）以时移地震响应为基准修改的油藏模型，历史拟合的效果更好。

（8）根据项目综合解释提出的4口调整井是目前最具开发效益的气田开发调整方案，调整方案实施后取得了很好的效果。

7.9 崖城13–1气田时移地震实践

崖城13–1气田位于南海北部海域，是在我国海上发现的第一个千亿方级的大气田。气田是中国海洋石油公司与 ARCO 石油公司合作勘探开发的海上气田，现与 BP 石油公司合作开发。

崖城13–1气田于1983年钻探第一口探井 YA13-1-1 井发现。气田有三套含气层，即陵三段、陵二段和三亚组气层，陵三段为主力气层，目前探明含气面积 $45km^2$。为了优化气田的开发方案，1992年在崖城13–1气田采集三维地震资料。1996年1月气田正式投产，生产早期6口生产井均生产主力气层陵三段，且生产情况良好，产气量（900～1100）× $10^4m^3/d$。气田生产几年后，部分生产井压降明显，从2000年开始在气田主力气层未动用区块和三亚组气层补钻调整井。由于调整井揭示各块的压力变化差异较大，于2001年重新采集了三维地震资料，首次在中国海上尝试利用四维（时移）地震技术为气田开发调整提供技术支持。

7.9.1 崖城 13–1 气田时移地震可行性分析

根据业界对时移地震成功率统计认为，一个油气田开展时移地震研究需要考虑油气藏的类型、埋深、流体和储层物性等参数，从表 7.12 中的对比分析可知，崖城 13–1 气田的气层厚度、流体密度和开发后气藏压力变化较大等方面分析均有成功的可能。但是气藏的埋深和储层的孔隙度两项指标则显示开展时移地震也具有一定的风险性。

表 7.12　时移地震成功率分析表

气藏特征	业界统计低成功率	业界统计高成功率	崖城 13–1	E Field
油（气）层埋深	大于 3km	小于 2km	3600m	3700m
储层厚度	薄	厚	150m	15 ~ 20m
流体密度	大	小	气	气
储层孔隙度	小于 15%	大于 25%	12%	25%
地震资料质量	差	好	中等	好
注水（气）、压力变化大、水淹等	不是	是	压力变化大	压力变化大
地震资料			1992 年三维，2001 年三维	两批三维

在开展崖城 13–1 气田时移地震工作前期的可行性分析中，综合研究了以 BP 公司为主的国外时移地震的成功案例。BP 公司在墨西哥湾的 E 气田除了储层厚度和孔隙度与崖城 13–1 气田有明显的差别外，其他参数都较为接近（表 7.12），该公司在 E 气田开发 3 年以后开展的时移地震研究，发现气层顶面的地震属性产生了明显的变化（图 7.66），且与气田开发动态吻合。利用该时移地震研究的成果指导侧钻的两口井均取得了较好的效果。因此，综合各方面的资料，得出结论：在崖城 13–1 气田开展时移地震研究具有成功的机遇，应该开展时移地震研究，为气田后续开发调整做准备。

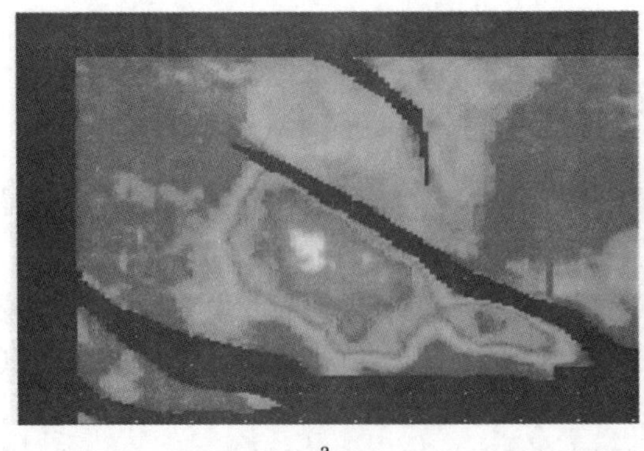

a

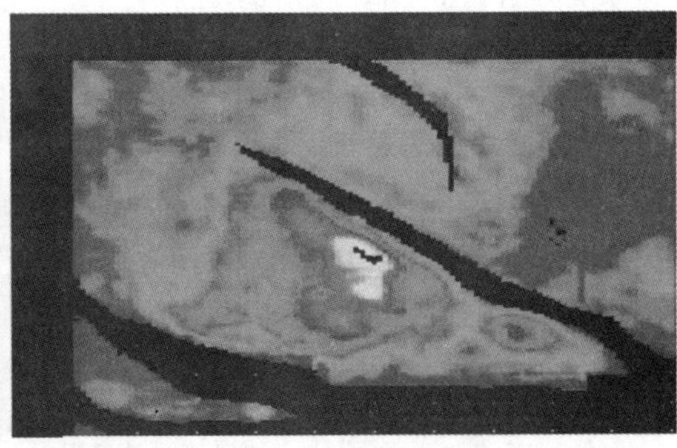

b

图 7.66　E 气田开发前 (a) 后 (b) 气层顶面振幅对比图

参见书后彩图

7.9.2 崖城 13-1 气田时移地震应用效果

为了标定时移地震响应，在崖城 13-1 气田时移地震研究项目中，先采用 Gassmann 方程对主力储层开展了岩石物理模拟和油藏地震正演研究。岩石物理模拟的结果显示，当崖城 13-1 气田由于生产导致 2600psi 压降后，气层顶面的声阻抗增加约 4.5%，而梯度阻抗则有 7%的减少。根据模拟的结果，正演得到气层地震响应的变化（图 7.67）。图 7.68 中气田开发前后气层上覆和下伏地层的阻抗值变化，气田开发后气层的阻抗值增加了 4.5%（从实线变到虚线），从而导致气田开发后气层顶面的振幅变弱，而底面振幅增强。根据油藏数值模拟的结果，在气田的北块压降相对一致，而南块则仅有少量变化。因此，可得到模拟的横向上气层波阻抗的变化趋势图（图 7.69），用于标定和解释实际四维地震属性的横向变化特征。

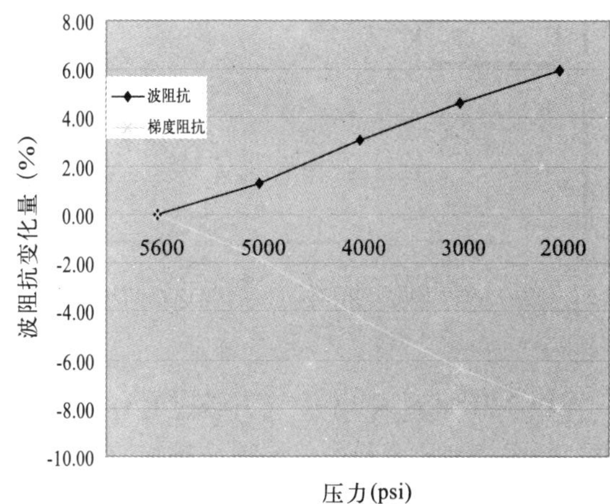

图 7.67　压降导致阻抗变化的模拟曲线

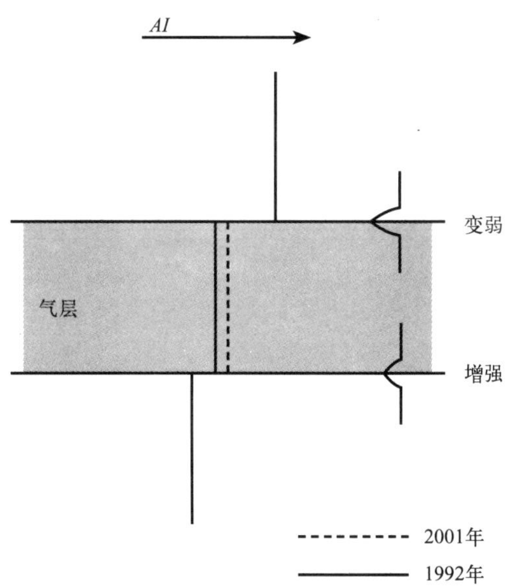

图 7.68　压降气层顶底振幅变化示意图

由于生产平台的限制，新采集用于监测的三维地震，没有覆盖到平台附近（图 7.70）。此外，受到断层和地层倾角的影响，平面上构造边部位地震资料的信噪比偏低，也不适合用于四维地震属性分析和解释（图 7.70）。

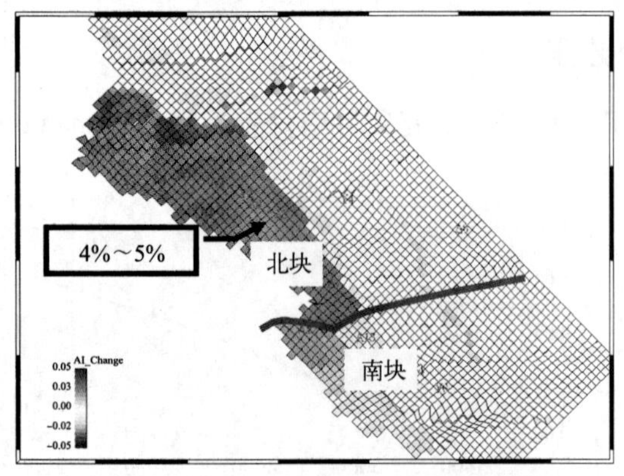

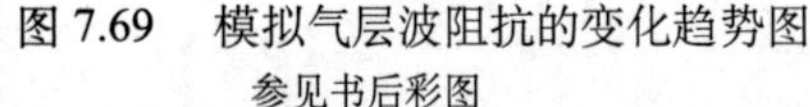
图 7.69　模拟气层波阻抗的变化趋势图
参见书后彩图

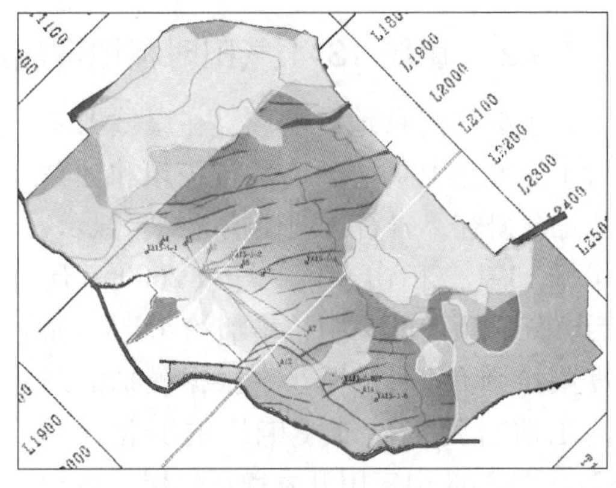

图 7.70　四维地震重复性差的区块分布图（黄色）
参见书后彩图

图 7.71 是崖城 13–1 气田经过时移匹配处理后两批地震资料的对比剖面，从图中可以看出。新采集地震资料的气层顶面振幅较原始资料明显变弱（蓝箭头处对比），这与正演认识结论完全一致；图中红箭头处对比显示新资料的平点已经变弱，这也是气层波阻抗值增加导致的四维地震响应之一。图 7.72 是两批资料气层顶面振幅差异图，由于气田的开发导致的气层顶面振幅变化较为清晰。

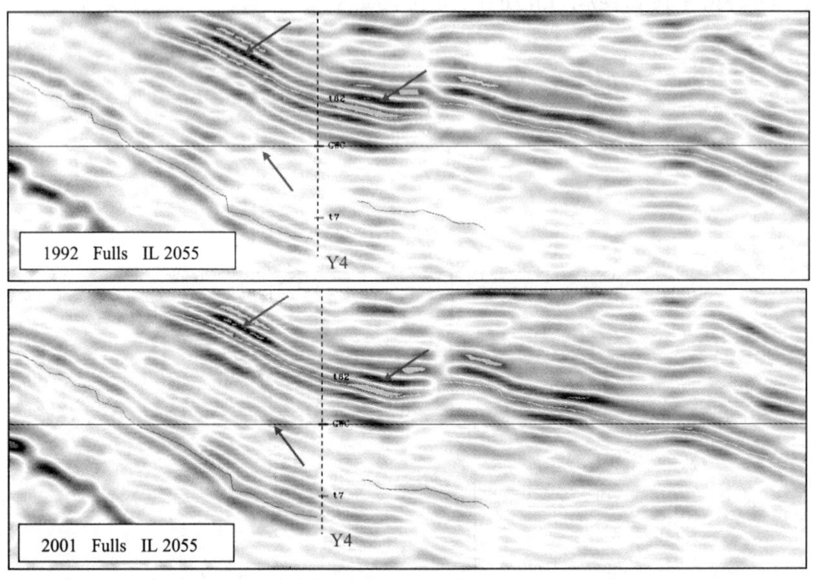

图 7.71　崖城 13–1 气田四维地震剖面对比图
参见书后彩图

其中北块整体振幅变化了约 2.3%，如果仅考虑北块的东部，那么振幅变化达到了 5%。而南块由于当时还没有开发井，动用程度低或没有被动用到，其振幅仅有 1.6% 的变化。图 7.71、图 7.72 显示四维地震属性变化与岩石物理正演和油藏数值模拟的结果吻合，因此，说明本气田四维地震属性能够定性响应气田开发导致的储层阻抗的变化趋势，而且可用于预测各区块动用程度，为气田开发调整提供依据。

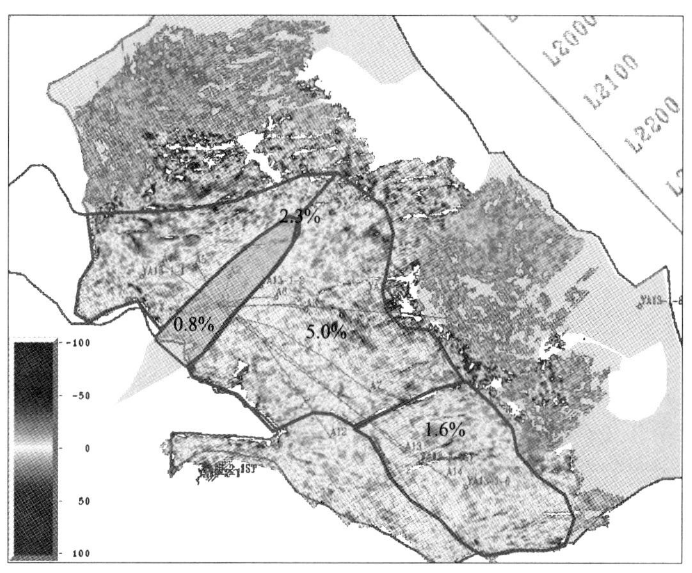

图 7.72 崖城 13-1 气田四维地震振幅差异图

参见书后彩图

从理论上说，当被开发储层的波阻抗发生变化时，其顶底面的反射系数必定会产生变化，且其相对变化量是波阻抗相对变化量的 7 倍左右，时移地震的振幅相对变化量会是波阻抗相对变化量的 10 倍以上。可图 7.72 显示崖城 13-1 气田被动用区块和未动用区块的振幅相对变化量处于同一级别，且差别很小，与岩石物理模拟的波阻抗相对变化 4.5% 的结论不吻合；图 7.72 显示没有采集新资料的生产平台范围内也存在约 0.8% 的地震振幅差异。分析其原因，可能是：(1) 时移地震资料处理过程中的匹配处理还存在不足；(2) 本气田埋深大、孔隙度低、温度高（180℃）会导致 Gassmann 方程模拟得到的波阻抗差异的精度出现误差。但总体来说，崖城 13-1 气田时移地震属性的变化定性来说是成功的。

8　时移地震技术的发展方向及应用前景

时移地震技术具有岩石物理基础，形成了一套实用的方法技术，已经从可行性研究、先导性实验走向了应用和生产阶段，成为一种油藏动态监测的成熟技术，取得了一系列成功的应用，并具有广阔的发展和应用前景。

时移地震技术的发展表现出以下 6 个明显的特征：

(1) 多波多分量地震技术的广泛应用。

一般来说，纵波对流体饱和度比较敏感，而横波对裂隙和各向异性比较敏感，因此综合利用纵横波勘探监测油藏可以减少解释的模糊性。在时移地震技术应用中，表现出纵波与横波、转换波紧密结合的明显特征。

(2) 地面地震与井中地震的紧密结合。

由于油藏动态监测时一般有较多的钻井，因此地面地震与井中地震的结合是时移地震技术应用的另一个特征。

(3) 油藏工程技术与地球物理技术高度融合。

在油藏动态监测地球物理技术发展中，地球物理技术与油藏工程技术高度融合，多种地球物理技术广泛集成，但是高精度、高分辨率三维地震仍然是基础，时移地震技术是主流。

(4) 永久性检波器观测。

在近几年的时移地震应用中，相当多的项目是用永久性检波器排列进行重复地震观测的，包括在井中、海底放置永久性多分量检波器进行多次重复地震观测。这样一方面可以大大提高重复地震观测的一致性，另一方面在多次观测后可以降低重复观测的成本，并缩短重复观测的时间。这是时移地震技术发展的一个重要方向。

(5) 油藏动态监测对高性能计算提出了新的挑战。

油藏动态监测中定量化、精细化、动态化对计算方法和计算性能提出了更高的要求，其中大计算量主要涉及的内容有油藏动态模拟、地震波场正演模拟、地震波场叠前反演和多种数据的融合和同化。

(6) 电子油藏 (E-Reservoir)。

采用永久性传感器对油藏状态变化及其响应进行连续监测、实时的数据处理和分析，并应用油藏动态管理、实时决策修改开发方案，这是油藏动态监测技术的必然发展趋势。

参考文献

[1] 谢玉洪，陈志宏，周家雄等 . 东方 1-1 气田时移地震技术研究与应用 [J]. 华南地震，2009，29（s1）：60—68

[2] 赵伟 . 中国海上时移地震技术应用的可行性研究 [J]. 勘探地球物理进展，2003，26（1）：30—34

[3] 鲍祥生，张金淼，尹成等 . 时移地震平均能量属性差异与储层速度变化的关系 [J]. 石油物探，2008，47（1）：24—30

[4] 郝振江，陈小宏，李景叶 . 时移地震可行性研究 [J]. 西南石油大学学报，29（增刊）：1—4

[5] 王开燕，云美厚，张晓梅 . 稠油热采时移地震监测研究与应用 [J]. 地球物理学进展，2008，23（1）：157—161

[6] 陈小宏，易维启 . 时移地震油藏监测技术研究 [J]. 勘探地球物理进展，2003，26（1）：1—6

[7] 黄旭日 . 国外时移地震技术的研究状况 [J]. 勘探地球物理进展，2003，26（1）：7—12

[8] 陈小宏，牟永光 . 四维地震油藏监测技术及其应用 [J]. 石油地球物理勘探，1998，33（6）：707—715

[9] 杨勤勇 . 油气田开发中的四维地震技术 [J]. 石油物探，1999，38（3）：50—57

[10] 石玉梅，姚逢昌，谢桂生等 . 时移地震监测水驱前沿的方法和应用研究 [J]. 地球物理学报，2006，49 (4)：1198—1205

[11] 李景叶，陈小宏，刘其成 . 高孔低胶结砂岩储层饱和度和压力变化的时移地震 AVO 响应 [J]. 中国石油大学学报（自然科学版），2006，30（1）：38—42

[12] 刘国萍，陈小宏，李景叶 . 弹性波阻抗在时移地震中的应用分析 [J]. 地球物理学进展，2006，21（2）：559—563

[13] 云美厚，丁伟，杨长春 . 油藏水驱开采时移地震监测岩石物理基础测量 [J]. 地球物理学报，2006，49 (6)：1813—1818

[14] 王大伟，刘震，赵伟等 . 利用时移地震资料划分油藏流体流动单元的可行性分析 [J]. 地球物理学报，2007，50 (2)：592—597

[15] 秦绪英，朱海龙 . 时移地震技术及其应用现状分析 [J]. 勘探地球物理进展，2007，30（3）：219—225

[16] 杨勤勇 . 四维地震勘探技术新进展 [J]. 勘探地球物理进展，2003，26（5—6）：339—342

[17] 易维启，李明等 . 时移地震方法概论 [M]. 北京：石油工业出版社，2002

[18] 崔永谦，刘池洋 . 油藏动态监测技术：时延（四维）地震述评 [J]. 石油与天然气地质，2004，25（1）：81—87

[19] 赵改善 . 油藏动态监测技术的发展现状与展望：时延地震 [J]. 勘探地球物理进展，2005，28

（3）：157—168

[20] 孙喜平，李凌锋，郭振华．地震原始记录量化评价研究．石油天然气学报，2006，28（3）：276—278

[21] 云美厚，张国才，付雷等．重复性噪声对实施四维地震监测的影响 [J]. 勘探地球物理进展，2003，26（1）：13—18

[22] 马中高．Biot 系数和岩石弹性模量的实验研究 [J]. 石油与天然气地质，2008，29（1）：135—140

[23] 韩波，陈勇，陈小宏．时移地震正演模拟的有限差分注入法 [J]. 黑龙江大学自然科学学报，2002，19（3）：115—116

[24] 张国才，李清仁，朱丽波等．时延地震方法初探 [J]. 石油物探，2002，41（3）：269—273

[25] 金旭．时移地震正演模拟方法研究及软件设计 [D]. 青岛：中国海洋大学，2003

[26] 史英．数值模拟和四维地震在岩性油藏开发中的协同作用 [D]. 成都：西南石油大学，2009

[27] 何樵登，韩立国，朱建伟等．地震波理论 [M]，长春：吉林大学出版社，2004.

[28] 杨顶辉，陈小宏．含流体多孔介质的 BISQ 模型 [J]. 石油地球物理勘探，2001，36（2）：146—159

[29] 王炳章．地震岩石物理学及其应用研究 [D]. 成都：成都理工大学，2008

[30] 彭传正．基于改进 BISQ 机制的双相介质研究 [D]. 成都：成都理工大学，2007

[31] 孙建国．岩石物理学基础 [M]. 北京：地质出版社，2006

[32] 王大伟，刘震，陈小宏等．薄油层时移地震差异波形特征探讨 [J]. 地球物理学进展，2009，24 (1)：170—175

[33] 李卓聪，韩立国，张风蛟等．时移地震数据互均衡处理方法研究 [J]. 吉林大学学报（地球科学版），38（增刊）：68—71

[34] 郝振江，陈小宏．基于相关参数的时移地震互均化质量监控方法研究 [J]. 地球物理学进展，2007，22（3）：929—933

[35] 刘震，王大伟，赵伟等．薄层时移地震差异波形成因类型分析 [J]. 石油地球物理勘探，2007，42 (3)：290—295

[36] 金龙，陈小宏，刘其成．基于奇异值分解的时移地震互均衡方法 [J]. 地球物理学进展，2005，20（2）：294—297

[37] 金龙，陈小宏．时移地震互均衡法混合因素处理技术 [J]. 石油地球物理勘探，2005，40（4）：400—406

[38] 陈小宏．四维地震数据的归一化方法及实例处理 [J]. 石油学报，1999，20（6）：22—26

[39] 金龙，陈小宏．时移地震非一致性影响研究与互均衡效果验证 [J]. 勘探地球物理进展，2003，26（1）：45—48

[40] 李蓉，胡天跃．时移地震资料处理中的互均衡技术 [J]. 石油地球物理勘探，2004，39（4）：424—427

[41] 苏云，李录明，刘艳华等．互均衡技术及其在时移地震资料处理中的应用 [J]. 石油物探，2009，48(3)：247—251.

[42] 金龙，陈小宏，李景叶．基于误差准则和循环迭代的时移地震匹配滤波方法 [J]. 地球物理学报，2005，48 (3)：698—703

[43] 庄东海，肖春燕，许云等．四维地震资料处理及其关键 [J]. 地球物理学进展，1999，14（2）：

33—42

[44] 黄石岩 . 王 91 块四维地震资料处理解释及应用研究 [J]. 石油天然气学报，2008，30（4）：96—98

[45] 甘利灯，姚逢昌，杜文辉等 . 水驱油藏四维地震技术 [J]. 石油勘探与开发，2007，34（4）：437—444

[46] 鲍祥生 . 时移地震属性分析技术的研究及应用（D）. 西南石油大学，2006

[47] 撒利明 . 储层反演油气监测理论方法研究及其应用 [D]. 北京：中国科学院，2003

[48] 甘利灯 . 四维地震技术及其在水驱油藏监测中的应用 [D]. 北京：中国地质大学，2002

[49] 陈小宏，赵伟，马继涛等 . 时移地震非线性反演压力与饱和度变化研究 [J]. 地球物理学进展，2006，21（3）：830—836

[50] 李景叶，陈小宏，金龙 . 时移地震 AVO 反演在油藏定量解释中的应用 [J]. 石油学报，2005，26（3）：68—73

[51] Rovert Calvert. Insights and methods for 4D resevoir monitoring and characterization[M].SEG, 2005

[52] Zhao Bo，Johnston D，Gouveia W. Spectral decomposition of 4D seismic data [J]. Expanded Abstract s of 76th Annual International SEG Meeting，2006，235—239

[53] Bakulin A，Korneev V，Watanabe T，et al. Time-lapse changes in tube and guided waves in cross-well Mallik experiment [J] . Expanded Abstracts of 76th Annual International SEG Meeting，2006，379—383

[54] Dasgupta S N. Fluid flow monitoring in Middle East carbonate reservoirs ： Alternative to 4D seismic [J] . Expanded Abstracts of 76th Annual International SEG Meeting，2006，1570—1574

[55] Blanco J，Knudsen S，Bostick F X. Time-lapse VSP field test for gas reservoir monitoring using permanent fiber optic seismic system [J]. Expanded Abstracts of 76th Annual International SEG Meeting，2006，3447—3451

[56] Rickett J，Lumley D E. A cross-equalization processing flow for off-the-shelf 4D seismic data. Expanded Abstracts of 68th Annual International SEG Meeting，1998，16—19

[57] Bo Zhao，David Johnston. Spectral Decomposition of 4D Seismic Data. SEG/New Orleans 2006 Annual Meeting，2006

[58] David E Lumley. Time-lapse seismic reservoir monitoring [J]，Geophysics，2001，66(1)：50—53

[59] Xiao HC，Jingye L，and Long J. Time-lapse seismic reservoir monitoring technology in China [J]. The Leading Edge，2006，1404—1409

[60] David Lumley，Donald C Adams，Mark Meadows，Steve Cole，and Rich Wright. 4D seismic data processing issues and examples. SEG Expanded Abstracts 22，2003，1394

[61] Hilterman F J. Seismic amplitude interpretation. SEG/EAGE Distinguished Instructor Series No.4，SEG，2001

[62] Sergey Fomel and Long Jin，Time-lapse image registration using the local similarity attribute[J]. Geophysics，2009，74(2)：A7—A11

[63] Bard K C，Pranter M J. 4D multicomponent seismic tracks a miscible process[J]. Journal of Petroleum Technology. 1999，51(6)：40—41

[64] Blonk P，Calvert R W，Koster J K. Assessing the feasibility of 4D-seismic reservoir monitoring[J]. Journal of Petroleum Technology，1999，51(6)：32—33

[65] Kvamme L B，Duffaut K，Kristensen A et al. Statfjord Field 4D project — Initial results[J]. Journal of Seismic Exploration. 1999，8(4)：427—432

[66] Landro M，Solheim OA，Hilde E，et al. The Gullfaks 4D seismic study[J]. Petroleum Geoscience，1999，5(3)：213—226

[67] Rached G，Al-Sumaiti K. Time-lapse seismic activities and future plans in Kuwait[J]. Journal of Seismic Exploration，1999，8(4)：369—381

[68] Rached G，Bunain H，Marschall R. Time-lapse seismic in the Burgan oilfield — Kuwait[J]. Journal of Seismic Exploration，1999，8(4)：403—418

[69] Rached G，Marschall P. Time-lapse seismic in the Sabiriyah oilfield — Kuwait[J]. Journal of Seismic Exploration，1999，8(4)：383—401

[70] Sonneland L，Signer C，Veire H H，et al. Detecting flow-barriers with 4D seismic[J]. Journal of Seismic Exploration，1999，8(4)：433—437

[71] Sonneland L，Veire H H，Signer C. Classification of 4D seismic data — An overview[J]. Journal of Seismic Exploration. 1999，8(4)：361—368

[72] Stronen L K，Digranes P，Solheim O A，et al. Integration of time-lapse seismic in the reservoir management of the Gullfaks field，northern North Sea[J]. Journal of Seismic Exploration，1999，8(4)：419—426

[73] Anon. A model for 4C/4D-seismic-data acquisition[J]. Journal of Petroleum Technology，2000，52(1)：32—33

[74] Benson R D，Davis T L. Time-lapse seismic monitoring and dynamic reservoir characterization，central vacuum unit，Lea County，New Mexico[J]. SPE Reservoir Evaluation & Engineering，2000，3(1)：88—97

[75] Burley S D，Clarke S，Dodds A，et al. New insights on petroleum migration from the application of 4D basin modelling in oil and gas exploration[J]. Journal of Geochemical Exploration，2000，69：465—470

[76] Lumley D E，Nunns A G，Delorme G，et al. 4D seismic in the Meren field，Nigeria[J]. Journal of Petroleum Technology，2000，52(7)：29—30

[77] Waggoner J R. Lessons learned from 4D projects[J]. SPE Reservoir Evaluation & Engineering，2000，3(4)：310—318

[78] Yuh S H，Yoon S，Gibson R L，et al. 4D-seismic feasibility study from an integrated reservoir model[J]. Journal of Petroleum Technology，2000，52(7)：26

[79] Behrens R，Condon P，Haworth W，et al. 4D seismic monitoring of water influx at Bay Marchand：the practical use of 4D in an imperfect world[J]. SPE Reservoir Evaluation & Engineering，2002，5(5)：410—420

[80] Denney D. 4D seismic monitoring or water influx at Bay Marchand[J]. Journal of Petroleum Technology，2002，54(8)：43

[81] Sonneland L，Nickel M，Schlaf J. From seismic to simulation with new 4D tools[J]. Journal of Seismic Exploration，2002，11(1—2)：181—188

[82] Stammeijer J，Kloosterman H J，Verbeek J. Maturing 4D seismic in breadth，depth，and on time[J]. Journal of Seismic Exploration，2002，11(1—2)：173—180

[83] Verhelst F，Smith P，Eidsvig S，et al. Snorre time-lapse feasibility study：Increased repeatability through close co-operation between processing and reservoir geophysicists[J]. Journal of Seismic Exploration，2002，11(1-2)：5—20

[84] Waggoner J R. Quantifying the economic impact of 4D seismic projects[J]. SPE Reservoir Evaluation & Engineering，2002，5(2)：111—115

[85] Denney D. Modeling a gas condensate reservoir with time-lapse seismic[J]. Journal of Petroleum Technology，2003，55(2)：60—61

[86] Kovacic L，Poggiagliomi E. Integrated time-lapse reservoir monitoring and characterization of the Cervia Field：a case study[J]. Petroleum Geoscience，2003，9(1)：43—52

[87] Landro M，Veire H H，Duffaut K，et al. Discrimination between pressure and fluid saturation changes from marine multicomponent time-lapse seismic data[J]. Geophysics，2003，68(5)：1592—1599

[88] Lygren M，Fagervik K，Valen T S，et al. A method for performing history matching of reservoir flow models using 4D seismic data[J]. Petroleum Geoscience，2003，9(1)：85—90

[89] McInally A T，Redondo Lopez T，Garnham J，et al. Optimizing 4D fluid imaging[J]. Petroleum Geoscience，2003，9(1)：91—101

[90] Denney D. History matching using time-lapse seismic[J]. Journal of Petroleum Technology，2004，56(4)：66—67

[91] Li L L，Chen Z D，Mu Y G，et al. Short note：4D seismic time differences extracted from pre-stack seismic data[J]. Journal of Geophysics and Engineering，2004，1(2)：143—146

[92] Dong Y N，Oliver D S. Quantitative use of 4D seismic data for reservoir description[J]. SPE Journal，2005，10(1)：91—99

[93] Staples R，Hague P，Weisenborn T，et al. 4D seismic for oil-rim monitoring[J]. Geophysical Prospecting，2005，53(2)：243—251

[94] MacBeth C，Al Maskeri Y. Extraction of permeability from time-lapse seismic data[J]. Geophysical Prospecting，2006，54(3)：333—349

[95] MacBeth C，Floricich M，Soldo J. Going quantitative with 4D seismic analysis[J]. Geophysical Prospecting，2006，54(3)：303—317

[96] Roste T，Stovas A，Landro M. Estimation of layer thickness and velocity changes using 4D prestack seismic data[J]. Geophysics，2006，71(6)：S219—S234

[97] Spetzler J，Kvam O. Discrimination between phase and amplitude attributes in time-lapse seismic streamer data[J]. Geophysics，2006，71(4)：O9—O19

[98] Wu J，Journel AG，Mukerji T. Establishing spatial pattern correlations between water saturation time-lapse and seismic amplitude time-lapse[J]. Journal of Canadian Petroleum Technology，2006，45(11)：15—20

[99] Riedel M. 4D seismic time-lapse monitoring of an active cold vent，northern Cascadia margin[J]. Marine Geophysical Researches，2007，28(4)：355—371

[100] Mansouri H. The potential implications of stress-induced anisotropy for 4D seismic monitoring[J].

Journal of Seismic Exploration，2008，17(2-3)：253—272

[101] Mikkelsen P L，Guderian K，du Plessis G. Improved reservoir management through integration of 4D seismic interpretation，Draugen field，Norway[J]. SPE Reservoir Evaluation & Engineering，2008，11(1)：9—17

[102] Fomel S，Jin L. Time-lapse image registration using the local similarity attribute[J]. Geophysics，2009，74(2)：A7—A11

[103] Zhang Jinmiao，Zhao Wei，Huang Xuri.Feasibility study using simulation model for offshore field SZ36-1[J].Applied Geophysics，2006，3(2)：105—111

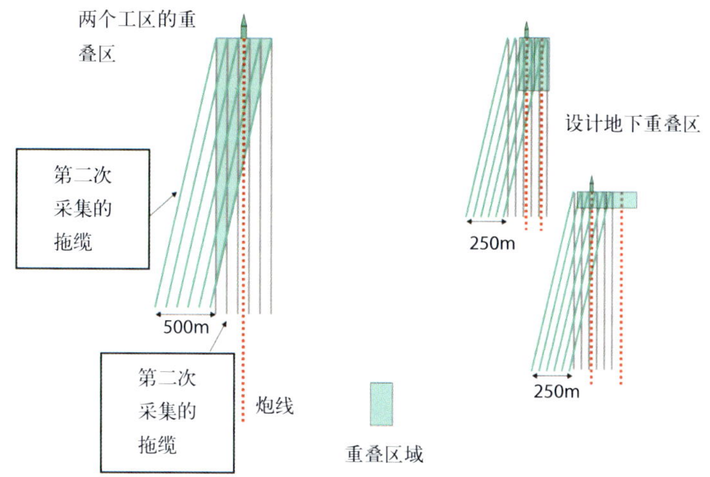

图 4.4　拖缆存在羽角时的时移地震采集重叠示意图

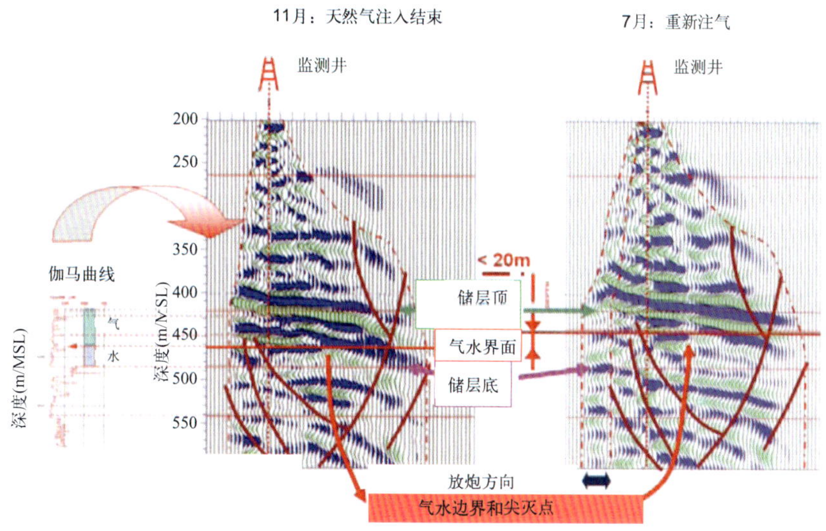

图 5.31　VSP 时移地震监测 (秦绪英，2007)

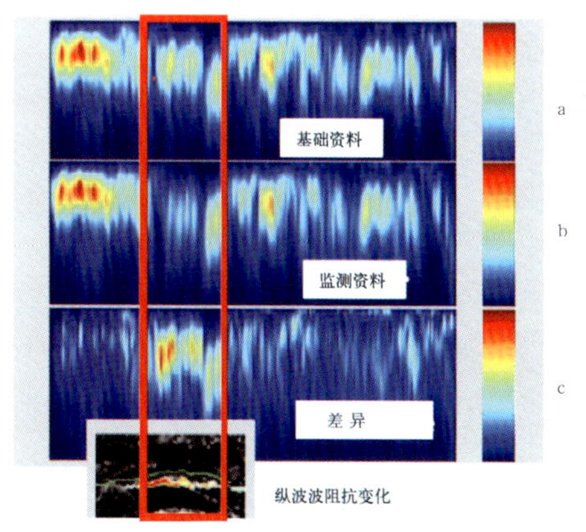

图 5.32　基础测线（a）、监测测线（b）的谱分解和差异图（c）

黑色矩形框内异常显示了水驱油产生的 P 波阻抗升高

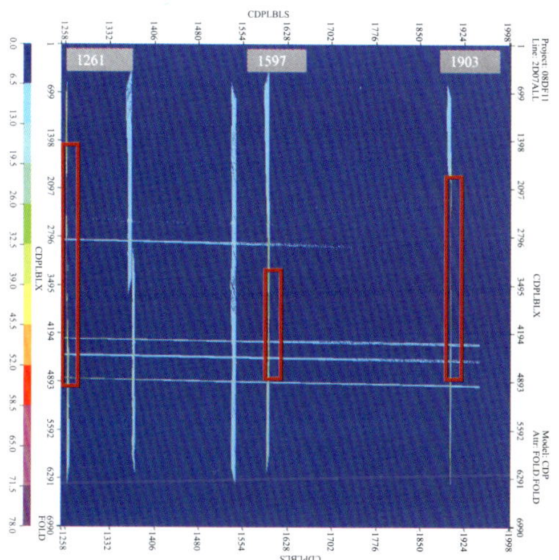

图 7.13　监测测线面元网格图

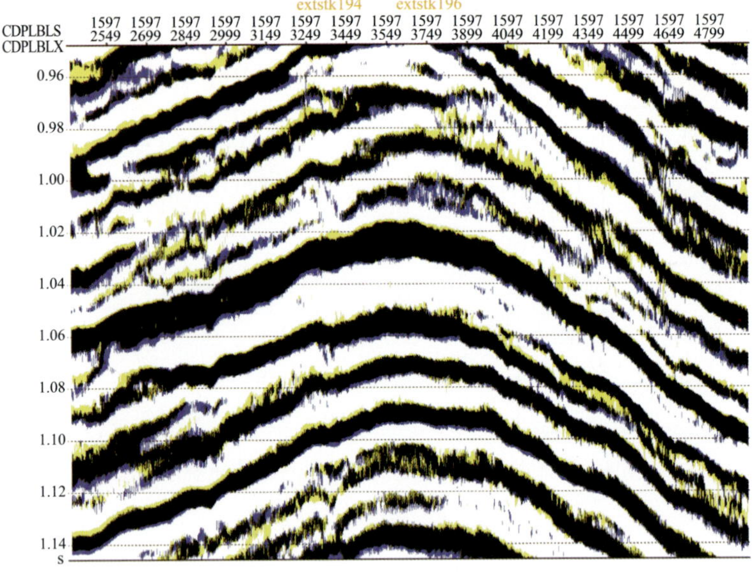

图 7.18　时移测线 1597 相位差异分析图

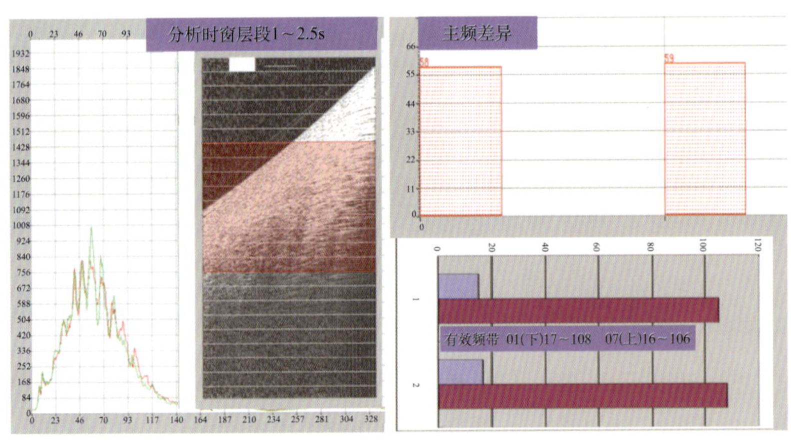

图 7.22　时移测线 1597 分辨率差异分析

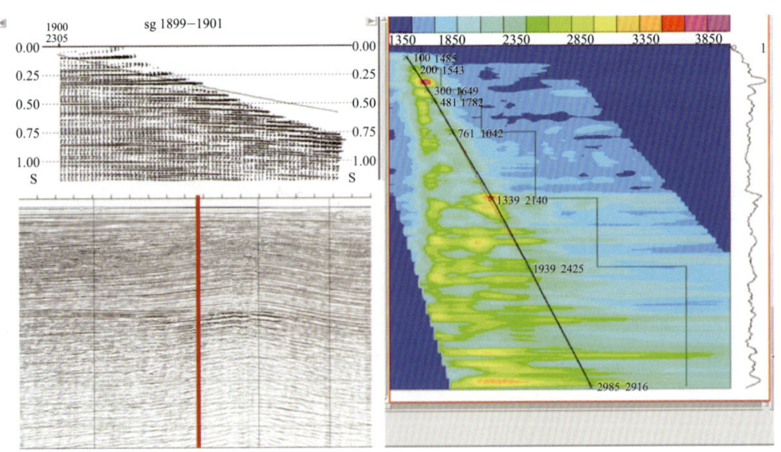

图 7.24　时移地震 3752 测线资料速度差异分析

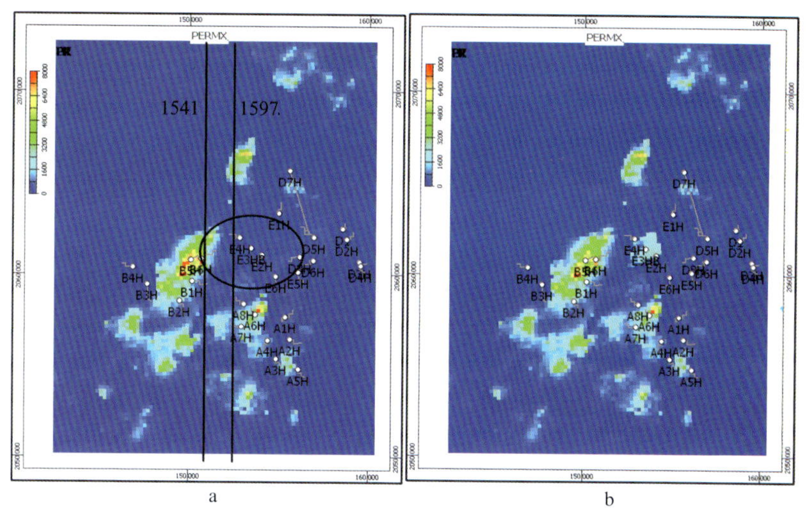

图 7.56 模型修改前后渗透率平面对比图

a—模型修改前 74 个小层渗透率叠加分布图；b—模型修改后 74 个小层渗透率叠加分布图

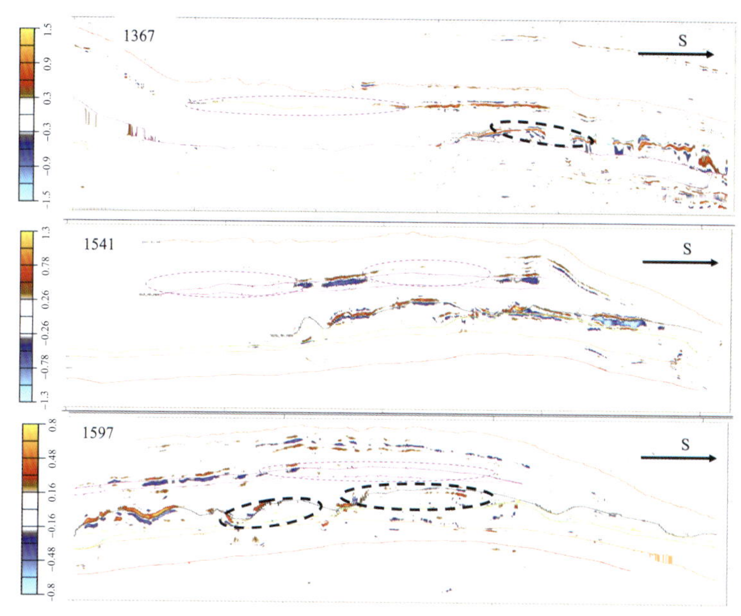

图 7.63 时移地震 1367、1541、1597 测线地震振幅差异剖面

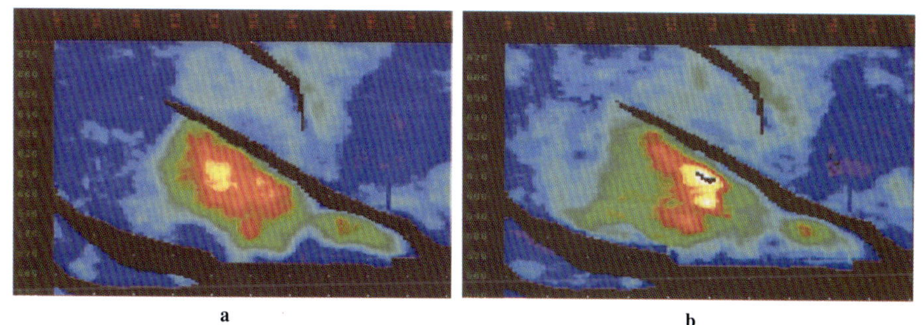

图 7.66 E 气田开发前 (a) 后 (b) 气层顶面振幅对比图

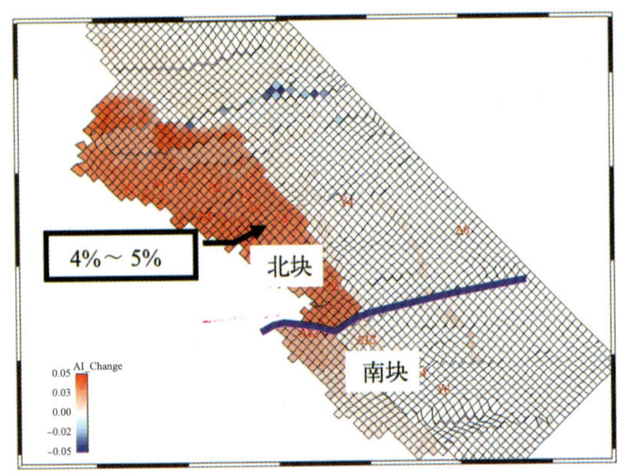

图 7.69 模拟气层波阻抗的变化趋势图

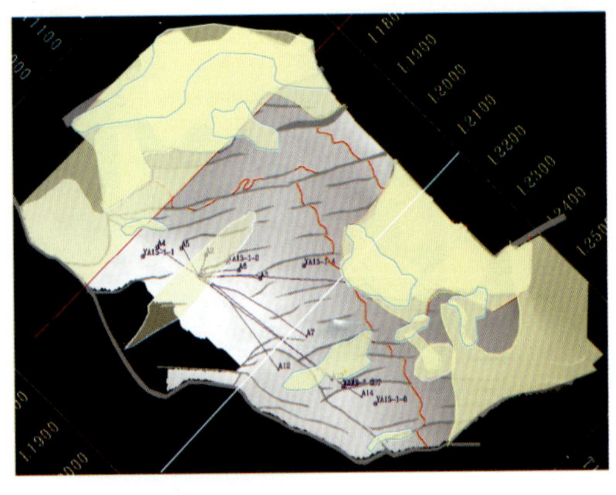

图 7.70 四维地震重复性差的区块分布图（黄色）

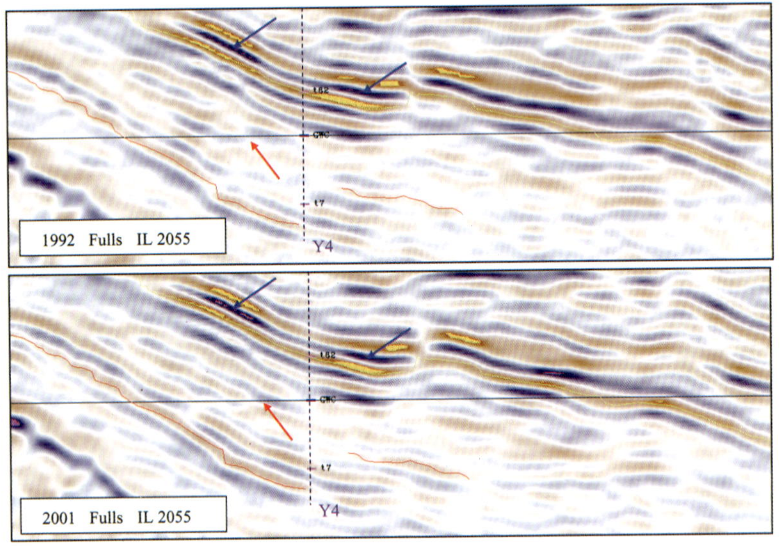

图 7.71 崖城 13-1 气田四维地震剖面对比图

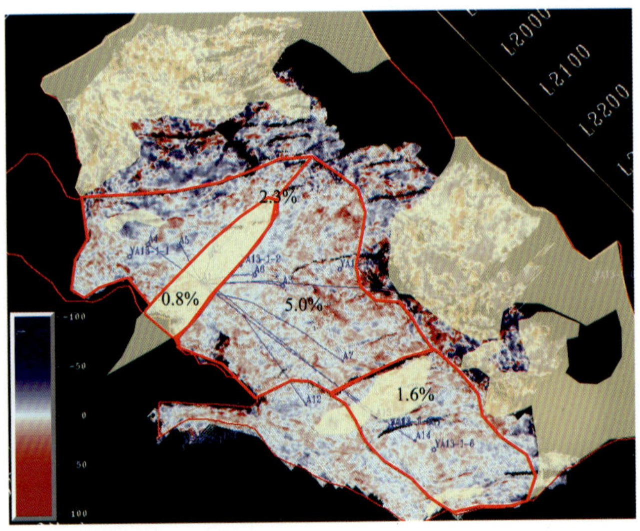

图 7.72 崖城 13-1 气田四维地震振幅差异图